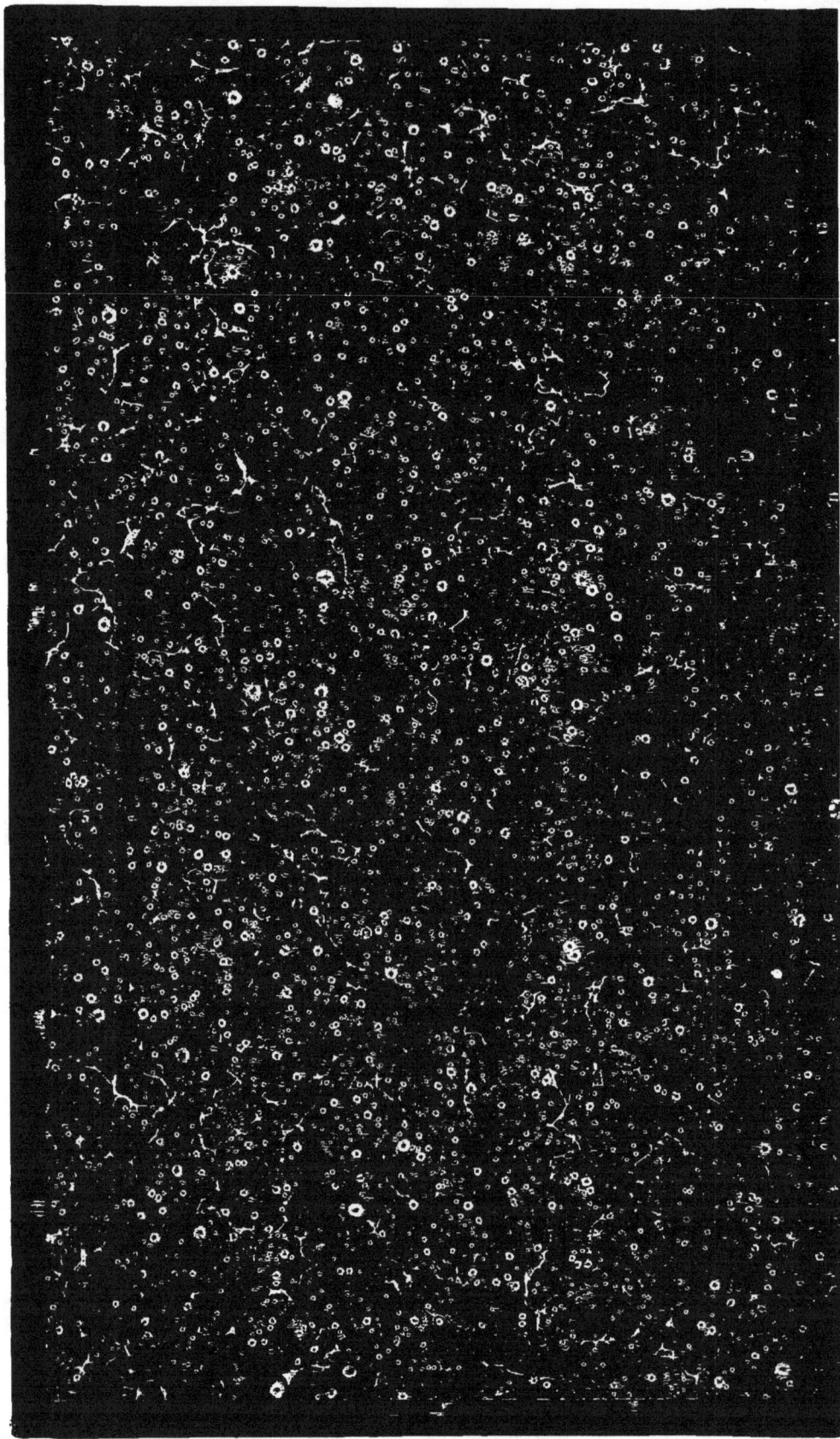

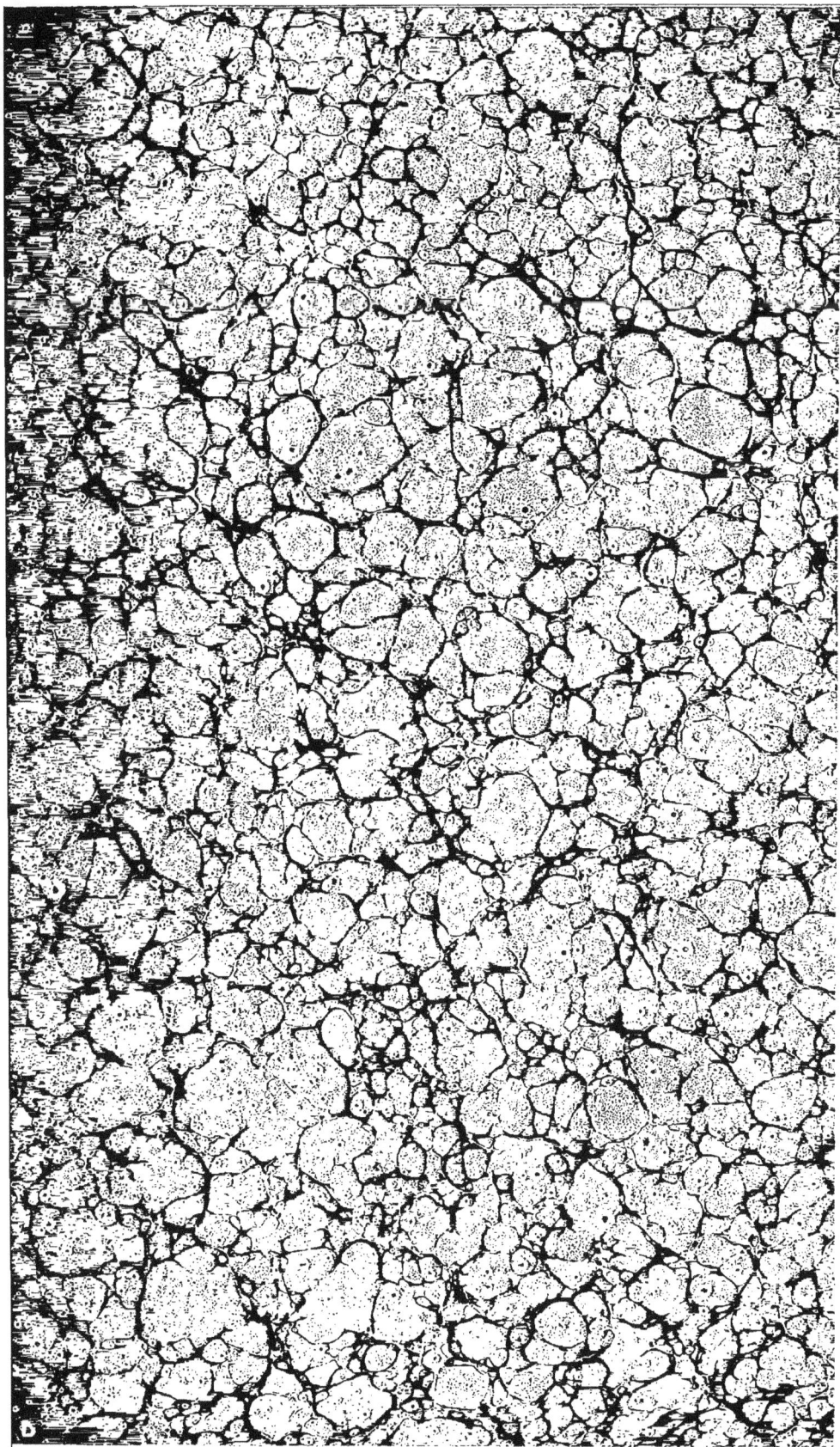

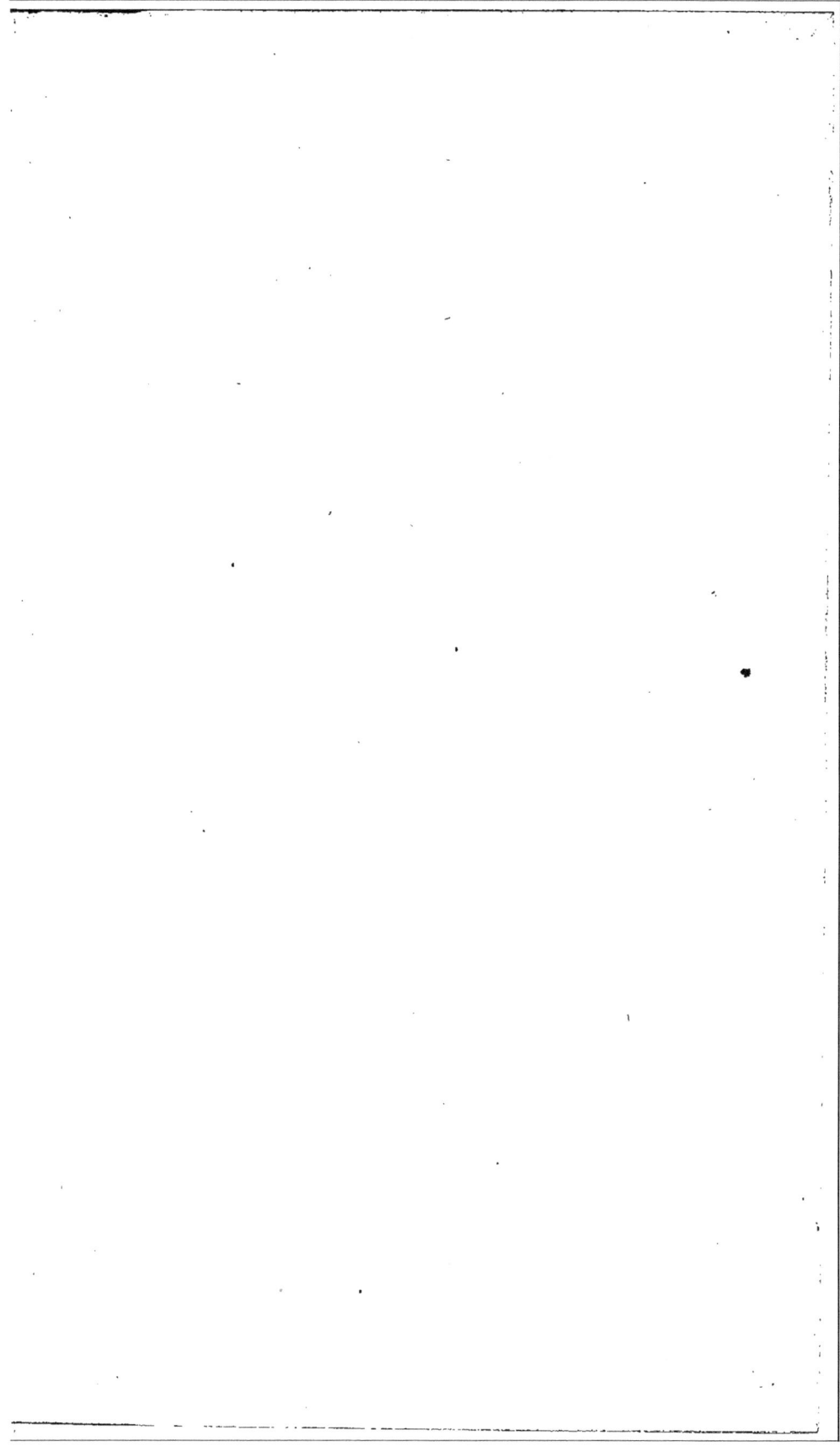

30188

LEÇONS NOUVELLES

D'ALGÈBRE

ÉLÉMENTAIRE.

LEÇONS NOUVELLES

D'ALGÈBRE

ÉLÉMENTAIRE

RÉDIGÉES

D'APRÈS LE NOUVEAU PROGRAMME DE L'ENSEIGNEMENT

SCIENTIFIQUE DES LYCÉES

PAR A. AMIOT

PROFESSEUR DE MATHÉMATIQUES AU LYCÉE SAINT-LOUIS, A PARIS

DEUXIÈME ÉDITION

REFONDUE ET AUGMENTÉE

PARIS

DEZOBRY, E. MAGDELEINE ET Cie, LIBR.-ÉDITEURS,

RUE DES ÉCOLES, 78

(Près du Musée de Cluny et de la Sorbonne).

1860

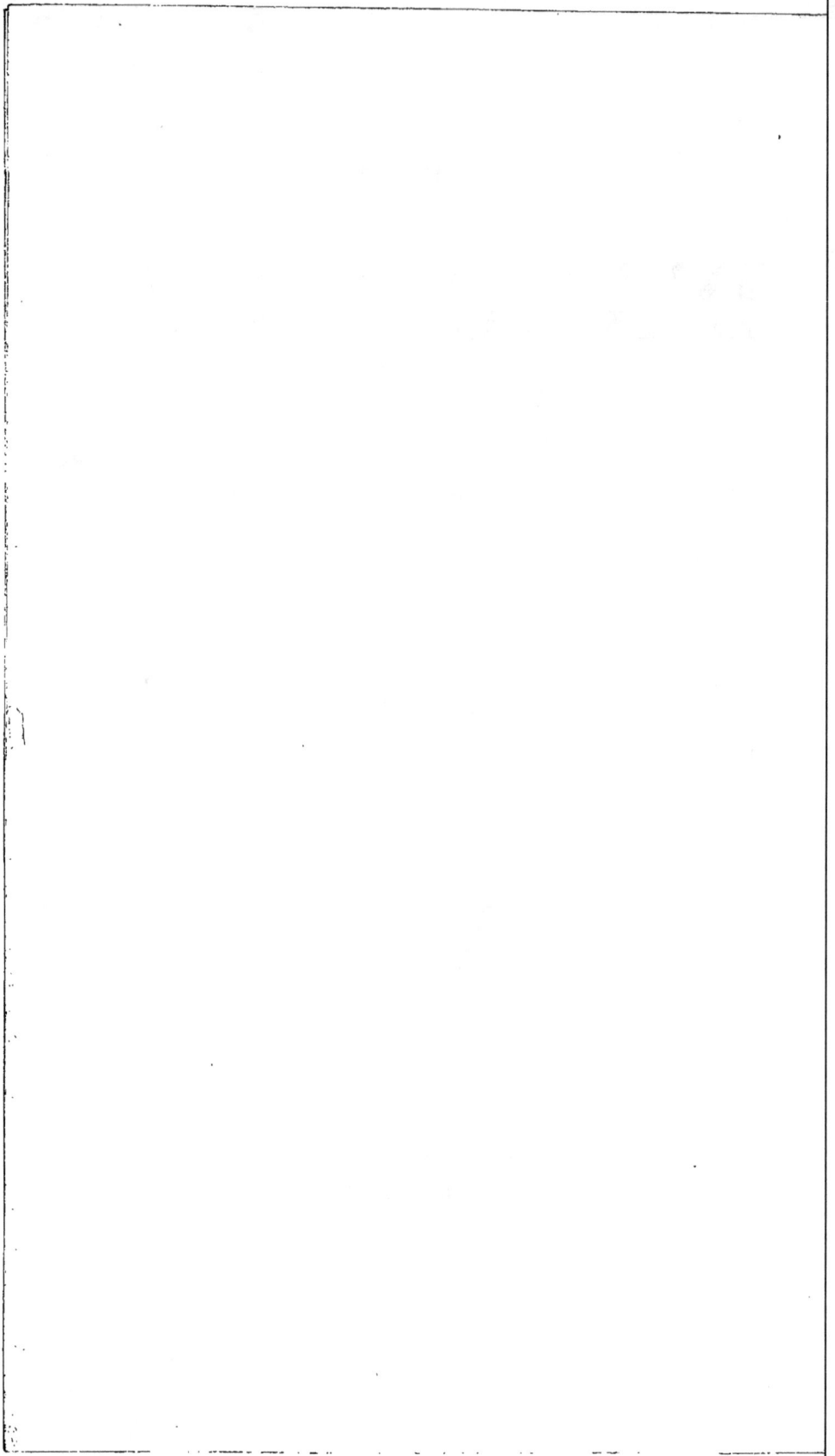

LEÇONS NOUVELLES
D'ALGÈBRE
ÉLÉMENTAIRE

PRÉLIMINAIRES.

PREMIÈRE LEÇON.

PROGRAMME. Calcul algébrique. — Emploi des lettres et des signes comme moyen d'abréviation et de généralisation.

Lorsqu'on commence l'étude de l'arithmétique, les problèmes qu'on peut se proposer sur cette science des nombres sont assez simples pour qu'on les énonce et les résolve facilement en langage ordinaire; mais, à mesure qu'on avance dans cette étude, le nombre de ces problèmes croît tellement, et leurs solutions deviennent si longues et si compliquées qu'on éprouve bientôt le besoin d'un langage particulier dont les signes aient plus de *simplicité* et plus de *généralité* que ceux du langage ordinaire, et qui soit par suite plus concis et plus rapide. Telle est l'origine de l'*algèbre*, que Newton a nommée pour cette raison *arithmétique universelle*.

Signes algébriques.

1° On se sert des lettres de l'alphabet pour représenter les quantités, de quelque nature qu'elles soient. Ainsi la lettre a

peut désigner une quantité quelconque ; il en est de même de toute autre lettre. On emploie de préférence les premières lettres a, b, c, pour les quantités connues, et les dernières x, y, z, pour les quantités inconnues.

2° On a inventé un signe particulier pour indiquer chacune des opérations du calcul algébrique. Le signe $+$ qu'on énonce *plus* exprime l'*addition* ; ainsi on écrit 8 *plus* 6 de la manière suivante : $8 + 6$.

Le signe $-$ qu'on énonce *moins* indique la *soustraction*. On écrit par suite $8 - 6$ pour représenter l'excès de 8 sur 6.

Quant à la *multiplication*, on emploie le signe $\times$ ou le point (.), qu'on énonce *multiplié par*. Ainsi les notations $a \times b$, $a.b$, représentent le produit de la multiplication de a par b. Lorsque les deux facteurs du produit ne sont pas des nombres écrits en chiffres, on supprime le signe de la multiplication, qui est alors indiquée par la juxta-position des deux facteurs ; par exemple, les expressions ab et $5a$ désignent les produits de a par b et de 5 par a. Il est évident que cette abréviation ne peut être appliquée à l'écriture du produit de deux nombres écrits en chiffres, car le produit de 5 par 6 n'est pas égal à 56.

Lorsque l'un des facteurs d'un produit algébrique est un nombre écrit en chiffres, on le place toujours à la gauche du produit, et on lui donne le nom de *coefficient*. Ainsi le nombre $\frac{2}{3}$ est le coefficient du produit $\frac{2}{3}\,abc$.

On indique la *division* par le signe (:), qu'on énonce *divisé par*. Par exemple, on écrit « a divisé par b » de la manière suivante : $a : b$. Comme toute fraction représente, en arithmétique, le quotient de la division de son numérateur par son dénominateur, on emploie aussi, en algèbre, la notation $\frac{a}{b}$ pour désigner le quotient de la division de a par b, et on l'énonce de la manière suivante : a divisé par b, ou plus simplement a sur b. On donne, par analogie, le nom de *fraction algébrique* à la quantité $\frac{a}{b}$.

3. Pour indiquer que deux quantités a, b sont égales, on écrit entre elles le signe $=$ qu'on énonce *égale*, et l'on appelle *égalité* la notation

$$a = b.$$

La quantité a est le *premier membre* de cette égalité et la quantité b en est le *second membre*.

4. On exprime que deux quantités sont inégales, en les séparant par le signe $>$, ou le signe $<$, selon que la première est *plus grande* ou *plus petite* que la seconde; et l'on donne le nom d'*inégalité* à chacune des notations :

$$a > b,$$
$$b < a,$$

dont l'une signifie que *la quantité* b *est plus petite que* a, et l'autre que *la quantité* a *est plus grande que* b.

Emploi des lettres et des signes comme moyen d'abréviation.

Appliquons maintenant les signes algébriques à la résolution de quelques problèmes à une seule inconnue, afin d'en montrer tous les avantages.

Pour résoudre un problème de ce genre, on désigne la valeur de cette inconnue par l'une des lettres de l'alphabet, et l'on indique sur cette lettre, au moyen des signes, les opérations qu'on effectuerait sur un nombre quelconque pour reconnaître si l'inconnue lui est égale. On arrive ainsi, par des voies différentes, à deux nombres liés entre eux par une relation connue, qui consiste généralement dans une *égalité*, et quelquefois dans une *inégalité*.

Lorsque cette relation est exprimée par une égalité, on donne à celle-ci le nom d'*équation*, pour la distinguer des égalités dont les termes ne renferment aucun nombre inconnu.

L'équation ou l'inégalité à laquelle le problème conduit étant écrite, on en déduit la valeur de l'inconnue au moyen de règles que l'algèbre fait connaître ; c'est ce qu'on appelle *résoudre* l'équation ou l'inégalité. Enfin, lorsque la valeur de l'inconnue est trouvée, il faut encore la *vérifier*, c'est-à-dire constater qu'elle satisfait aux conditions du problème. Cette vérification sert de preuve aux calculs qu'on a faits pour écrire et résoudre l'équation ou l'inégalité.

PROBLÈME 1.

Trouver deux nombres dont la somme soit égale à 75 *et la différence égale à* 27.

Solution arithmétique. Puisque 27 est la différence des deux nombres inconnus, le plus grand de ces nombres est égal au plus petit augmenté de 27 ; leur somme 75 est donc composée de deux fois le plus petit et de 27 unités. Si je diminue dès lors 75 de 27, le reste 48 représente le double du plus petit nombre inconnu, qui est, par suite, égal à la moitié de 48, c'est-à-dire à 24. En ajoutant à 24 l'excès 27 du plus grand nombre inconnu sur le plus petit, j'aurai 51 pour la valeur du premier de ces nombres.

Je vérifierais les calculs précédents en constatant que la somme des deux nombres 24 et 51 est égale à 75, et leur différence égale à 27.

Solution algébrique. Je désigne par la lettre x le plus petit des deux nombres inconnus ; par suite, le plus grand est représenté par $x+27$ et leur somme par $x+x+27$ ou $2x+27$. Or, d'après l'énoncé du problème, cette somme est égale à 75 unités, donc les deux nombres $2x+27$ et 75, obtenus par des voies différentes, sont égaux ; c'est ce que j'exprime par l'équation

$$2x+27=75.$$

A défaut de règles pour résoudre cette équation, je fais remarquer que, 75 étant la somme des deux nombres $2x$ et 27, le produit $2x$ est égal à l'excès de 75 sur 27, c'est-à-dire que

$$2x = 48 \; ;$$

en divisant par 2 les deux membres de cette nouvelle équation, je trouve que

$$x = 24.$$

Telle est la valeur du plus petit des deux nombres inconnus; le plus grand égale par suite $24 + 27$ ou 51.

La vérification de ces nombres se fait comme dans le cas précédent.

PROBLÈME II.

Un homme âgé de 36 ans a trois enfants qui ont le premier 12 ans, le second 10 ans, et le troisième 8 ans. Dans combien d'années l'âge du père sera-t-il la somme des âges de ses enfants?

Solution arithmétique. Si on connaissait le nombre d'années demandé, en l'ajoutant aux âges actuels du père et des trois enfants, on obtiendrait quatre nombres tels que, d'après l'énoncé de la question, le premier serait égal à la somme des trois autres. Par conséquent le nombre inconnu, augmenté de 36, égale le triple de ce nombre augmenté de 12, de 10 et de 8, c'est-à-dire augmenté de 30. Si je retranche 30 unités des deux membres de cette égalité, le triple du nombre inconnu sera égal à ce nombre augmenté de 6, qui est l'excès de 36 sur 30. De là je conclus que le double de cette inconnue égale 6, et, par suite, que l'inconnue elle-même égale la moitié de 6 ou 3.

Pour vérifier ce nombre, je fais remarquer que dans 3 ans, le père et ses enfants auront respectivement 39 ans, 15 ans, 13 ans et 11 ans; or 39 égale la somme des trois nombres 15, 13 et 11, donc le nombre 3 est bien la valeur de l'inconnue du problème.

Solution algébrique. Soit x le nombre des années demandé, les âges du père et des enfants seront respectivement $x+36$, $x+12$, $x+10$ et $x+8$. Or la somme des âges des trois enfants est $3x+12+10+8$ ou $3x+30$, et doit être égale à l'âge du père, on a donc l'équation

$$3x+30 = x+36.$$

En retranchant successivement 30 unités et x de ses deux membres, je trouve

$$2x = 6,$$

et, par suite,

$$x = 3.$$

Remarque. Les solutions algébriques des deux problèmes précédents sont plus simples que leurs solutions arithmétiques; en effet, l'emploi des lettres et des signes du calcul algébrique abrége l'écriture des conditions qui lient l'inconnue aux données, c'est-à-dire l'écriture de l'équation du problème et des différentes transformations qu'on fait subir à cette équation pour la résoudre. Le raisonnement est plus facile et plus sûr, car on voit mieux les termes de chaque équation, et l'on aperçoit plus vite les opérations qu'il faut faire pour arriver à la valeur de l'inconnue.

Ces avantages de la méthode algébrique sont d'autant plus grands et, par suite, d'autant plus évidents que l'énoncé du problème est plus long et plus compliqué. Pour le reconnaître, il suffit de résoudre encore le problème suivant.

PROBLÈME III.

Partager le nombre 480 en quatre parties telles que la seconde surpasse le double de la première de 5, la troisième surpasse le triple de la seconde de 10, et la quatrième surpasse le quadruple de la troisième de 20.

Solution arithmétique. Si la première partie était connue, on calculerait facilement les trois autres, car la seconde serait le double de la première, augmenté de 5 unités ; la troisième

qui surpasse le triple de la seconde de 10 unités, contiendrait
6 fois la première, 3 fois 5 et 10 unités, c'est-à-dire 6 fois la
première plus 25 unités ; la quatrième qui est le quadruple de
la troisième, plus 20, serait égale à 24 fois la première, plus
4 fois 25, plus 20, c'est-à-dire égale à 24 fois la première, plus
120 unités. Par conséquent le nombre 480 qu'il s'agit de partager d'après les conditions de l'énoncé est composé de la première partie, de 2 fois cette partie plus 5, de 6 fois la même
partie plus 25, et de 24 fois la même inconnue plus 120 unités ;
il contient donc 33 fois la première partie plus 150. Si je diminue
le nombre 480 de 150 unités, le reste 330 représentera 33 fois

cette première partie qui égale dès lors $\frac{1}{33}$ de 330, ou 10 unités ;

la seconde partie égale par suite 2 fois 10, plus 5, ou 25 ; la
troisième est le triple de 25, plus 10, ou 85 ; enfin, la quatrième
égale 4 fois 85 plus 20 ou 360.

On vérifie ces quatre nombres en constatant que leur somme
égale 480.

Solution algébrique. Soit x la première partie,

la seconde égale $2x+5$,

la troisième, $6x+15+10$, ou $6x+25$,

la quatrième, $24x+60+40+20$, ou $24x+120$,

et la somme de ces quatre parties est $33x+150$; or cette somme
n'est autre que le nombre donné 480, donc

$$33x+150=480.$$

Je retranche 150 unités des deux membres de cette équation,
et je trouve

$$33x=330;$$

j'en conclus

$$x=\frac{330}{33}=10.$$

Telle est la valeur de la première partie; je calculerais les
trois autres comme dans la méthode précédente.

Emploi des lettres et des signes comme moyen de généralisation.

Dans tout problème numérique, il y a deux choses à consi-dérer : 1° les *valeurs particulières des quantités connues ;* 2° *la relation qui lie l'inconnue à ces données.* Cette relation consti-tue la *nature* de la question ; aussi, lorsqu'elle est la même pour deux problèmes, on dit qu'ils sont de même nature. Tels sont, par exemple, les problèmes relatifs à l'intérêt simple.

La méthode que je viens d'exposer sommairement pour la résolution des problèmes numériques fait découvrir le nombre inconnu, mais on ne reconnaît plus dans ce nombre ceux qui ont servi d'éléments, et l'on ne retrouve en lui aucune trace des opérations particulières qui l'ont produit. Aussi, malgré la liaison évidente des problèmes de même nature, la résolution de l'un d'entre eux n'abrége en rien la recherche de l'inconnue des autres, et chaque exemple particulier doit être traité comme si on résolvait la question pour la première fois.

Un géomètre français , nommé *Viète* *, a fait disparaître cette imperfection de l'algèbre en désignant par des lettres non seulement les inconnues, mais encore les données de tout pro-blème numérique. L'avantage de ce mode de représentation consiste en ce qu'il fait connaître les opérations par lesquelles on déduit des quantités données la valeur de l'inconnue ; on appelle *formule* l'expression algébrique du système de ces opérations. La formule de l'inconnue d'un problème est ap-plicable à tous les problèmes de même nature , puisqu'elle exprime de quelle manière cette quantité dépend de celles qui sont données. *C'est dans cette généralité de la formule que consiste la généralité de la solution du problème proposé.*

Je vais appliquer la méthode de Viète à la résolution des

---

* Né en 1540, à Fontenay-le-Comte, en Vendée ; mort en 1603.

problèmes I et II qui précèdent. Voici le nouvel énoncé du premier :

1º *Trouver deux nombres dont la somme soit égale à* s *et la différence égale à* d.

Je désigne le plus petit des deux nombres inconnus par la lettre x, le plus grand de ces nombre est, par suite, égal à $x+d$, et leur somme s, égale à $2x+d$; ce que j'exprime par l'équation

$$2x+d = s.$$

Si je diminue chaque membre de d unités, les deux restes que j'obtiens sont égaux ; par conséquent

$$2x = s-d ;$$

en divisant par 2 les deux membres de cette égalité, je trouve

$$x = \frac{s-d}{2}.$$

Telle est la *formule* de la valeur de l'inconnue x. Elle exprime en langage ordinaire que *le plus petit de ces deux nombres est égal à la moitié de l'excès de leur somme sur leur différence.*

On obtient le plus grand nombre inconnu en ajoutant au plus petit la différence d ; par conséquent, il est égal à $\frac{s-d}{2}+d$, quantité qui se réduit à $\frac{s+d}{2}$. Car, le terme d pouvant être mis sous la forme fractionnaire $\frac{2d}{2}$, la somme des deux fractions $\frac{s-d}{2}$ et $\frac{2d}{2}$ est égale à $\frac{s-d+2d}{2}$ ou à $\frac{s+d}{2}$. La formule $\frac{s+d}{2}$ montre qu'on peut calculer *le plus grand nombre inconnu*, sans connaître le plus petit, puisqu'il *est égal à la moitié du nombre qu'on obtient en additionnant leur somme et leur différence.*

Si, dans les deux formules précédentes, on remplace s par 75 et d par 27, on trouve $\frac{s-d}{2}$ égale à 24 et $\frac{s+d}{2}$ égale à 51 ;

ces résultats sont identiques à ceux de la première méthode.

2° *Un homme âgé de a années a trois enfants, qui ont le premier b années, le second c années et le troisième d années. On demande dans combien de temps l'âge du père sera égal à la somme des âges de ses enfants.*

Soit x le nombre d'années demandé ; à l'époque cherchée, les âges du père et de ses enfants seront $x+a$, $x+b$, $x+c$, $x+d$. Or, d'après l'énoncé du problème, le premier de ces nombres doit être égal à la somme des trois autres, c'est-à-dire égal à $3x+b+c+d$, donc

$$3x + b + c + d = x + a.$$

Je retranche $x + b + c + d$ des deux membres de cette égalité, ce qui se fait en diminuant chaque membre de x, de b, de c et de d. Je trouve ainsi

$$2x = a - b - c - d,$$

et j'en conclus

$$x = \frac{a - b - c - d}{2}$$

pour la formule du nombre d'années demandé.

En y remplaçant a par 36, b par 12, c par 10 et d par 8, j'aurai 3 pour la valeur de x, comme dans le cas précédent.

Cette formule sert non-seulement à résoudre tous les problèmes de même nature que le précédent, mais elle montre encore la condition à laquelle les âges des quatre personnes doivent satisfaire pour que le problème soit possible. On voit, en effet, qu'il faut que l'âge a du père soit plus grand que la somme des âges de ses trois enfants, ou au moins égal à cette somme, pour qu'on puisse soustraire $b + c + d$ de a.

Ces deux exemples suffisent pour faire comprendre toute l'importance de l'idée de Viète, puisqu'elle conduit à la solution la plus générale des problèmes, en faisant connaître le mode de formation des inconnues au moyen des données.

Définitions.

L'algèbre se divise en deux parties : 1° *le calcul algébrique ;*

2° *la résolution des équations* et leur application à la résolution des problèmes. Avant d'en commencer l'exposition, je vais donner quelques définitions indispensables.

1. On appelle *quantité algébrique*, toute quantité exprimée par des lettres. Par exemple, $2abc$, $4a - b + 2c$ sont des quantités algébriques. On donne le nom de *terme* à chacune des parties d'une quantité algébrique, qui sont séparées par les signes $+$ et $-$; ainsi $4a$, $3b$, $2c$ sont les termes de la quantité algébrique $4a - 3b + 2c$. Un terme est dit *positif* ou *négatif*, selon qu'il est précédé du signe $+$ ou du signe $-$. Pour que ces dénominations soient applicables à tous les termes d'une quantité algébrique, telle que $3a + 6b - 9c$, on convient de regarder comme ayant le signe $+$ le terme $3a$ qui n'est précédé d'aucun signe.

On désigne sous le nom de *monôme* toute quantité algébrique qui n'a qu'un terme, c'est-à-dire telle que les lettres qui la composent ne sont liées par aucun des signes $+$ ou $-$, comme $2abc$ et $\dfrac{3cd}{4a}$. Pareillement on appelle *binôme* toute quantité qui a deux termes, comme $2a + 3b$ et $3a - b$; *trinôme*, celle qui en a trois ; et en général *polynôme*, celle qui a plusieurs termes.

Un monôme et un polynôme sont *entiers* par rapport aux lettres qui entrent dans leur composition lorsque aucune de ces lettres ne s'y trouve comme diviseur ; dans le cas contraire on dit qu'ils sont *fractionnaires*.

Deux monômes sont *semblables* lorsqu'ils sont formés de la même manière avec les mêmes lettres, et qu'ils ne diffèrent que par leurs coefficients. Ainsi, $5abc$, $\dfrac{2}{3} abc$ sont des monômes semblables ; il en est de même des monômes $\dfrac{5ab}{2c}$ et $\dfrac{3ab}{c}$.

2. Lorsqu'on donne des valeurs particulières aux lettres qui composent un monôme, on obtient la *valeur* correspondante de ce terme en effectuant les opérations indiquées sur les lettres. Soit, par exemple, la quantité $\dfrac{3ab}{2c}$ dont on demande la

valeur en supposant que

$$a = 5, \quad b = 4 \quad \text{et} \quad c = 8.$$

Le monôme proposé a pour valeur le nombre $\dfrac{3 \times 5 \times 4}{2 \times 8}$, qui

n'est autre que $3\frac{3}{4}$. L'espèce des unités de ce nombre est indi-

quée par la question qui a conduit à la formule $\dfrac{3ab}{2c}$.

La *valeur d'un polynôme* correspondante à des valeurs particulières données aux lettres qui le composent *est l'excès de la
somme des valeurs de ses termes précédés du signe + sur la
somme de ceux qui ont le signe —*. S'il est impossible de soustraire la seconde somme de la première, le polynôme n'a
aucune signification pour les valeurs particulières données aux
lettres. Ainsi, lorsqu'on suppose

$$a = 10, b = 4, c = 3, d = 1, e = 4,$$

dans le polynôme

$$ab + 2cd - de + \frac{3ad}{2b} - ce,$$

on trouve qu'il est égal à

$$40 + 6 - 4 + \frac{30}{8} - 12,$$

ou au nombre $33\frac{3}{4}$; mais il n'a aucune signification qui cor-

responde aux conditions

$$a = 4, \quad b = 2, \quad c = 3, \quad d = 1, \quad e = 5,$$

car il se réduit à $8 + 6 - 5 + 3 - 15$, ou à $17 - 20$; ce qui indique une opération impossible.

On trouve de même que le polynôme

$$c - \frac{a}{12} + \frac{b}{2} - 12$$

est nul pour les valeurs suivantes des lettres a, b et c :

$$a = 24, \quad b = 8 \quad \text{et} \quad c = 10.$$

Il résulte de la définition donnée pour la valeur d'un

polynôme: qu'*on ne change pas celle valeur en intervertissant l'ordre des termes du polynôme*, puisque la somme des termes précédés du signe $+$ reste la même, ainsi que celle des termes qui ont le signe $-$.

3. Pour indiquer une opération quelconque sur des polynômes, on met chacun d'eux dans une parenthèse et l'on se sert du signe par lequel on indiquerait la même opération sur deux monômes. Ainsi, des deux notations

$$(a-b+c)+(d-e), \quad (a-b+c)(d-e),$$

la première exprime la somme, et la seconde, le produit des deux polynômes $a-b+c$, $d-e$.

Exercices.

1. Partager 322 francs entre trois personnes, de manière que la première ait 12 francs de plus que la seconde, et la seconde 5 francs de plus que la troisième. (Rép. 117, 105, 100.)

2. Payer 149 francs avec 40 pièces de 5 francs et de 2 francs. (Rép. 23 pièces de 5 francs et 17 pièces de 2 francs.)

3. Calculer la valeur du polynôme

$$4ab - 3ac + 2bc - 39,$$

en supposant 1° $a=3$, $b=6$, $c=4$;

2° $a=5$, $b=2$, $c=\dfrac{1}{11}$.

(Rép. 1° 45; 2° zéro).

4. Calculer la valeur du polynôme

$$\frac{2a}{b} + \frac{a+b}{c} - \frac{18a}{b+c} + 2,$$

en supposant 1° $a=1$, $b=2$ et $c=4$,

2° $a=1$, $b=2$ et $c=\dfrac{8}{5}$.

(Rép. 1° $\dfrac{3}{4}$; 2° $4\dfrac{7}{8} - 5$.)

CALCUL ALGÉBRIQUE.

DEUXIÈME LEÇON.

Toute quantité algébrique devant être considérée comme un nombre, les opérations de l'algèbre se définissent comme celles de l'arithmétique dont elles portent les noms; mais elles en diffèrent en ce qu'on ne fait que les indiquer et qu'il est impossible de les effectuer entièrement. Ces opérations se réduisent, en général, à transformer les expressions algébriques qui résultent de leur indication immédiate en d'autres plus simples, mais équivalentes.

I. — Addition.

L'addition de plusieurs quantités a pour objet de réunir ces quantités en une seule, qu'on appelle leur *somme*.

Addition des monômes.

Soit à additionner les monômes $3a$, $4b$ et $2c$.

Je fais d'abord la somme $3a+4b$ des deux premiers monômes $3a$, $4b$, puis j'ajoute à cette somme le troisième monôme $2c$, et je trouve

$$3a + 4b + 2c$$

pour le résultat de l'addition proposée.

De là résulte cette règle : *Pour additionner plusieurs mo-*

nômes, on les écrit les uns après les autres, en les séparant par le signe +.

Remarque. — La somme de plusieurs monômes semblables peut être réduite à un seul dont le coefficient égale la somme de ceux des termes additionnés.

Soient donnés les monômes semblables $\frac{3}{4}abc$, $2abc$, $5abc$; leur somme

$$\frac{3}{4}abc + 2abc + 5abc$$

égale les $\frac{3}{4}$ du produit abc, augmentés de 2 fois et de 5 fois le même produit. Or l'addition des nombres $\frac{3}{4}$, 2 et 5, a pour résultat $7\frac{3}{4}$, ou $\frac{31}{4}$; donc la somme des monômes proposés se réduit à $\frac{31}{4}\,abc$.

Afin que cette règle n'ait pas d'exception, *on est convenu de donner l'unité pour coefficient à tout monôme qui n'en a pas,* parce que ce terme se trouve une fois dans la somme cherchée. Ainsi la somme

$$3ab + 5ab + ab$$

égale 3 fois + 5 fois + 1 fois le produit ab, c'est-à-dire $9ab$.

Addition des polynômes.

Soit proposé d'additionner les deux polynômes, $a+b-c$, $l-m+n-p$.

Comme la valeur du polynôme $l-m+n-p$ est égale à l'excès de $l+n$ sur $m-p$, l'addition proposée revient à ajouter $l+n$ au polynôme $a+b-c$, et à soustraire ensuite $m+p$ du résultat de l'opération précédente. J'effectue l'addition des deux quantités $a+b-c$, $l+n$, en augmentant d'abord $a+b-c$ de l, puis la somme $a+b-c+l$ de n ; je trouve ainsi le polynôme

$a+b-c+l+n$ duquel il faut soustraire maintenant le binôme $m+p$. Pour cela, je retranche premièrement m de $a+b-c+l+n$ et, en second lieu, p du reste précédent $a+b-c+l+n-m$; ce qui donne

$$a+b-c+l+n-m-p,$$

ou $$a+b-c+l-m+n-p$$

pour la somme des deux polynômes proposés $a+b-c$, $l-m+n-p$.

On obtient évidemment cette somme en écrivant les termes du second polynôme à la suite du premier, avec les signes dont ils sont précédés. De là résulte cette règle : *Pour additionner plusieurs polynômes, on écrit tous leurs termes les uns à la suite des autres avec les signes dont ils sont précédés dans ces polynômes.*

II. Soustraction.

Soustraire une quantité d'une autre quantité, c'est en trouver une troisième qui, ajoutée à la première, reproduise la seconde.

Le résultat de cette opération est appelé *reste* ou *différence*.

Soustraction des monômes.

RÉGLE. — *Pour soustraire un monôme d'un autre, on écrit le premier à la droite du second, en les séparant par le signe* —.

Cette règle n'est autre chose que la convention faite pour représenter par le signe — la différence de deux quantités. Ainsi le binôme

$$2a-3b$$

exprime le reste qu'on obtient en retranchant $3b$ de $2a$.

REMARQUE. — *La différence de deux monômes semblables peut être réduite à un seul monôme dont le coefficient égale la différence de ceux des termes donnés.*

Soit à soustraire $5ab$ de $\frac{20}{3}ab$; le nombre $\frac{5}{3}$ étant l'excès de $\frac{20}{3}$ sur 5, je dis que la différence $\frac{20}{3}ab - 5ab$ égale $\frac{5}{3}ab$. En effet, si j'ajoute à $\frac{5}{3}ab$ le monôme $5ab$, je trouve $\frac{20}{3}ab$ pour le résultat de cette addition, puisque le coefficient $\frac{20}{3}$ est, par hypothèse, la somme des coefficients 5 et $\frac{5}{3}$; le monôme $\frac{5}{3}ab$ est donc le reste qu'on obtient en retranchant $5ab$ de $\frac{20}{3}ab$.

Soustraction des polynômes.

RÈGLE.—*Pour soustraire un polynôme d'un monôme ou d'un autre polynôme, on écrit successivement tous ses termes à la droite du monôme ou de l'autre polynôme, avec les signes contraires à ceux dont ils sont affectés.*

1° Soit à soustraire le polynôme $a - b + c - d$ du monôme $2m$; j'écris tous les termes du polynôme $a - b + c - d$ à la suite de $2m$, en changeant leurs signes, et je dis que la quantité

$$2m - a + b - c + d,$$

ainsi formée, est le reste demandé. En effet, si j'ajoute le polynôme $a - b + c - d$ à cette quantité, j'obtiens la somme

$$2m - a + b - c + d + a - b + c - d$$

qui se réduit évidemment à $2m$; car on peut l'écrire de la manière suivante :

$$a - a + b - b + c - c + d - d + 2m,$$

puisqu'elle contient deux fois chaque terme du polynôme $a - b + c - d$ avec les signes contraires $+$ et $-$. La quantité

$$2m - a + b - c + d$$

est donc le reste qu'on obtient en retranchant le polynôme $a - b + c - d$ du monôme $2m$.

2° On démontrerait de même que pour soustraire le polynôme $a-b+c-d$ du polynôme $m-n+p$, il faut écrire tous
ses termes à la suite de $m-n+p$, en changeant leurs signes,
de sorte que le reste de cette soustraction est égal à

$$m-n+p-a+b-c+d.$$

Corollaire.—Pour soustraire plusieurs monômes ou polynômes d'un autre monôme ou polynôme, on retranche de cette
dernière quantité la somme de toutes les autres.

III. Réduction des termes semblables des polynômes.

Lorsque, dans une addition ou une soustraction, les polynômes donnés ont des termes semblables, la somme ou la différence dont ces termes font partie est susceptible de simplification; car on peut remplacer l'ensemble des termes semblables
par un seul, dont on détermine la valeur et le signe par l'une
des deux règles suivantes : 1° *Si tous les termes semblables ont
le même signe, on fait leur somme et on lui donne le signe + ou
le signe —, selon que les termes semblables sont positifs ou négatifs.*

2° *Si les termes semblables que l'on considère ont des signes
différents, on fait la somme des termes positifs, celle des termes
négatifs; puis on soustrait la plus petite somme de la plus grande.
Le reste de cette soustraction et le signe de la plus grande somme
représentent la valeur et le signe du terme cherché.*

1er exemple.

Soit proposé d'additionner les polynômes $2a+3b$, $3a-4c$,
$8d+4a$ contenant des termes semblables qui sont tous positifs;
la somme de ces polynômes égale

$$2a+3b+3a-4c+8d+4a,$$

ou

$$2a+3a+4a+3b-4c+8d.$$

Or la somme des trois quantités $2a$, $3a$, $4a$, égale $9a$; donc le polynôme

$$9a+3b-4c+8d$$

est le résultat simplifié de l'addition des polynômes proposés.

2ᵉ *exemple.*

Additionner les polynômes $2a-6b$, $3c-4b$, $5d-2b$ contenant des termes semblables qui sont tous négatifs.

La somme de ces polynômes égale

$$2a-6b+3c-4b+5d-2b,$$

ou $\qquad\qquad 2a+3c+5d-6b-4b-2b.$

Au lieu de soustraire du polynôme $2a+3c+5d$ successivement les quantités $6b$, $4b$ et $2b$, on peut retrancher leur somme $12b$, de sorte que la somme des polynômes proposés, réduite à sa plus simple expression, égale

$$2a+3c+5d-12b.$$

3ᵉ *exemple.*

Additionner les polynômes $8a+4b$, $3a-2c$, $7d-2a$, $4e-5a$, contenant des termes semblables, positifs et négatifs.

La somme de ces polynômes égale

$$8a+4b+3a-2c+7d-2a+4e-5a,$$

ou $\qquad\qquad 8a+3a-2a-5a+4b-2c+7d+4e.$

Je fais d'abord l'addition des deux termes positifs $8a$ et $3a$, ce qui donne $11a$, et au lieu de soustraire de $11a$ successivement $2a$ et $5a$, je retranche leur somme $7a$; il reste $4a$. La somme des deux polynômes proposés, réduite à sa plus simple expression, égale par suite

$$4a+4b-2c+7d+4e.$$

Dans cette réduction des termes semblables, la somme des termes positifs était plus grande que celle des termes négatifs; voici un exemple du cas contraire.

4ᵉ exemple.

Additionner les polynômes $7a+4b$, $3a-8c$, $3d-8a$, $5e-6a$.
La somme de ces polynômes égale

$$7a+4b+3a-8c+3d-8a+5e-6a\,,$$

ou

$$4b-8c+3d+5e+7a+3a-8a-6a.$$

Au lieu d'augmenter successivement de $7a$ et de $3a$ le polynôme $4b-8c+3d+5e$, et de diminuer ensuite le résultat de
$8a$ et de $6a$, on peut lui ajouter d'abord la somme $7a+3a$ ou
$10a$ et retrancher ensuite $8a+6a$ ou $14a$. Mais cette dernière
opération revient évidemment à soustraire de $4b-8c+3d+5e$
l'excès de $14a$ sur $10a$, ou $4a$. Par conséquent, la somme des
polynômes proposés, réduite à sa plus simple expression, est
égale à

$$4b-8c+3d+5e-4a.$$

Tous les résultats obtenus dans ces exemples sont conformes
aux deux règles précédemment énoncées.

Pour opérer plus facilement la réduction des termes semblables dans l'addition et la soustraction des polynômes, on peut
imiter la disposition de l'addition et de la soustraction des nombres entiers, c'est-à-dire placer les polynômes les uns sous les
autres, en mettant leurs termes semblables dans la même
colonne. On écrit alors la somme ou la différence sous le dernier polynôme, dont on la sépare par un trait horizontal;
chaque terme de cette somme ou de cette différence se détermine en réduisant à un seul les termes semblables placés dans
la même colonne. Il ne faut pas oublier, dans la soustraction,
de changer les signes des termes du polynôme que l'on retranche.

EXEMPLES D'ADDITION.

$5a-\ b+2c$	$2a+\ 7b-5c$
$2a-3b+4c$	$5a\ldots\ldots-3c+4d$
$a+2b-3c$	$5b+2c-6d$
$8a-2b+3c$	$7a+12b-6c-2d$

EXEMPLES DE SOUSTRACTION.

$$9a - 4b - 8c \qquad\qquad \frac{2}{3}a - \frac{5}{6}b + c - 3$$

$$7a + 3b - 5c \qquad\qquad \frac{3}{4}a - \frac{1}{3}b \quad\; + 1$$

$$\overline{2a - 7b - 3c} \qquad\qquad \overline{-\frac{1}{12}a - \frac{1}{2}b + c - 4}$$

Remarque relative à l'addition et la soustraction.

Toute égalité exprime, en général, deux théorèmes, dont on forme les énoncés en considérant chaque membre de l'égalité comme la transformée de l'autre. Ainsi les égalités

$$a - b + (c - d) = a - b + c - d,$$
$$a - b - (c - d) = a + b - c + d,$$

dont les premiers membres se transforment dans les seconds, font connaître les règles de l'addition et de la soustraction. Mais, si l'on y considère, au contraire, les premiers membres comme les transformées des seconds, ce qu'on indique de la manière suivante :

$$a - b + c - d = a - b + (c - d),$$
$$a - b - c + d = a - b - (c - d),$$

on a ce théorème : *Lorsqu'on met dans une parenthèse un certain nombre de termes d'un polynôme, la parenthèse doit être précédée du signe + ou du signe −, selon que les termes qu'elle renferme ont les mêmes signes que dans le polynôme ou les signes contraires.*

D'après cette règle, le polynôme

$$a - b + c - d + e$$

peut être écrit de la manière suivante :

$$a - (b - c) + (e - d).$$

Exercices.

1° Additionner les polynômes
$$4ab-6ac+15bc+7,$$
$$3ab-5ac-7bc+3,$$
$$-5ab+8ac-3bc-10.$$

2° Ajouter les polynômes
$$8a-\frac{3}{2}b+\frac{1}{3}c-\frac{1}{4},$$
$$-4a+\quad b-\quad c+2,$$
$$-4a+\frac{3}{4}b+3c-1.$$

3° Du polynôme $7a+4b-3c$ retrancher $8a-2b-5c+2$.

4° Soustraire du polynôme $2ab-6ac+4bc+7$ la somme des trois polynômes suivants :
$$ab-10ac+5bc-\frac{1}{4},$$
$$3ab-7ab+4bc+1,$$
$$4ab+14ac-3bc+\frac{2}{3}.$$

5° Trois joueurs se mettent au jeu, le premier avec a francs, le second avec b francs et le troisième avec c francs; ils conviennent que le perdant doublera l'enjeu des deux autres joueurs. Après trois parties perdues successivement par le premier joueur, le second et le troisième, quelles sont les sommes possédées par ces trois personnes?

(Rép. 1° $4a-4b-4c$, 2° $6b-2a-2c$, 3° $7c-a-b$.)

TROISIÈME LEÇON.

DÉFINITIONS.

1° — *Multiplier* * deux quantités l'une par l'autre, c'est effectuer sur la première, appelée *multiplicande*, les mêmes opérations qu'on a faites sur l'unité, pour en déduire la seconde, appelée *multiplicateur*.

Le résultat de la multiplication se nomme *produit*; il a pour *facteurs* le multiplicande et le multiplicateur.

2. — On appelle *puissance* d'une quantité le produit de plusieurs facteurs égaux à cette quantité, et *degré* de la puissance le nombre de ces facteurs. Ainsi le produit $a\,a\,a\,a\,a$ est la cinquième puissance de a; *Descartes* la représente par la notation abrégée a^5, dans laquelle le chiffre 5, écrit un peu plus haut que la lettre a et à sa droite, a reçu le nom d'*exposant*.

---

* Cette définition résume celles qu'on donne dans l'arithmétique pour la multiplication de deux nombres entiers et de deux fractions. En effet, si le multiplicateur est un nombre entier tel que 15, le produit sera la somme de 15 nombres égaux au multiplicande, et si le multiplicateur est un nombre fractionnaire, $\dfrac{3}{5}$ par exemple, le produit sera la somme de trois nombres égaux au cinquième du multiplicande.

3. — Par analogie avec les puissances, on nomme *degré* d'un produit entier, tel que le monôme $5a^3b^2c^4d$, le nombre 10 des facteurs algébriques de ce produit. Il résulte de cette définition que le degré d'un monôme entier est égal à la somme des exposants de toutes les lettres qui le composent, si l'on *convient* toutefois de donner l'unité pour exposant à chaque lettre qui n'en a pas.

Un polynôme entier est *homogène* lorsque tous ses termes sont du même degré. Tel est le polynôme $5a^2b - 3ab^2 + 6b^3$, dont les différents termes sont du troisième degré.

4. — On dit qu'un polynôme entier est *ordonné* par rapport à l'une des lettres qu'il renferme, lorsque ses termes sont rangés dans un ordre tel que les exposants de cette lettre vont en croissant ou en décroissant. On appelle lettre *principale* d'un polynôme celle par rapport à laquelle il est ordonné; le plus haut exposant de cette lettre désigne le *degré* du polynôme. Ainsi le polynôme

$$3a^8 - 4a^6 + 7a^5 + 2a^3 - 8a^2$$

est ordonné par rapport à la lettre a, dont les exposants décroissent d'un terme au suivant, et il est du huitième degré, puisque le plus grand exposant de sa lettre principale est égale au nombre 8.

5. — Dans la multiplication algébrique, j'admettrai les deux principes suivants, déjà démontrés en arithmétique : 1º *On ne change pas le produit de plusieurs facteurs en intervertissant l'ordre des multiplications ;* 2º *Si l'on multiplie l'un des facteurs d'un produit par un nombre, le produit est aussi multiplié par ce nombre.*

Multiplication de deux puissances de la même quantité.

Soit à multiplier a^5 par a^3. Le multiplicateur a^3 se déduit évidemment de l'unité, en la multipliant successivement par trois facteurs égaux à a ; j'obtiendrai donc le produit $a^5 \times a^3$ en multipliant aussi le multiplicande a^5 par trois facteurs égaux à a. La première de ces multiplications donne a^6, la deuxième a^7, et la troisième a^8. L'exposant 8 de ce dernier produit étant égal à la somme des exposants 5 et 3 des deux facteurs a^5 et a^3, j'en conclus la règle suivante :

Le produit de deux puissances de la même quantité est une autre puissance de cette quantité, dont le degré égale la somme des degrés de ses facteurs.

Remarque. — Cette règle est formulée par l'égalité

$$a^m \times a^n = a^{m+n},$$

dans laquelle les exposants m et n sont des nombres entiers quelconques.

Multiplication de deux monômes entiers.

Je prends pour exemple la multiplication de $\frac{3}{4} a^2 b^5 c^3$ par $5 a^4 b^3$. Comme le multiplicateur $5 a^4 b^3$ peut être formé en multipliant l'unité successivement par les quantités 5, a^4 et b^3, j'obtiendrai le produit demandé en multipliant aussi le multiplicande $\frac{3}{4} a^2 b^5 c^3$ par les mêmes quantités. Pour effectuer ces opérations, je multiplie les facteurs $\frac{3}{4}$, a^2, b^5, de $\frac{3}{4} a^2 b^5 c^3$, respectivement par 5, par a^4 et b^3; le monôme $\frac{3}{4} a^2 b^5 c^3$, en vertu du second principe d'arithmétique précédemment admis, se trouve multiplié successivement par 5, par a^4 et b^3. Donc le produit de $\frac{3}{4} a^2 b^5 c^3$ par $5 a^4 b^3$ est égal à $\frac{15}{4} a^6 b^8 c^3$.

De là résulte cette règle : *Pour multiplier deux monômes entiers l'un par l'autre, il faut former avec toutes leurs lettres un autre monôme entier dont le coefficient soit le produit de ceux des monômes donnés, et dans lequel chaque lettre ait pour exposant la somme de ses exposants dans les deux facteurs.*

COROLLAIRE. — Le degré du produit de deux monômes entiers est égal à la somme des degrés de ses facteurs.

Multiplication d'un monôme par un polynôme et inversément.

Je prends pour exemple la multiplication du monôme a par le polynôme $b - c + d$. Comme le multiplicateur $b - c + d$ se déduit de l'unité en la multipliant par chacune des quantités b, c, d, puis en retranchant le produit c de la somme des deux autres produits b et d, j'effectue l'opération proposée en multipliant le multiplicande a par chacun des termes b, c, d, du multiplicateur $b - c + d$, et en retranchant le produit ac de la somme des deux autres produits ab, ad. Je trouve ainsi

$$ab + ad - ac,$$

ou

$$ab - ac + ad$$

pour le résultat cherché, et j'en conclus la règle suivante :

Le produit de la multiplication d'un monôme par un polynôme se fait en multipliant le monôme par les différents termes du polynôme et en écrivant ces produits, les uns à la suite des autres, avec les signes dont leurs facteurs sont précédés dans le polynôme.

COROLLAIRE. — Le produit d'un polynôme par un monôme s'obtient d'après la même règle, car

$$(b - c + d)a = a(b - c + d).$$

Cette règle ramène la multiplication d'un monôme par un polynôme et celle d'un polynôme par un monôme à une suite de multiplications de monômes qu'on effectue par le procédé précédemment indiqué. C'est ainsi qu'on trouve que le produit du polynôme $5a^2b - 7ab^2 + 4b^3$ par le monôme $6a^3b^2$ est égal à $30a^5b^3 - 42a^4b^4 + 24a^3b^5$.

On a de même $6a^4b^3c - 8a^5b^2c - 2a^6bc$ pour le produit du monôme $2a^4b$ par le polynôme $3b^2c - 4abc - a^2c$.

Remarque. — L'égalité

$$ab - ac + ad = a(b - c + d)$$

montre que, lorsque les termes d'un polynôme $ab - ac + ad$ ont un facteur commun a, on peut le supprimer dans chacun d'eux, puis multiplier par ce facteur le polynôme ainsi modifié ; c'est ce qu'on appelle *mettre* un monôme *en facteur*.

Cette opération est d'une grande utilité ; elle sert à ordonner un polynôme par rapport à une lettre dont la même puissance se trouve dans plusieurs termes. En effet, pour ordonner le polynôme

$$a^3 + a^2x + ax^2 - b^3 + b^2x - bx^2 - c^2x$$

par rapport aux puissances décroissantes de la lettre x, je remarque 1° que x^2 est facteur des deux termes ax^2, bx^2, 2° que x est aussi facteur des trois termes a^2x, b^2x, c^2x. J'applique alors la règle précédente à ces deux groupes de termes et je donne au polynôme proposé la forme suivante :

$$(a - b)x^2 + (a^2 + b^2 - c^2)x + a^3 - b^3.$$

Par analogie avec les polynômes ordonnés dont les coefficients sont numériques, chacun des multiplicateurs algébriques $a - b$, $a^2 + b^2 - c^2$, des différentes puissances de la lettre principale, a reçu le nom de coefficient.

Au lieu de mettre les coefficients polynômes dans des parenthèses, on les écrit aussi de la manière suivante :

$$\left. \begin{matrix} a \\ -b \end{matrix} \right| \begin{matrix} x^2 + a^2 \\ + b^2 \\ - c^2 \end{matrix} \left| \begin{matrix} x + a^3 \\ - b^3 \end{matrix} \right.$$

dans laquelle les termes de chaque coefficient sont placés les uns sous les autres et séparés de la lettre principale par un trait vertical. Cette seconde disposition exige moins de place que la première dans le sens horizontal.

Multiplication de deux polynômes.

Soit à multiplier le polynôme $a - b + c$ par le polynôme

$d+e-f$. Comme le multiplicateur $d+e-f$ se déduit de l'unité en la multipliant par chacune des quantités d, e, f, et en retranchant le troisième produit f de la somme $d+e$ des deux autres, j'effectue la multiplication de $a-b+c$ par $d+e-f$ *en multipliant le multiplicande* $a-b+c$ *par chacun des termes* d, e, f, *du multiplicateur*, et en soustrayant le troisième produit $(a-b+c)f$ de la somme des deux autres $(a-b+c)d$, $(a-b+c)e$. Ce résultat est exprimé algébriquement par l'égalité

$$(a-b+c)(d+e-f)=(a-b+c)d+(a-b+c)e-(a-b+c)f.$$

Cette formule montre 1º que chacun des termes des produits $(a-b+c)d$, $(a-b+c)e$, $(a-b+c)f$, a le même signe que le terme du multiplicande dont il est formé ; 2º que le produit total s'obtient en additionnant les produits partiels qui proviennent des termes du multiplicateur précédés du signe $+$, et en retranchant, au contraire, ceux qui dérivent des termes du multiplicateur précédés du signe $-$. *Par conséquent, chaque terme du produit de deux polynômes a le même signe que son facteur multiplicande, ou un signe différent, selon que son facteur multiplicateur a le signe* $+$ *ou le signe* $-$.

Dans les applications cette règle des signes se décompose en quatre parties qu'on énonce de la manière suivante :

$+$ multiplié par $+$ donne $+$,
$+$ multiplié par $-$ donne $-$,
$-$ multiplié par $+$ donne $-$,
$-$ multiplié par $-$ donne $+$,

bien qu'on ne puisse faire aucune opération de calcul sur les signes $+$ et $-$ qui ne sont pas des quantités.

En comparant le premier cas et le quatrième, on voit que *le produit de deux termes précédés du même signe a le signe* $+$. Le rapprochement des deux autres cas montre aussi que *le produit de deux termes a le signe* $-$, *lorsque ses deux facteurs ont des signes différents.*

Je conclus de là que :

Pour multiplier deux polynômes l'un par l'autre, on multiplie successivement les termes du multiplicande par ceux du multiplicateur, puis on écrit ces produits partiels les uns à la suite des autres, en donnant à chacun d'eux le signe + ou le signe —, selon que les deux facteurs ont le même signe ou des signes contraires.

Cette règle ramène la multiplication de deux polynômes à une suite de multiplications de monômes qu'on effectue d'après le procédé précédemment donné (page 23).

Dans la multiplication algébrique, la disposition du calcul est la même qu'en arithmétique : on place le multiplicateur sous le multiplicande, et l'on écrit les produits partiels sous le multiplicateur, dont on les sépare par un trait horizontal ; on fait ensuite l'addition de ces produits ; et s'ils ont des termes semblables, on en opère la réduction. Pour faciliter cette réduction, il est bon d'ordonner le multiplicande et le multiplicateur par rapport à une même lettre, s'ils ont une lettre commune. Les produits partiels étant dès lors ordonnés par rapport à cette lettre, on trouvera plus aisément leurs termes semblables, et la réduction de ces termes en deviendra plus facile. Voici quelques exemples de multiplication de deux polynômes, offrant l'application de toutes les règles précédentes :

1er *exemple.*

Multiplier $\quad\quad 3a^4b - 2a^3b^2 + 5a^2b^3 - 6ab^4$
par $\quad\quad\quad\quad 2a^2b^2 - 3ab^3 + 4b^4$

Produit du multiplicande.
par $2a^2b^2\ldots\ 6a^6b^3 - 4a^5b^4 + 10a^4b^5 - 12a^3b^6$
par $3ab^3 \quad\quad\quad - 9a^5b^4 + 6a^4b^5 - 15a^3b^6 + 18a^2b^7$
par $4b^4 \quad\quad\quad\quad\quad + 12a^4b^5 - 8a^3b^6 + 20a^2b^7 - 24ab^8$

Produit total simplifié $\quad 6a^6b^3 - 13a^5b^4 + 28a^4b^5 - 35a^3b^6 + 38a^2b^7 - 24ab^8$

$$2^e \; exemple.$$

Multiplier $a^6 + 2a^4b^2 + 4a^2b^4 + 8b^6$
par $a^2 - 2b^2$

Produit du multiplicande.
$\begin{cases} \text{par } a^2 \ldots & a^8 + 2a^6b^2 + 4a^4b^4 + 8a^2b^6 \\ \text{par } 2b^2 \ldots & \quad - 2a^6b^2 - 4a^4b^4 - 8a^2b^6 - 16b^8 \end{cases}$

Produit total simplifié $a^8 - 16b^8$

Remarque. — Si les deux polynômes sont ordonnés par rapport à une lettre commune dont les coefficients soient eux-mêmes des polynômes, les règles précédentes sont encore applicables; mais il faut effectuer à part les multiplications des coefficients qu'on ne peut plus faire immédiatement.

$$Exemple.$$

Multiplier a | $x^2 +\; a^2$ | $x +\; a^3$
             $+b$ | $\quad + 2ab$ | $\quad + 3a^2b$
                  | $\quad +\; b^2$ | $\quad + 3ab^2$
                  | | $\quad +\; b^3$

par a | $x + a^2$
             $-b$ | $- 2ab$
                  | $+ b^2$

Produit du multiplicande

par $(a-b)x$ $\begin{cases} a^2 \\ -b^2 \end{cases}$ | $\begin{matrix} x^3 + a^3 \\ + a^2b \\ - ab^2 \\ - b^3 \end{matrix}$ | $\begin{matrix} x^2 +\; a^4 \\ + 2a^3b \\ - 2ab^3 \\ -\; b^4 \end{matrix}$ | x

par $a^2 - 2ab + b^2$ | $\begin{matrix} + a^3 \\ - a^2b \\ - ab^2 \\ + b^3 \end{matrix}$ | $\begin{matrix} x^2 +\; a^4 \\ - 2a^2b^2 \\ +\; b^4 \end{matrix}$ | $\begin{matrix} x + a^3 \\ + a^4b \\ - 2a^3b^2 \\ - 2a^2b^3 \\ + ab^4 \\ + b^5 \end{matrix}$

Produit total simplifié : $\begin{matrix} a^2 \\ - b^2 \end{matrix}$ | $\begin{matrix} x^5 + 2a^3 \\ - 2ab^2 \end{matrix}$ | $\begin{matrix} x^2 + 2a^4 \\ + 2a^3b \\ - 2a^2b^2 \\ - 2ab^3 \end{matrix}$ | $\begin{matrix} x + a^5 \\ + a^4b \\ - 2a^3b^2 \\ - 2a^2b^3 \\ + ab^4 \\ + b^5 \end{matrix}$

Premier produit partiel	Deuxième produit partiel.	Troisième produit partiel.
$a+b$	$a^2+2ab+b^2$	$a^3+3a^2b+3ab^2+b^3$
$a-b$	$a-b$	$a-b$
a^2+ab	$a^3+2a^2b+ab^2$	$a^4+3a^3b+3a^2b^2+ab^3$
$-ab-b^2$	$-a^2b-2ab^2-b^3$	$-a^3b-3a^2b^2-3ab^3-b^4$
a^2-b^2	$a^3+a^2b-ab^2-b^3$	$a^4+2a^3b-2ab^3-b^4$

Quatrième produit partiel.

$$a^2-2ab+b^2$$
$$a+b$$
$$a^3-2a^2b+ab^2$$
$$+a^2b-2ab^2+b^3$$
$$a^3-a^2b-ab^2+b^3$$

Cinquième produit partiel.

$$a^2+2ab+b^2$$
$$a^2-2ab+b^2$$
$$a^4+2a^3b+a^2b^2$$
$$-2a^3b-4a^2b^2-2ab^3$$
$$+a^2b^2+2ab^3+b^4$$
$$a^4-2a^2b^2+b^4$$

Sixième produit partiel.

$$a^3+3a^2b+3ab^2+b^3$$
$$a^2-2ab+b^2$$
$$a^5+3a^4b+3a^3b^2+a^2b^3$$
$$-2a^4b-6a^3b^2-6a^2b^3-2ab^4$$
$$+a^3b^2+3a^2b^3+3ab^4+b^5$$
$$a^5+a^4b-2a^3b^2-2a^2b^3+ab^4+b^5$$

Théorèmes relatifs au produit de deux polynômes.

THÉORÈME I.

Le produit de deux polynômes contient au plus autant de termes qu'il y a d'unités dans le produit du nombre des termes du multiplicande par celui des termes du multiplicateur, et il en a au moins deux.

Dans la multiplication de deux polynômes quelconques, chacun des produits partiels du multiplicande par les différents termes du multiplicateur est formé d'autant de termes qu'il y en a dans le multiplicande. Si, premièrement, les deux polynômes donnés n'ont aucune lettre commune, les termes des produits partiels, considérés deux à deux, diffèrent au moins par l'un de leurs facteurs algébriques, et la somme de ces produits n'a pas de termes semblables; elle contient donc autant de termes qu'il y a d'unités dans le produit du nombre des termes du multiplicande par le nombre des termes du multiplicateur. C'est ainsi qu'en multipliant l'un par l'autre le trinôme $2a+3b-4c$ et le binôme $5d-6e$ qui n'ont pas de lettre commune, on trouve pour leur produit le polynôme

$$10ad+15bd-20cd-12ae-18be+24ce$$

qui a 3×2 ou 6 termes.

Je considère, en second lieu, deux polynômes ayant une lettre commune, et ordonnés par rapport aux puissances décroissantes de cette lettre, par exemple les deux polynômes

$$2a^5-3a^4+4a^3-5a^2,$$
$$6a^3-7a^2+8a.$$

Dans le produit d'un terme quelconque du multiplicande par un terme du multiplicateur, la lettre ordonnatrice a pour exposant la somme des exposants dont elle est affectée dans les deux facteurs; dès lors le terme provenant de la multiplication des deux premiers termes $2a^5$, $6a^3$, du multiplicande et du multiplicateur contient cette lettre avec un exposant plus grand que celui dont elle est affectée dans les autres termes du produit. Pareillement, le terme qu'on forme en multipliant les deux derniers termes $5a^2$ et $8a$ du multiplicande et du multiplicateur contient la lettre a avec un exposant plus petit que dans tous les autres termes. Par conséquent, après la réduction des termes semblables, le produit des deux polynômes aura $2a^5 \times 6a^3$ ou $12a^8$ pour premier terme et $5a^2 \times 8a$ ou $40a^3$ pour dernier terme, puisque ces monômes ne peuvent se réduire avec aucun autre; il sera donc composé d'au moins deux termes.

On a un exemple du minimum du nombre des termes d'un

produit dans la multiplication du polynôme $a^6 + 2a^4 b^2 + 4a^2 b^4$ $+ 8b^6$ par le binôme $a^2 - 2b^2$; car on a trouvé $a^8 - 16b^8$ (page 30) pour le résultat de cette opération. Cet exemple et le raisonnement précédent prouvent aussi que chacune des lettres des deux polynômes se trouve au moins dans un terme de leur produit.

THÉORÈME II.

Le produit de deux polynômes homogènes est aussi homogène et d'un degré égal à la somme des degrés de ses facteurs.

En effet, chacun des termes des produits partiels qu'on forme en multipliant le multiplicande par les différents termes du multiplicateur est d'un degré égal à la somme des degrés de ses deux facteurs, ou à la somme des degrés des deux polynômes, puisqu'ils sont homogènes. La somme de ces produits partiels, c'est-à-dire le produit des deux polynômes, est donc homogène et d'un degré égal à la somme des degrés de ses facteurs.

La multiplication de la page 29 offre l'exemple d'un produit de facteurs homogènes.

Remarque.— Le théorème précédent est fréquemment appliqué pour reconnaître si les exposants des termes du produit de plusieurs polynômes homogènes sont exacts. Je suppose, par exemple, qu'on ait trouvé

$$3a^4 b - 2a^3 b + 6a^2 b^3 - 4ab^4$$

pour le produit des deux polynômes homogènes $a^3 + 2ab^2$, $3ab - 2a^2$; on voit de suite que ce produit est inexact, puisque le terme $2a^3 b$ n'est pas du même degré que les trois autres.

THÉORÈME III.

Le produit de la somme de deux quantités par leur différence est égal à la différence des carrés de ces quantités.

Soient a et b deux quantités quelconques : je multiplie leur somme $a+b$ par leur différence $a-b$, et je trouve a^2-b^2 pour le produit, d'après le calcul suivant :

$$
\begin{array}{r}
a+b \\
a-b \\
\hline
a^2+ab \\
-ab-b^2 \\
\hline
a^2-b^2
\end{array}
$$

En appliquant ce théorème aux produits suivants, on trouve

$$(2ab+3b^2)\,(2ab-3b^2)=4a^2b^2-9b^4,$$

et

$$(7a^3+5a^2b)\,(7a^3-5a^2b)=49a^6-25a^4b^2.$$

Remarque. — La formule

$$(a+b)\,(a-b)=a^2-b^2$$

est d'un usage très-fréquent; non-seulement elle sert à abréger la multiplication en faisant connaître la composition d'un produit, mais encore on l'emploie inversement à décomposer la différence a^2-b^2 de deux carrés en deux facteurs $a+b$, $a-b$, dont l'un est égal à la différence des racines a, b de ces carrés, et l'autre égal à la somme des mêmes racines.

1er *Exemple.*— Soit le binôme

$$(a^2+ab+b^2)^2-(a^2-ab+b^2)^2$$

ont les racines carrées des deux termes sont a^2+ab+b^2 et a^2-ab+b^2; la somme de ces racines étant égale à $2\,(a^2+b^2)$ et leur différence égale à $2ab$, on a

$$(a^2+ab+b^2)^2-(a^2-ab+b^2)^2=4ab\,(a^2+b^2).$$

2e *Exemple.*—On trouverait de même que

$$\left(\frac{a+b}{2}\right)^2-\left(\frac{a-b}{2}\right)^2=\left(\frac{a+b}{2}+\frac{a-b}{2}\right)\left(\frac{a+b}{2}-\frac{a-b}{5}\right)=ab.$$

Cette égalité exprime que *le produit de deux nombres quelconques* a, b *est égal à l'excès du carré de leur demi-somme* $\dfrac{a+b}{2}$ *sur le carré de leur demi-différence* $\dfrac{a-b}{2}$.

Multiplication de plusieurs polynômes.

Pour faire le produit de plusieurs polynômes, on multiplie le premier polynôme par le deuxième, puis le résultat de cette première opération par le troisième, puis le résultat de cette seconde opération par le quatrième, et ainsi de suite jusqu'au dernier polynôme donné.

On peut intervertir l'ordre des facteurs, dans la multiplication de plusieurs polynômes, sans changer la valeur de leur produit. L'application de ce principe conduit quelquefois à des simplifications de calcul, par le rapprochement de facteurs dont le produit est connu d'avance. Ainsi, pour effectuer le produit suivant :

$$(a+b)(a+c)(a-b)(a-c),$$

je multiplie d'abord le premier facteur par le troisième, et le second facteur par le quatrième, parce que ces produits partiels sont donnés par le théorème III ; le produit proposé est ramené de cette manière à la multiplication des deux binômes a^2-b^2, a^2-c^2, dont le résultat est $a^4-(b^2+c^2)\,a^2+b^2\,c^2$.

Exercices.

1° Multiplier

$\quad a^2b-3ab^2+2b^3$ par $4a^3b^2c$,

$\quad 2a^4b-3a^3b^2+6a^2b^3+ab^4$ par $5a^2b^2-3a^3b+4a^4$,

$\quad 81a^4-54a^3b+36a^2b^2-24ab^3+16b^4$ par $3a+2b$,

$\quad a^2+ab+b^2$ par a^2-ab+b^2,

$\quad a^4+a^6+a^8+a^{10}$ par a^2-1.

2° Démontrer que le nombre des termes d'un polynôme entier et ordonné par rapport à une lettre est au plus égal à la différence des exposants de ses deux termes extrêmes, augmentée de l'unité.

3° Si deux polynômes entiers sont ordonnés par rapport aux puissances décroissantes d'une lettre qui leur est commune, et que m, m' soient les exposants de cette lettre dans les deux premiers termes de ces polynômes, et n, n', les exposants de la même lettre dans les deux derniers termes ; démontrer que le produit des deux polynômes a au plus $m - n + m' - n' + 1$ termes.

4º Mettre en évidence les facteurs communs aux termes de chacun des polynômes suivants :

$$4a^3b^2c - 6a^2b^3c + 2ab^4c\,,$$
$$12a^4x^4 - 18a^5x^3 + 42a^6x^2 - 36a^7x + 48a^8,$$
$$2a^3b^2c^2 - 4a^2b^3c^2 + 6a^3b^3c.$$

5º Effectuer les produits suivants :

$$(2a + 3b)\,(2a - 3b)\,,$$
$$(7a^2b^3c + 5ab^2c^3)\,(7a^2b^3c - 5ab^2c^3),$$
$$(a + b + c)\,(a + b - c)\,(a + c - b)\,(b + c - a).$$

6º Vérifier l'égalité

$$(a^2 + b^2 + c^2)\,(a'^2 + b'^2 + c'^2) - (aa' + bb' + cc')^2 = (ab' - ba')^2$$
$$+ (ac' - ca')^2$$
$$+ (bc' - cb')^2.$$

7º Multiplier $(5b + 6c)\,a + 4bc - d^2$ par $(5b - 6c)\,a + 4bc + d^2$.

QUATRIÈME ET CINQUIÈME LEÇON.

PROGRAMME : Division des monômes. — Exposant *zéro*. — Division
des polynômes.

Diviser deux quantités l'une par l'autre, c'est en chercher
une troisième nommée *quotient*, telle qu'en la multipliant par
la seconde, appelée *diviseur*, on reproduise la première, appelée *dividende*.

On indique la division de deux quantités quelconques, monômes ou polynômes, en écrivant le diviseur sous le dividende,
dont on le sépare par un trait horizontal. Si le quotient de la
division de deux quantités entières n'avait que cette forme
fractionnaire, la division, consistant alors dans une simple indication, ne pourrait donner lieu à une opération nouvelle ;
mais il est des cas dans lesquels le quotient est un monôme ou
un polynôme entiers, et alors le but de la division est de trouver cette forme du quotient, plus simple et plus commode que
la notation fractionnaire.

Une quantité algébrique entière est *divisible* par une autre
lorsque le quotient de leur division est un monôme ou un polynôme entiers.

En algèbre, on appelle *fraction* le quotient d'une division qui
n'est qu'indiquée. Le diviseur est le *dénominateur* de la fraction, et le dividende en est le *numérateur*.

Division de deux puissances de la même quantité.

Règle. — *Deux puissances d'une même lettre ne sont divisibles l'une par l'autre que si le degré du dividende est plus grand que celui du diviseur ; et le quotient de leur division est une puissance de la même lettre, dont le degré égale la différence de ceux du dividende et du diviseur.*

Je prends d'abord pour exemple la division de a^8 par a^5, dans laquelle le degré du dividende est plus grand que celui du diviseur, et je dis que le quotient est égal à a^{8-5}, c'est-à-dire à a^3. En effet, si je multiplie la quantité a^3 par le diviseur a^5, je reproduis le dividende a^8, puisque l'exposant 3 est, par hypothèse, la différence des exposants 8 et 5. Donc a^3 est le quotient cherché, et a^8 est divisible par a^5.

En second lieu, si le degré du dividende est moindre que celui du diviseur, comme dans la division de a^5 par a^8, je remarque qu'on ne peut reproduire le dividende a^5 en multipliant a^8 par une quantité entière quelconque, puisque l'exposant 8 du facteur a^8 n'éprouve aucune diminution dans cette opération. Donc a^5 n'est pas divisible par a^8, et le quotient de leur division est égal à la fraction $\dfrac{a^5}{a^8}$.

Remarque. — Le théorème précédent est exprimé par l'égalité

$$\frac{a^m}{a^n} = a^{m-n}.$$

dans laquelle *m* et *n* sont des nombres entiers, *m* étant plus grand que *n*.

Si je suppose *m* égal à *n* dans cette formule, les deux puissances de *a* que je divise l'une par l'autre deviennent égales, et leur quotient, qui n'est autre que l'unité, se présente sous la forme a^0. Cette notation n'a aucune signification ; mais, pour que la règle précédente soit applicable au cas dans lequel les exposants des puissances que l'on divise sont égaux, on est *convenu* de regarder la notation insignifiante a^0 comme représentant l'unité.

Il résulte de cette convention qu'on peut supprimer ou écrire dans un monôme une lettre affectée de l'exposant zéro, car la modification qu'on fait subir à ce monôme revient à le diviser ou à le multiplier par l'unité. Ainsi on a :

$$2a^2b^0c = 2a^2c, \text{ et } 5a^4b^2d = 5a^4b^2c^0d.$$

Division de deux monômes entiers.

RÈGLE. — *Deux monômes entiers ne sont divisibles l'un par l'autre qu'autant que chaque lettre du diviseur se trouve dans le dividende au moins au même degré que dans le diviseur.*

Le quotient de leur division est un monôme qui a pour coefficient le nombre qu'on obtient en divisant le coefficient du dividende par celui du diviseur ; les lettres dont il est formé sont les mêmes que celles du dividende, et chacune d'elles est affectée d'un exposant égal à la différence de ses exposants dans le dividende et le diviseur.

Je suppose d'abord que le dividende contienne chaque lettre du diviseur au moins au même degré que ce terme, et je prends pour exemple la division de $\frac{3}{4} a^8 b^5 c^2 d^3$ par $2a^5 b^3 c^2$. D'après la règle précédente, je divise le coefficient $\frac{3}{4}$ du dividende par le coefficient 2 du diviseur ; je divise aussi a^8 par a^5, b^5 par b^3, c^2 par c^2, d^3 par d^0, et je dis que le monôme $\frac{3}{8} a^3 b^2 c^0 d^3$ que j'obtiens en faisant le produit des quotients de ces divisions partielles est le quotient de la division des deux monômes proposés. En effet, il résulte évidemment du mode de formation de $\frac{3}{8} a^3 b^2 c^0 d^3$ que le produit de ce monôme par le diviseur $2a^5 b^3 c^2$

est égal au dividende $\frac{3}{4} a^8 b^5 c^2 d^3$; donc le monôme $\frac{3}{8} a^3 b^2 c^0 d^3$,

ou $\frac{3}{8} a^3 b^2 d^3$, est le quotient cherché.

En second lieu, si le dividende n'est pas composé des mêmes lettres que le diviseur, ou s'il les contient toutes, mais à des degrés moindres, je dis que le quotient de la division n'est pas entier. Soit, par exemple, à diviser $3a^2 bc^3$ par $4ab^3 cd$. Comme les lettres b et d ont dans le diviseur des exposants plus grands que dans le dividende $3a^2 bc^3 d^0$, il est évident qu'on ne peut reproduire le dividende en multipliant le diviseur par une quantité entière quelconque. Le quotient de la division proposée est donc fractionnaire, et le dividende n'est pas divisible par le diviseur.

On a, d'après la règle précédente :

$$\frac{20 a^4 b^3 c^2}{4 a^2 b^3 c} = 5 a^2 c, \quad \text{et} \quad \frac{18 a^6 b^4 c^2 d}{24 a^3 b^2 d} = \frac{3}{4} a^3 b^2 c^2 ;$$

Mais le monôme $15a^5 b^4$ n'est pas divisible par $5a^3 b^6$, parce que l'exposant de la lettre b dans le diviseur est plus grand que celui qu'elle a dans le dividende ; de même, le monôme $8a^4 b^6$ n'est pas divisible par $4a^2 b^3 c^2$, parce que le dividende ne contient pas la lettre c qui se trouve dans le diviseur. Dans ces deux derniers exemples, le quotient de la division est fractionnaire.

Division d'un polynôme entier par un monôme entier.

Règle. — *Un polynôme entier n'est divisible par un monôme entier qu'autant que chacun de ses termes est divisible par le monôme.*

Le quotient de la division est un polynôme ayant pour termes les quotients des divisions partielles des termes du dividende par le diviseur, et chacun de ces termes a le même signe que celui qui lui correspond dans le dividende.

Soit à diviser le polynôme entier $a - b + c$ par le monôme entier d, je dis que

$$\frac{a - b + c}{d} = \frac{a}{d} - \frac{b}{d} + \frac{c}{d};$$

car, si je multiplie la quantité $\frac{a}{d} - \frac{b}{d} + \frac{c}{d}$ par le diviseur d,

je trouve pour produit le polynôme $\frac{a}{d} \times d - \frac{b}{d} \times d + \frac{c}{d} \times d$,

qui n'est autre que le dividende $a - b + c$.

Chacun des termes $\frac{a}{d}$, $\frac{b}{d}$, $\frac{c}{d}$, du quotient, a le même signe que le terme qui lui correspond dans le dividende, et le quotient n'est entier qu'autant que tous les termes a, b, c, du dividende, sont divisibles par le diviseur d.

Cette règle ramène la division d'un polynôme par un monôme à la division de deux monômes.

Exemples. 1° Soit à diviser le polynôme $18a^4b^5 - 12a^5b^4 + 6a^6b^3$ par le monôme $6a^3b^2$. Je divise successivement chacun des trois termes du dividende par le diviseur; en appliquant les règles de la division de deux monômes, je trouve $3ab^3$, $2a^2b^2$ et a^3b pour les trois quotients partiels, et je donne à chacun d'eux le signe du dividende correspondant; il en résulte que

$$\frac{18a^4b^5 - 12a^5b^4 + 6a^6b^3}{6a^3b^2} = 3ab^3 - 2a^2b^2 + a^3b.$$

2° On a de même

$$\frac{16a^6b^3 - 21a^5b^4 + 18a^4b^5}{12a^3b^3} = \frac{4}{3}a^3 - \frac{7}{4}a^2b + \frac{3}{2}ab^2.$$

3° Le polynôme $6a^4 - 7a^3b + 8a^2b^2$ n'est pas divisible par le monôme $3a^2b^2$, parce qu'aucun des deux premiers termes du dividende n'est divisible par le diviseur. Le quotient de la division de ces deux quantités est fractionnaire.

THÉORÈME I.

Un monôme n'est pas divisible par un polynôme.

En effet le produit d'un polynôme par une quantité quelconque, monôme ou polynôme, a plus d'un terme (3, I)*.

Ainsi le monôme $24a^3b^2c$ n'est pas divisible par le binôme $2a^2 - 3b^2$.

THÉORÈME II.

Deux polynômes entiers ne sont pas divisibles l'un par l'autre, lorsque le dividende ne renferme pas toutes les lettres du diviseur.

Car, si le dividende était divisible par le diviseur, il serait le produit du diviseur par un polynôme entier, et chacune des lettres de ses deux facteurs se trouverait au moins dans l'un de ses termes ; ce qui contredit l'hypothèse : donc, etc.

Ainsi le polynôme $a^2 + ab + b^2$ n'est pas divisible par $a - c$, parce que le dividende ne contient pas la lettre c qui se trouve dans le diviseur.

Remarque. — Lorsque deux polynômes sont divisibles l'un par l'autre, ils ont au moins une lettre commune.

Division de deux polynômes entiers.

RÈGLE. — Si deux polynômes entiers sont divisibles l'un par l'autre, le quotient de leur division se détermine de la manière suivante : *On ordonne les deux polynômes par rapport à l'une de leurs lettres communes et l'on divise le premier terme du dividende par celui du diviseur. Le résultat de cette opération est le premier terme du quotient ; on lui donne le signe + ou le signe —, selon qu'il provient de deux termes précédés du même signe ou de signes différents.*

---

* La notation (3, 1) exprime que le raisonnement s'appuie sur le *premier* théorème de la *troisième* leçon.

On soustrait ensuite du dividende le produit du diviseur par le premier terme du quotient, et l'on divise le premier terme du reste de cette soustraction par celui du diviseur. Le résultat de cette seconde division est le second terme du quotient, dont on détermine le signe d'après la règle précédente.

En continuant ainsi, on trouve les autres termes du quotient, et la soustraction correspondant au dernier terme de ce polynôme a zéro pour reste.

Soient les deux polynômes entiers

$$6a^6 b^3 - 13a^5 b^4 + 28\,a^4 b^5 - 23\,a^3 b^6 + 20\,a^2 b^7,$$
$$3a^4 b - 2\,a^3 b^2 + 5\,a^2 b^3,$$

dont je suppose le premier divisible par le second ; pour déterminer le polynôme entier qui est le quotient de leur division, je fais remarquer que, le dividende étant par hypothèse le produit du diviseur par le quotient cherché, si j'ordonne ces trois polynômes par rapport à l'une de leurs lettres communes, a par exemple, le premier terme $6a^6 b^3$ du dividende est le produit du premier terme du quotient par le premier terme $3a^4 b$ du diviseur (3, I) ; j'aurai donc le premier terme du quotient en divisant $6a^6 b^3$ par $3a^4 b$. Ce terme est égal à $2a^2 b^2$; quant à son signe, il doit être le même que celui du diviseur $3a^4 b$, puisque le produit $6a^6 b^3$ de ces deux monômes est positif (3e leçon, page 28.)

Maintenant que je connais la valeur et le signe du premier terme du quotient, je multiplie le diviseur $3a^4 b - 2a^3 b^2 + 5a^2 b^3$ par ce terme $2a^2 b^2$, et je retranche du dividende

$$6a^6 b^3 - 13a^5 b^4 + 28a^4 b^5 - 23a^3 b^6 + 20a^2 b^7$$

leur produit $6a^6 b^3 - 4a^5 b^4 + 10a^4 b^5$. Le reste qui égale

$$-9a^5 b^4 + 18a^4 b^5 - 23a^3 b^6 + 20a^2 b^7$$

est le produit du diviseur par le polynôme composé de tous les termes inconnus du quotient. Par conséquent, si je l'ordonne par rapport à la même lettre que le diviseur, j'aurai le second terme du quotient en divisant le premier terme $-9a^5 b^4$ du reste par le premier terme $3a^4 b$ du diviseur ; je le trouve égal à $3ab^3$, et je lui donne le signe —, c'est-à-dire un signe différent de celui du diviseur $3a^4b$, parce que le produit $-9a^5b^4$ de ces deux monômes est négatif (3e leçon, page 28).

Je multiplie ensuite le diviseur $3a^4b - 2a^3b^2 + 5a^2b^3$ par le second terme $-3ab^3$ du quotient, et je soustrais leur produit $-9a^5b^4 + 6a^4b^5 - 15a^3b^6$ du reste précédent. Le nouveau reste

$$12a^4b^5 - 8a^3b^6 + 20a^2b^7$$

étant le produit du diviseur par le polynôme formé des termes inconnus du quotient, je calculerai le troisième terme du quotient, en divisant le premier terme $12a^4b^5$ de ce reste par le premier terme $3a^4b$ du diviseur, et je donnerai le signe $+$ à ce terme qui égale $4b^4$, puisque son produit $12a^4b^5$ par le monôme positif $3a^4b$ est lui-même positif (3e leçon). En multipliant le diviseur $3a^4b - 2a^3b^2 + 5a^2b^3$ par $+4b^4$, et retranchant le produit $12a^4b^5 - 8a^3b^6 + 20a^2b^7$ du second reste, je trouve zéro pour troisième reste; j'en conclus que le dividende

$$6a^6b^3 - 13a^5b^4 + 28a^4b^5 - 23a^3b^6 + 20a^2b^7$$

est le produit exact du diviseur $3a^4b - 2a^3b^2 + 5a^2b^3$ par le polynôme entier $2a^2b^2 - 3ab^3 + 4b^4$; ce polynôme est donc le quotient de la division proposée.

Remarque I. — On donne à chacun des restes

$$-9a^5b^4 + 18a^4b^5 - 23a^3b^6 + 20a^2b^7,$$
$$12a^4b^5 - 8a^3b^6 + 20a^2b^7,$$

le nom de *dividende partiel,* de sorte qu'on obtient la valeur de chaque terme du quotient, en divisant le premier terme de chaque dividende partiel de même rang par le premier terme du diviseur. Quant au signe de ce terme, il est le même que celui du diviseur, ou bien il est différent, selon que le terme du dividende qui est leur produit a le signe $+$ ou le signe —. En développant cette règle, je trouve les quatre cas suivants :

1° Si le dividende a le signe $+$, ainsi que le diviseur, le quotient a aussi le signe $+$.

2° Si le dividende a le signe $+$, et le diviseur le signe —, le quotient a le signe —.

3° Si le dividende a le signe—, et le diviseur le signe $+$, le quotient a encore le signe —.

4° Si le dividende et le diviseur ont l'un et l'autre le signe —, le quotient a le signe $+$.

La comparaison de ces quatre énoncés montre qu'on peut les réduire aux deux que voici : *Le quotient a le signe $+$ ou le signe —, selon que le dividende et le diviseur ont le même signe ou des signes différents.* Telle est la règle des signes de la division des polynômes.

Comme dans la multiplication, on énonce le plus souvent cette règle des signes de la manière suivante :

$+$ divisé par $+$ donne $+$
$+$ divisé par — donne —
— divisé par $+$ donne —
— divisé par — donne $+$.

Remarque II. — Dans la division algébrique comme dans la division des nombres entiers, on place le diviseur à la droite du dividende; on les sépare par un trait vertical, et l'on écrit le quotient sous le diviseur. Voici le tableau de la division que je viens d'expliquer.

DIVIDENDE.		DIVISEUR.
$6a^6b^3 - 13a^5b^4 + 28a^4b^5 - 23a^3b^6 + 20a^2b^7$		$3a^4b - 2a^3b^2 + 5a^2b^3$
$6a^6b^3 - 4a^5b^4 + 10a^4b^5$		$2a^2b^2 - 3ab^3 + 4b^4$
1er *reste* $\quad - 9a^5b^4 + 18a^4b^5 - 23a^3b^6 + 20a^2b^7$		QUOTIENT.
$\quad - 9a^5b^4 + 6a^4b^5 - 15a^3b^6$		
2e *reste* $\quad 12a^4b^5 - 8a^3b^6 + 20a^2b^7$		
$\quad 12a^4b^5 - 8a^3b^6 + 20a^2b^7$		
3e *reste* $\quad 0$		

On peut abréger cette opération, comme la division des nombres entiers, en effectuant simultanément dans chaque division partielle la multiplication de chacun des termes du diviseur par le nouveau terme du quotient, et la soustraction du produit de cette multiplication.

EXEMPLE.

DIVIDENDE.   DIVISEUR.

$$2a^4 - 13a^3b + 31a^2b^2 - 38ab^3 + 24b^4 \,\big|\, 2a^2 - 3ab + 4b^2$$

1er *reste.* $-10a^3b + 27a^2b^2 - 38ab^3 + 24b^4 \,\big|\, \overline{a^2 - 5ab + 6b^2}$

2e *reste.* $+12a^2b^2 - 18ab^3 + 24b^4$

3e *reste.*   0   QUOTIENT.

Remarque III. — Dans les exemples précédents, les coefficients de la lettre principale dans les premiers termes des dividendes partiels et du diviseur sont des monômes; mais il peut arriver que ces coefficients soient des polynômes; on fait encore l'opération d'après les règles précédentes, mais on est obligé d'effectuer à part la division du coefficient du premier terme de chaque dividende partiel par celui du premier terme du diviseur, puisque ces coefficients sont des polynômes.

DIVIDENDE.   DIVISEUR.

$$a^2 \,\big|\, x^2 + a^3 \,\big|\, x + a^4$$
$$+ab \quad - b^3 \quad + a^3b$$
$$+b^2 \qquad\qquad + a^2b^2$$
$$+ ab^3$$
$$+ b^4$$

$$a^3 \,\big|\, a^3 - 2a^3b \,\big|\, x^2 - a^3b^2 \,\big|\, x - a^6$$
$$-b^3 \quad + 2b^4 \quad + a^2b^3 \quad - a^5b$$
$$\qquad\qquad - 2b^5 \quad + ab^5$$
$$+ b^6$$

$$a \,\big|\, x - a^2$$
$$-b \quad + b^2$$

QUOTIENT.

1er *reste.* $-a^4 \,\big|\, x^2 - a^5 \quad x - a^6$

$-a^3b \quad - a^3b^2 \quad - a^5b$

$-a^2b^2 \quad + a^2b^3 \quad + ab^5$

$+ ab^3 \quad - b^5 \,\big|\, + b^6$

$+ b^4$

2e *reste.*   0

1re *division partielle.*   2e *division partielle.*

$$a^3 - b^3 \,\big|\, a^2 + ab + b^2$$
$$-a^2b - ab^2 - b^3 \,\big|\, \overline{a - b}$$

$$-a^4 - a^3b + ab^3 + b^4 \,\big|\, a^2 + ab + b^2$$
$$+ a^2b^2 + ab^3 + b^4 \,\big|\, \overline{-a^2 + b^2}$$

PROBLÈME.

Deux polynômes entiers étant donnés, reconnaître si l'un est divisible par l'autre.

Le quotient de la division des deux polynômes donnés n'est pas entier 1° lorsque le dividende ne contient pas toutes les lettres du diviseur; 2° lorsque, les polynômes étant ordonnés par rapport aux puissances d'une même lettre, chacun des coefficients des termes extrêmes du dividende n'est pas divisible par le coefficient du terme de même rang dans le diviseur.

Dans tout autre cas, on ne peut reconnaître *à priori* si les polynômes sont divisibles l'un par l'autre; il faut, en général, les ordonner par rapport aux puissances décroissantes d'une de leurs lettres communes, et leur appliquer la règle précédente de la division. Si le premier terme de l'un des dividendes partiels n'est pas divisible par le premier terme du diviseur, la division est impossible. Lorsque le contraire a lieu, on finit par trouver un reste nul, ou d'un degré moindre que celui du diviseur, puisque les degrés des restes successifs vont en diminuant. Dans le premier cas, le dividende est un multiple entier du diviseur; dans le second, les deux polynômes ne sont pas divisibles l'un par l'autre.

EXEMPLE.

DIVIDENDE.		DIVISEUR.
$x^6 - 3x^5 + 5x^4 + 2x^3$		$x^3 - 2x^2 + x$
1er *reste.* $\quad - x^5 + 4x^4 + 2x^3$		$x^3 - x^2 + 2x + 7$
2e *reste.* $\quad\quad + 2x^4 + 3x^3$		QUOTIENT.
3e *reste.* $\quad\quad\quad + 7x^3 - 2x^2$		
4e *reste.* $\quad\quad\quad\quad + 12x^2 - 7x$		

Le premier terme $+12x^1$ du 4e reste contenant la lettre

principale x avec un exposant moindre que celui de cette lettre dans le premier terme x^3 du diviseur, la division de $+12x^2$ par x^3 est impossible, par conséquent le polynôme $x^6 - 3x^5 + 5x^4 + 2x^3$ n'est pas divisible par le polynôme $x^3 - 2x^2 + x$.

Remarque I. — Il n'est pas toujours nécessaire de continuer la division jusqu'à ce qu'on trouve un reste de degré moindre que celui du diviseur. On peut affirmer que *le quotient n'est pas entier lorsque le terme de ce polynôme qui a pour degré la différence des degrés des derniers termes du dividende et du diviseur donne un reste autre que zéro :* car, si la division était possible, le terme de ce degré serait le dernier terme du quotient, et, par conséquent, le reste suivant serait nul.

Ainsi, dans la division précédente, on reconnaît l'impossibilité de l'opération à la fin de la seconde division partielle dont le reste devrait être nul, d'après la remarque précédente, si le quotient était entier.

Remarque II. — *Lorsque deux polynômes entiers que je désigne pour abréger par* P *et* P′, *ne sont pas divisibles l'un par l'autre, le quotient de leur division* $\dfrac{P}{P'}$ *est égal à la somme d'un polynôme entier et d'une fraction qui a pour numérateur un polynôme entier d'un degré moindre que celui du dénominateur.*

En effet, si je désigne par R le reste dont le degré est moindre que celui du diviseur P′, et par Q l'ensemble des termes du quotient obtenus avant le reste R, j'ai l'égalité évidente

$$P = Q \times P' + R.$$

En divisant ses deux membres par le même polynôme P′, j'obtiens la nouvelle égalité

$$\frac{P}{P'} = Q + \frac{R}{P'}$$

qui exprime le théorème précédemment énoncé, puisque Q est

un polynôme entier, et que le degré du numérateur R de la fraction $\frac{R}{P'}$ est moindre que celui de son dénominateur P'.

Ainsi, le quotient de la division du polynôme
$$x^6 \quad 3x^5 + 5x^4 + 2x^3$$
par le polynôme $x^3 - 2x^2 + x$ égale (page 47).
$$x^3 - x^2 + 2x + 7 + \frac{12x^2 - 7x}{x^3 - 2x^2 + x}.$$

Exemples remarquables de division.

1o *Diviser le binôme* $x^m - a^m$ *par* $x - a$, *en supposant que* m *soit un nombre entier.*

	$x^m \quad -a^m$	$x - a$
1er reste	$ax^{m-1} - a^m$	
2e reste	$a^2 x^{m-2} - a^m$	$x^{m-1} + ax^{m-2} + a^2 x^{m-3} + a^3 x^{m-4} + \dots + a^{m-1}$
3e reste	$a^3 x^{m-3} - a^m$	

$(m-1)^{me}$ reste　　$a^{m-1} x - a^m$

m^{me} reste　　$a^m - a^m$, ou 0.

En effectuant plusieurs divisions partielles, on reconnaît facilement que les restes successifs sont des binômes homogènes de degré m, ayant le dernier terme $-a^m$ commun. Dans le premier terme de chacun d'eux, l'exposant de la lettre a est égal au rang de ce reste, et celui de la lettre x, égal à l'excès du nombre m sur l'exposant de a. Par conséquent le reste de la $(m-1)^{me}$ division sera $a^{m-1} x - a^m$. En divisant ce reste par $x - a$, on trouve zéro pour le reste suivant; le binôme $x^m - a^m$ est donc divisible par $x - a$, quelle que soit la valeur entière de m.

Comme le quotient de cette division se présente souvent dans les applications de l'algèbre, il importe de remarquer sa forme, pour qu'on puisse l'écrire sans faire la division. Ce quotient est un polynôme entier, homogène de degré $m - 1$, et commençant par le terme x^{m-1}; l'exposant de la lettre x

décroît d'une unité d'un terme au suivant, tandis que celui de la lettre a croît de la même quantité jusqu'au dernier terme qui est a^{m-1}.

2° *Diviser le binôme* $x^m + a^m$ *par* $x - a$, m *étant un nombre entier quelconque.*

De l'égalité évidente

$$x^m + a^m = x^m - a^m + 2a^m ;$$

on déduit :

$$\frac{x^m + a^m}{x - a} = \frac{x^m - a^m}{x - a} + \frac{2a^m}{x - a}.$$

ou $\quad \dfrac{x^m + a^m}{x - a} = x^{m-1} + a x^{m-2} + a^2 x^{m-3} \ldots + a^{m-1} + \dfrac{2a^m}{x - a}.$

Cette égalité montre que le binôme $x^m + a^m$ n'est pas divisible par $x - a$; la partie entière du quotient de ces deux quantités est la même que le quotient de la division du binôme $x^m - a^m$ par $x - a$, et le reste $2a^m$ est le double du dernier terme a^m du dividende $x^m + a^m$.

3° *Diviser le binôme* $x^m - a^m$ *par* $x + a$, *en supposant* m *entier.*

$$
\begin{array}{ll}
& \begin{array}{c|l}
\phantom{1^{er}\ \text{reste}}\ x^m - a^m & x + a \\
\hline
1^{er}\ \text{reste}\quad - a x^{m-1} - a^m & x^{m-1} - a x^{m-2} + a^2 x^{m-3} - a^3 x^{m-4} \ldots - a^{m-1}, m\ \text{étant pair.} \\
2^e\ \text{reste}\quad + a^2 x^{m-2} - a^m & \qquad\qquad\qquad\qquad\quad + a^{m-1}, m\ \text{étant impair.} \\
3^e\ \text{reste}\quad - a^3 x^{m-3} - a^m & \\
4^e\ \text{reste}\quad + a^4 x^{m-4} - a^m &
\end{array}
\end{array}
$$

$(m-1)^{me}$ reste $\Big\}$
$\ m$ étant pair $\quad - a^{m-1} x - a^m$
m^{me} reste $\qquad + a^m - a^m$, ou 0.

$(m-1)^{me}$ reste $\Big\}$
$\ m$ étant impair $\quad + a^{m-1} x - a^m$
m^{me} reste $\qquad - a^m - a^m$, ou $- 2a^m$.

En effectuant plusieurs divisions partielles, on reconnaît que les restes sont des binômes homogènes de degré m, ayant tous $- a^m$ pour dernier terme, et que dans le premier terme de chacun d'eux l'exposant de la lettre a est égal au rang de ce terme, et celui de la lettre x, égal par suite à l'excès du nombre m sur l'exposant de a. De plus, ce terme est précédé du signe — ou du signe + selon que le rang du reste est impair ou pair. Cela posé, si 1° m est un nombre pair, le $(m-1)^{\text{me}}$ reste de la division est égal à $-a^{m-1}x - a^m$. En divisant ce reste par $x+a$, on trouve zéro pour le reste suivant. Donc *le binôme* $x^m - a^m$ *est divisible par* $x+a$, *lorsque* m *est un nombre pair*. 2° Je suppose que m soit un nombre impair, le $(m-1)^{\text{me}}$ reste est égal à $+a^{m-1}x - a^m$. En le divisant par $x+a$, j'ai un nouveau reste égal à $-2a^m$; par conséquent, le binôme $x^m - a^m$ n'est pas divisible par $x+a$, lorsque m est impair.

Dans les deux cas, la partie entière du quotient est un polynôme homogène de degré $m-1$ dont les termes sont alternativement positifs et négatifs.

4° *Diviser le binôme* $x^m + a^m$ *par* x + a, *en supposant que* m *soit un nombre entier.*

On a l'égalité évidente

$$x^m + a^m = x^m - a^m + 2a^m,$$

et, par suite,

$$\frac{x^m + a^m}{x+a} = \frac{x^m - a^m}{x+a} + \frac{2a^m}{x+a}.$$

Si m est un nombre pair, le quotient de la division de $x^m - a^m$ par $x+a$ étant entier, celui de $x^m + a^m$ par $x+a$ est fractionnaire; de sorte que *le binôme* $x^m + a^m$ *n'est pas divisible par* x + a, *lorsque* m *est pair*.

Au contraire, si m est impair, on a

$$\frac{x^m - a^m}{x+a} = x^{m-1} - ax^{m-2} \ldots + a^{m-1} - \frac{2a^m}{x+a},$$

et, par conséquent,

$$\frac{x^m + a^m}{x+a} = x^{m-1} - ax^{m-2} \ldots + a^{m-1},$$

c'est-à-dire que le binôme $x^m + a^m$ est divisible par $x+a$, lorsque m est impair.

Exercices.

Diviser

1° $15a^8b^4c^2d$ par $5a^6b^2c^2$,

2° $4a^2b - 12a^3b^2 + 20a^4b^3$ par $4a^2b$,

3° $7a^{10} - 25a^8b^2 + 48a^6b^4 - 23a^4b^6 + 5a^2b^8$ par $7a^4 - 4a^2b^2 + b^4$,

4° $4a^4 - 9a^2b^2 + 6ab^3 - b^4$ par $2a^2 - 3ab + b^2$,

5° $16a^8 - 81x^8$ par $2a^2 - 3x^2$,

6° $(a^2 - b^2)x^3 + 2a^3x^2 + (2a^4 - a^2b^2)x + a^5 + a^3b^2 + a^2b^3 + b^5$
par $(a - b)x + a^2 - ab + b^2$,

7° $(a+b)^3x^3 + 3(a^3 + a^2b - ab^2 - b^3)x^2 + 3(a^3 - a^2b - ab^2 + b^3)x + a^3 - 3a^2b + 3ab^2 - b^3$ par $(a+b)^2x^2 + 2(a^2 - b^2)x + a^2 - 2ab + b^2$.

8° **Par quel nombre faut-il remplacer le coefficient k du polynôme $a^4 + ka^2b^2 + b^4$, pour que ce polynôme soit divisible par $a^2 - ab + b^2$?** (Rép. $k = 1$.)

9° Démontrer que si deux polynômes entiers P, P′, sont ordonnés par rapport aux puissances décroissantes d'une lettre qui leur est commune, et que m, m', soient les exposants de cette lettre dans les premiers termes de ces polynômes, et n, n', les exposants dans les derniers termes, le quotient de la division de P par P′ a au plus $m - m' - (n - n') + 1$ termes.

Reconnaître, d'après ce théorème, l'impossibilité de la division de deux polynômes entiers.

SIXIÈME LEÇON.

Calcul des Fractions algébriques.

On appelle *fraction algébrique* le quotient de la division de deux quantités quelconques. Les fractions algébriques diffèrent essentiellement des fractions arithmétiques dont les termes ne sont que des nombres entiers; mais les règles de calcul sont les mêmes pour ces deux genres de fractions.

THÉORÈME 1.

On ne change pas la valeur d'une fraction $\frac{c}{d}$ en multipliant ou divisant ses deux termes par la même quantité m.

En effet, la fraction $\frac{c}{d}$ étant le quotient de la division de son numérateur c par son dénominateur d, il en résulte que

$$\left(\frac{c}{d}\right)d = c.$$

Si je multiplie par la même quantité m les deux membres de cette égalité, les produits sont égaux, et j'ai la nouvelle égalité

$$\left(\frac{c}{d}\right)dm = cm.$$

Je divise ensuite chacun de ses membres par le produit dm, et je trouve que

$$\frac{c}{d} = \frac{cm}{dm};$$

ce qui démontre le théorème énoncé, car 1° on déduit la fraction $\dfrac{cm}{dm}$ de la fraction $\dfrac{c}{d}$, en multipliant les deux termes de celle-ci par m; 2° la fraction $\dfrac{c}{d}$ résulte inversement de la fraction $\dfrac{cm}{dm}$, lorsqu'on divise les deux termes de celle-ci par m.

CorollAIRE I. — *On réduit une fraction à sa plus simple expression en divisant ses deux termes par tous leurs facteurs communs, numériques et algébriques.*

Soit proposé de réduire la fraction $\dfrac{12\,a^3 b^5 - 48\,a^3 b^7}{16\,a^5 b^5 - 32\,a^4 b^6}$ à sa plus simple expression.

Je commence par mettre en évidence les facteurs communs à tous les termes du numérateur et ceux qui sont communs à tous les termes du dénominateur, et la fraction prend la forme suivante : $\dfrac{12\,a^3 b^5 (a^2 - 4 b^2)}{16\,a^4 b^5 (a - 2b)}$. Je divise alors ses deux termes par le produit $4a^3 b^5$ de leurs facteurs monômes communs. Pour simplifier ensuite la fraction résultante $\dfrac{3\,(a^2 - 4 b^2)}{4a\,(a - 2\,b)}$, il faudrait chercher le plus grand diviseur polynôme commun à ses deux termes ; comme la théorie du plus grand commun diviseur algébrique dépend de l'algèbre supérieure, on ne peut le plus souvent réduire une fraction à sa plus simple expression, en étudiant l'algèbre élémentaire. Mais, dans l'exemple proposé, on voit facilement que le binôme $a^2 - 4b^2$ est la différence de deux carrés, et qu'il égale le produit $(a+2b)(a-2b)$; par conséquent les deux termes de la fraction sont divisibles par $a - 2b$, et la valeur de cette fraction réduite à sa plus simple expression est $\dfrac{3\,(a+2b)}{4a}$.

CorollAIRE II. — *Pour réduire plusieurs fractions au même dénominateur, on peut multiplier les deux termes de chacune par le produit des dénominateurs de toutes les autres.*

Lorsqu'on pourra former le plus petit-commun multiple des dénominateurs de toutes les fractions, d'après la règle donnée en arithmétique, on devra le prendre de préférence pour le dénominateur commun.

Exemple : Soit à réduire au même dénominateur les fractions

$$\frac{a^2}{4b^2}, \quad \frac{a-b}{3(a+b)}, \quad \frac{a+b}{2(a-b)}, \quad \frac{a^2+b^2}{6(a^2-b^2)}.$$

Comme le binôme $a^2 - b^2$ est égal au produit de $a + b$ par $a - b$, le plus petit commun multiple de tous les dénominateurs est $12b^2 (a^2 - b^2)$. Pour réduire les fractions à ce dénominateur, je divise $12b^2 (a^2 - b^2)$ successivement par le dénominateur de chaque fraction, et je multiplie ses deux termes par le quotient de cette division. Je trouve ainsi les fractions

$$\frac{3a^2(a^2-b^2)}{12b^2(a^2-b^2)}, \quad \frac{4b^2(a-b)^2}{12b^2(a^2-b^2)}, \quad \frac{6b^2(a+b)^2}{12b^2(a^2-b^2)}, \quad \frac{2b^2(a^2+b^2)}{12b^2(a^2-b^2)}$$

qui sont équivalentes aux fractions proposées et ont le même dénominateur.

Addition.

RÈGLE.—*On effectue l'addition de plusieurs fractions, en les réduisant au même dénominateur, et divisant ensuite la somme de leurs numérateurs par le dénominateur commun.*

Soit proposé d'additionner, par exemple, les fractions de même dénominateur

$$\frac{a}{m} + \frac{b}{m} + \frac{c}{m};$$

on a, d'après la règle de la division d'un polynôme par un monôme (page 40),

$$\frac{a}{m} + \frac{b}{m} + \frac{c}{m} = \frac{a+b+c}{m}.$$

Soustraction.

RÈGLE.—*Pour soustraire une fraction d'une autre fraction, on les réduit d'abord au même dénominateur, puis on divise la différence de leurs numérateurs par le dénominateur commun.*

Soit à soustraire, par exemple, la fraction $\dfrac{a}{m}$ de la fraction $\dfrac{b}{m}$ qui a le même dénominateur ; on a, d'après la règle de la division d'un polynôme par un monôme (page 40),

$$\frac{b}{m} - \frac{a}{m} = \frac{b-a}{m}.$$

Multiplication.

RÈGLE.—*On multiplie deux fractions l'une par l'autre, en divisant le produit de leurs numérateurs par celui de leurs dénominateurs.*

Soit à multiplier la fraction $\dfrac{a}{b}$ par la fraction $\dfrac{c}{d}$; d'après la définition des fractions, on a les égalités

$$\left(\frac{a}{b}\right) b = a,$$

$$\left(\frac{c}{d}\right) d = c.$$

En les multipliant membre à membre, on trouve

$$\left(\frac{a}{b}\right) \left(\frac{c}{d}\right) bd = ac,$$

et, par suite,

$$\left(\frac{a}{b}\right) \left(\frac{c}{d}\right) = \frac{ac}{bd} \; ;$$

ce qui démontre la règle énoncée.

Division.

RÈGLE.—*Pour diviser deux fractions l'une par l'autre, on multiplie la fraction dividende par la fraction diviseur renversée.*

Soit à diviser la fraction $\frac{a}{b}$ par la fraction $\frac{c}{d}$; je dis que le quotient est égal à $\frac{a}{b} \times \frac{d}{c}$ ou $\frac{ad}{bc}$. En effet, si je multiplie la quantité $\frac{ad}{bc}$ par le diviseur $\frac{c}{d}$, je trouve pour produit $\frac{adc}{bcd}$, ou le dividende $\frac{a}{b}$; par conséquent $\frac{a}{b} \times \frac{c}{d}$ est le quotient cherché.

THÉORÈME II.

Si les fractions $\frac{a}{b}$, $\frac{a'}{b'}$, $\frac{a''}{b''}$ ...., *sont égales , le quotient* $\frac{a+a'+a''...}{b+b'+b''...}$ *représente leur valeur commune.*

Je représente, pour abréger, par une seule lettre λ la valeur de la fraction $\frac{a}{b}$, et je déduis des égalités

$$\lambda = \frac{a}{b} = \frac{a'}{b'} = \frac{a''}{b''} ....$$

les égalités suivantes :

$$a = b \times \lambda,$$
$$a' = b' \times \lambda,$$
$$a'' = b'' \times \lambda,$$
$$\cdots \cdots$$

En les additionnant membre à membre, je trouve

$$a + a' + a'' ... = (b + b' + b''...) \times \lambda,$$

et, par suite,

$$\frac{a+a'+a''...}{b+b'+b''...} = \lambda = \frac{a}{b} = \frac{a'}{b'} + \frac{a''}{b''}...$$

COROLLAIRE. — Si m, m', m''..., représentent des quantités quelconques, et que les fractions $\frac{a}{b}$, $\frac{a'}{b'}$, $\frac{a''}{b''}$..., soient égales. on a aussi

$$\frac{a}{b} = \frac{a'}{b'} = \frac{a''}{b''} ... = \frac{am+a'm'+a''m''...}{bm+b'm'+b''m''...}.$$

En effet, les fractions $\frac{a}{b}$, $\frac{a'}{b'}$, $\frac{a''}{b''}$, ... étant égales par hypothèse, les fractions $\frac{am}{bm}$, $\frac{a'm'}{b'm'}$, $\frac{a''m''}{b''m''}$, ... qu'on en déduit en
multipliant les deux termes de chacune d'elles par une même
quantité, sont aussi égales, et le quotient

$$\frac{am+a'm'+a''m''...}{bm+b'm'+b''m''...}$$

représente leur commune valeur qui est la même que celle
des fractions $\frac{a}{b}$, $\frac{a'}{b'}$, $\frac{a''}{b''}$ ...

Ce théorème est d'une grande utilité dans la résolution des
équations.

Exercices.

1° Réduire les fractions

$$\frac{24a^6b^3 - 24a^2b^7}{36a^6b^3 - 36a^4b^5} \quad \text{et} \quad \frac{a^3 - b^3}{a^3 - b^3 - 2ab(a - b)},$$

à leur plus simple expression.

$$\left(Rép.. \quad 1° \ \frac{2(a^2 + b^2)}{3a^2}; \quad 2° \ \frac{a^2 + ab + b^2}{a^2 - ab + b^2} \right).$$

2° Faire la somme des fractions

$$\frac{a}{a+b}, \quad \frac{a}{a-b}, \quad \frac{c^2 - 2a}{a^2 - b^2}.$$

3° Soustraire la fraction $\frac{1}{a^2 - b^2}$ de la fraction $\frac{a+b}{a^3 - b^3}$, et la

fraction $\frac{a-b}{a+b}$ de la fraction $\frac{a+b}{a-b}$.

4° Simplifier l'expression

$$\frac{4(a+b)}{c+5d}\left(\frac{c+d}{4} - \frac{c-d}{6} \right).$$

$$\left(Rép. \quad \frac{a+b}{3} \right).$$

5° Simplifier l'expression
$$\dfrac{a - \dfrac{ac(1-b)}{c+a^2b}}{1 + \dfrac{a^2(1-b)}{c+a^2b}}.$$

(*Rép.* ab).

6° Vérifier les égalités suivantes :
$$\frac{9a^3+53a^2-9a-18}{a^2+11a+30} = \frac{9a^2-a-3}{a+5},$$

$$\frac{(a+b+c)\,(a+b-c)\,(a+c-b)\,(b+c)}{2a^2b^2+2a^2c^2+2b^2c^2-a^4-b^4-c^4} = \frac{b+c}{b+c-a}.$$

7° Reconnaître que l'équation
$$abx^2 + \frac{3a^2x}{c} = \frac{6a^2+ab-2b^2}{c^2} - \frac{b^2x}{c}$$

est satisfaite lorsqu'on y remplace x par la fraction $\dfrac{2a-b}{ac}$.

8° Démontrer que, si l'on a
$$x = \frac{2b^2-a^2+d^2}{3a}$$

et
$$y = \frac{2a^2-b^2+d^2}{3b},$$

les quantités x et y sont liées par la relation
$$\frac{a}{b+y} = \frac{b}{a+x}.$$

RÉSOLUTION DES ÉQUATIONS

DU PREMIER DEGRÉ.

SEPTIÈME, HUITIÈME ET NEUVIÈME LEÇON.

PROGRAMME. Équations du premier degré.—Résolution des équations numériques du premier degré, à une ou plusieurs inconnues, par la méthode dite de *substitution*.

DÉFINITIONS.

1º On désigne sous le nom d'*identité* une égalité évidente, telle que la suivante :

$$2a + 3x = 2a + 3x.$$

2º On appelle *équation* l'expression de l'égalité de deux quantités, monômes ou polynômes, qui renferment un nombre quelconque d'inconnues et ne deviennent identiques que pour certaines valeurs de ces inconnues. Ces valeurs remarquables des inconnues ont reçu le nom de *solutions* de l'équation.

Une équation a deux *membres*, qui sont les deux quantités dont elle exprime l'égalité. Ainsi l'équation

$$A = B,$$

dans laquelle A et B sont des monômes ou des polynômes renfermant un nombre quelconque d'inconnues, a pour *premier membre* la quantité A et pour *second membre* la quantité B.

La *résolution* d'une équation consiste dans la recherche des valeurs particulières de ses inconnues, pour lesquelles elle devient une identité. Ce problème est le principal objet de l'algèbre.

3° On distingue les équations d'après le nombre de leurs inconnues. Ainsi, l'équation

$$x^2 - 3 = 4x - 7$$

n'a qu'une inconnue, tandis que l'équation

$$5x + 5y = 30$$

en contient deux.

4° Lorsque les membres d'une équation sont des monômes ou des polynômes entiers par rapport aux inconnues, on dit que cette équation est du premier degré, du second, du troisième..., selon que le plus grand des degrés de ses termes, relativement aux inconnues, égale l'un des nombres 1, 2, 3... Ainsi, la première des équations précédentes est du second degré, et la seconde, du premier degré.

5° Deux équations qui ont les mêmes inconnues et les mêmes solutions sont dites *équivalentes*.

Il résulte de cette définition que, pour la résolution d'une équation donnée, on peut remplacer cette équation par toute autre qui lui soit équivalente ; mais cette substitution ne doit être faite qu'autant que la seconde équation est plus simple que la première.

Principes généraux.

THÉORÈME I.

On forme une équation équivalente à une équation donnée, en augmentant ou diminuant les deux membres de celle-ci de la même quantité.

Je remarque, avant tout, qu'il ne faut pas confondre ce théorème avec le suivant dont l'évidence est incontestable : *Une égalité subsiste encore lorsqu'on augmente ou qu'on dimi-*

nue ses deux membres de la même quantité. Il s'agit de prouver que deux équations, telles que

$$2x + 5 = 7x - 20,$$
$$2x + 5 + (4x - 3) = 7x - 20 + (4x - 3),$$

dont on forme la seconde en ajoutant la quantité $4x - 3$ aux deux membres de la première, ont les mêmes solutions.

Pour démontrer cette proposition, je suppose que la première équation ait pour solution

$$x = 5,$$

et je dis que ce nombre satisfait aussi à la seconde équation. En effet, sa substitution dans l'équation

$$2x + 5 = 7x - 20$$

transformant par hypothèse les deux membres en deux nombres égaux, si j'ajoute à chacun de ces nombres la valeur correspondante de $4x - 3$, je trouverai deux sommes égales. Or ces deux sommes sont les valeurs que prennent les polynômes $2x + 5 + (4x - 3)$, $7x - 20 + (4x - 3)$, lorsqu'on y remplace x par 5; donc le nombre 5 est aussi une solution de la seconde équation.

Réciproquement. Si la seconde équation est satisfaite par

$$x = 5$$

cette valeur de x est aussi une solution de la première équation.

En effet, par sa substitution dans l'équation

$$2x + 5 + (4x - 3) = 7x - 20 + (4x - 3)$$

les deux membres devenant des nombres égaux, si je retranche de chacun de ces nombres la valeur correspondante de $4x - 3$, j'aurai des restes égaux. Or, ces restes sont les valeurs des polynômes $2x + 5$, $7x - 20$, lorsqu'on y remplace x par 5; donc le nombre 5 qui est une solution de la seconde équation satisfait aussi à la première. Ces équations sont par suite équivalentes.

Corollaire.—*On peut transporter un terme d'une équation d'un membre dans l'autre, pourvu qu'on change le signe de ce terme.*

Ainsi les deux équations

$$2x + 5 = 7x - 20,$$
$$2x + 5 + 20 = 7x$$

sont équivalentes, parce qu'on déduit la seconde de la première en ajoutant le même nombre 20 aux deux membres de la première.

Il en est de même des équations

$$2x + 5 + 20 = 7x,$$
$$5 + 20 = 7x - 2x;$$

car on forme la seconde en retranchant le terme $2x$ des deux membres de la première.

THÉORÈME II.

On forme une équation équivalente à une équation donnée, en multipliant ou divisant les deux membres de celle-ci par une même quantité dont la valeur soit un nombre quelconque, autre que zéro.

1° Soit l'équation

$$4x - 15 = \frac{7x}{8} + 10 ;$$

Je multiplie ses deux membres par une quantité quelconque m dont la valeur ne soit pas nulle, et je dis que la nouvelle équation

$$\left(4x - 15\right)m = \left(\frac{7x}{8} + 10\right)m$$

lui est équivalente.

En effet, je suppose que la première équation ait pour solution

$$x = 8 ;$$

ce nombre, par sa substitution dans cette équation, réduisant les deux membres à deux nombres égaux, si je multiplie chacun de ces nombres par la valeur de m qui n'est pas nulle, j'aurai deux produits égaux. Or, ces produits sont les valeurs que prennent les deux quantités $(4x - 15)\,m$, $\left(\frac{7x}{8} + 10\right)m$, lorsqu'on y remplace x par 8 ; donc cette solution de la première équation satisfait aussi à la seconde.

Réciproquement.—Si la seconde équation a pour solution
$$x = 8,$$
cette valeur de x satisfait aussi à la première.

En effet, par la substitution de 8 à la place de x les membres de la seconde équation devenant des nombres égaux, si je divise chacun de ces nombres par la valeur de m, qui n'est pas nulle, j'obtiendrai deux quotients égaux. Or ces quotients sont les valeurs que prennent les quantités $4x - 15$, $\dfrac{7x}{8} + 10$, lorsqu'on y remplace x par 8 ; donc cette solution de la seconde équation satisfait aussi à la première, et ces deux équations sont équivalentes.

2° On démontre de la même manière le théorème relatif à la division.

Remarque. — Si la quantité m, par laquelle on multiplie ou l'on divise les deux membres de l'équation, contient l'inconnue x, l'équation ainsi formée n'est pas équivalente à la proposée.

En effet, si je multiplie les deux membres de l'équation
$$4x - 15 = \frac{7x}{8} + 10$$
par le binôme $x - 1$, la nouvelle équation
$$\left(4x - 15 \right)\left(x - 1 \right) = \left(\frac{7x}{8} + 10 \right)\left(x - 1 \right)$$
sera satisfaite par
$$x = 1,$$
puisque ses deux membres deviennent nuls pour cette valeur de x, tandis que l'équation proposée n'admet pas cette solution.

COROLLAIRE. — *Lorsqu'une équation a des termes fractionnaires, on peut, en général, réduire tous les termes de cette équation au même dénominateur, et supprimer ensuite ce dénominateur, qu'on doit choisir le plus simple qu'il est possible.*

Ce théorème est évident lorsque le dénominateur auquel on réduit tous les termes de l'équation est un nombre, ou une quantité algébrique qui ne contient pas d'inconnues, pourvu que, dans ce dernier cas, on ne fasse aucune hypothèse qui rende nul le dénominateur ; car, en supprimant ce dénominateur, on multiplie les deux membres de l'équation par une quantité autre que zéro.

Ainsi l'équation

$$\frac{x-3}{6} + \frac{5+x}{2} = 4$$

est équivalente à l'équation

$$x - 3 + 3(5 + x) = 24,$$

qu'on forme en réduisant tous les termes de la première au dénominateur 6, et supprimant ensuite ce dénominateur.

Pareillement les équations

$$x - a = \frac{bx}{c-d} + e,$$

$$(x - a)(c - d) = bx + e(c - d),$$

sont équivalentes, à la condition qu'on donnera toujours aux lettres c et d des valeurs inégales.

Lorsque le dénominateur commun renferme des inconnues, le théorème n'est pas toujours vrai ; car l'équation formée par la suppression du dénominateur commun peut être satisfaite dans certains cas par des valeurs de l'inconnue, qui rendent nul ce dénominateur. En voici un exemple : si je multiplie par $x - 1$ les deux membres de l'équation

$$1 + \frac{1}{x-1} = \frac{x^2}{x-1} - 6,$$

je forme la nouvelle équation

$$x = x^2 - 6x + 6,$$

qui a pour solutions les nombres 6 et 1, comme on peut le vérifier. La première 6 satisfait aussi à l'équation donnée ; mais il n'en est pas de même de la seconde qui rend nul le multiplicateur $x - 1$, lorsqu'on la substitue à x dans ce binôme.

Cet exemple simple montre que l'application du théorème précédent conduit, dans certains cas, à une équation qui peut avoir plus de solutions que l'équation proposée. Néanmoins, on emploie la première au lieu de la seconde, parce que ses deux membres sont des polynômes entiers, et que les méthodes de résolution ne sont le plus souvent applicables qu'à des équations de cette forme. Mais on rejette, comme *étrangères* à la question, les solutions de l'équation transformée qui rendent nul le commun dénominateur des termes de l'équation proposée, sans satisfaire à cette dernière équation.

1° Résolution d'une équation du premier degré à une seule inconnue.

Soit proposé de résoudre l'équation

$$2x - \frac{3}{4} + \frac{x}{2} = \frac{2}{3} + \frac{3x}{8} ;$$

je réduis d'abord tous ses termes au dénominateur 24, et je supprime ce dénominateur. Je forme ainsi l'équation

$$48x - 18 + 12x = 16 + 9x,$$

qui est équivalente à l'équation donnée.

Je rassemble ensuite dans le premier membre tous les termes qui contiennent l'inconnue, et dans le second membre ceux qui sont indépendants de cette quantité, en changeant toutefois les signes des termes $9x$ et 18 que je transporte d'un membre dans l'autre. Par suite, l'équation qui précède devient :

$$48x + 12x - 9x = 16 + 18.$$

J'effectue alors les opérations indiquées dans chaque membre, et je trouve

$$51x = 34 ;$$

j'en conclus

$$x = \frac{34}{51}.$$

Le nombre $\frac{34}{51}$ ou $\frac{2}{3}$ est la seule valeur de l'inconnue, puisque, d'après la règle de la division, il n'existe qu'un nombre dont le produit par 51 égale 34.

Pour vérifier cette valeur de l'inconnue, je la substitue dans l'équation proposée dont les deux membres doivent alors se réduire à des nombres égaux. L'égalité

$$\frac{4}{3} - \frac{3}{4} + \frac{1}{3} = \frac{2}{3} + \frac{1}{4},$$

à laquelle cette substitution conduit est évidente, car chacun de ses membres est égal à $\frac{11}{12}$. Le nombre $\frac{2}{3}$ est donc la valeur de l'inconnue.

De cet exemple résulte la règle suivante : *Pour résoudre une équation à une seule inconnue et du premier degré, on réduit tous les termes au même dénominateur, et l'on supprime ce dénominateur. On rassemble ensuite dans un membre les termes qui contiennent l'inconnue, et dans l'autre membre ceux qui en sont indépendants. On effectue alors, autant qu'il est possible, les additions et les soustractions indiquées dans chacun des membres, puis on divise la valeur de celui qui ne renferme pas l'inconnue par le coefficient de cette quantité.* Le quotient de cette division est la solution de l'équation proposée, si toutefois les calculs qui précèdent sont exacts. On les vérifie en remplaçant l'inconnue par ce quotient dans l'équation. Si les deux membres se réduisent à des nombres égaux, le nombre trouvé est la valeur de l'inconnue. Dans le cas contraire, cette valeur est fausse ; il faut alors recommencer les calculs relatifs à la résolution de l'équation.

Remarque 1.—Cette règle est aussi applicable aux équations du premier degré dont les coefficients sont algébriques. En voici un exemple :

Soit à résoudre l'équation

$$3cx + \frac{bx}{a} = \frac{(2a+b)\,b^2x}{a(a+b)^2} + \frac{3abc}{a+b} + \frac{a^2b^2}{(a+b)^3};$$

Je réduis tous ses termes au dénominateur $a(a+b)^3$, et je supprime ce dénominateur; il en résulte que

$$3ac(a+b)^3x+b(a+b)^3x=(a+b)(2a+b)b^2x+3a^2bc(a+b)^3+a^3b^2.$$

Je transporte ensuite le terme $(a+b)(2a+b)b^2x$ dans le premier membre et je mets $(a+b)x$ en facteur commun; l'équation précédente devient dès lors

$$[(3ac+b)(a+b)^2-b^2(2a+b)](a+b)x=3a^2bc(a+b)^2+a^3b^2,$$

et j'en déduis

$$x=\frac{3a^2bc(a+b)^2+a^3b^2}{(a+b)[3ac(a+b)^2+b(a+b)^2-b^2(2a+b)]}.$$

Pour simplifier cette fraction, je mets ab en facteur commun au numérateur, et je remplace dans le dénominateur la quantité $b(a+b)^2-b^2(2a+b)$ par ba^2 qui lui est égale; je trouve ainsi :

$$x=\frac{ab[3ac(a+b)^2+a^2b]}{(a+b)[3ac(a+b)^2+a^2b]},$$

et, par conséquent,

$$x=\frac{ab}{a+b}.$$

On vérifie cette valeur de x, en la substituant dans l'équation proposée qui devient

$$\frac{3abc}{a+b}+\frac{b^2}{a+b}=\frac{b^3(2a+b)}{(a+b)^3}+\frac{3abc}{a+b}+\frac{a^2b^2}{(a+b)^3};\ (I)$$

Or on a

$$\frac{b^3(2a+b)}{(a+b)^3}+\frac{a^2b^2}{(a+b)^3}=\frac{b^2(2ab+b^2+a^2)}{(a+b)^3}=\frac{b^2(a+b)^2}{(a+b)^3}=\frac{b^2}{a+b};$$

donc le second membre de l'égalité (I) est identique au premier, et la valeur $\frac{ab}{a+b}$ de x satisfait à l'équation proposée.

Remarque II. — Il n'est pas indifférent de transporter dans un membre ou dans l'autre les termes qui renferment l'inconnue de l'équation; il faut faire en sorte que les soustractions qui résultent de ce déplacement des termes puissent être effectuées. Lorsque les coefficients des termes de l'équation sont des nombres, on voit immédiatement de quel côté du signe d'égalité on doit transporter l'inconnue pour que les soustractions soient possibles dans chaque membre. Mais il n'en est plus de même si les termes de l'équation ont pour coefficients des lettres n'ayant généralement entre elles aucune relation de grandeur. Soit, par exemple, l'équation

$$a + bx = c + dx,$$

dans laquelle le coefficient b de l'inconnue peut être plus grand ou moindre que d. La résolution de cette équation consiste dans la recherche des valeurs de l'inconnue qui correspondent à ces deux hypothèses. Si l'on suppose 1° $b > d$, il faut transporter le terme dx dans le premier membre, parce que la soustraction $b - d$ est possible, et l'on trouve alors

$$x = \frac{c-a}{b-d},$$

en admettant toutefois qu'on a $c > a$; 2° si b est moindre que d, on fait passer le terme bx dans le second membre, et l'on obtient

$$x = \frac{a-c}{d-b},$$

en supposant en outre $c < a$. Je démontrerai dans la suite comment on peut remplacer ces deux formules par une seule.

Lorsqu'en résolvant une équation on trouve que la soustraction est possible dans un membre et impossible dans l'autre, c'est qu'il n'existe aucun nombre qui puisse satisfaire à l'équation; on en conclut que cette équation exprime une absurdité, qu'on peut souvent reconnaître *a priori*. Soit, par exemple, l'équation

$$\frac{6+x}{9+x} = \frac{3}{5};$$

je réduis ses termes au même dénominateur, puis je supprime ce dénominateur, et j'obtiens la nouvelle équation

$$30 + 5x = 27 + 3x,$$

de laquelle je déduis

$$5x - 3x = 27 - 30.$$

Je suis conduit de cette manière à deux soustractions; celle qui est indiquée dans le premier membre est possible, tandis que l'autre ne l'est pas. J'en conclus que l'équation donnée exprime une condition impossible à remplir. En effet, il s'agit de trouver quel nombre on doit ajouter aux deux termes de la fraction $\frac{6}{9}$ pour la rendre égale à $\frac{3}{5}$. Or ce problème est impossible, puisque la fraction $\frac{6}{9}$ est plus grande que $\frac{3}{5}$, et qu'on augmente une fraction en ajoutant un même nombre à ses deux termes.

Remarque III. — Lorsqu'une équation n'a qu'une inconnue élevée à la même puissance dans les termes qui la contiennent, on peut la résoudre en cherchant la valeur de cette puissance d'après la règle donnée pour la résolution d'une équation du premier degré, à une seule inconnue.

En effet, soit l'équation

$$5x^3 - 12 = 52 - 3x^3$$

qui ne contient l'inconnue x qu'à la troisième puissance; je fais passer le terme $3x^3$ dans le premier membre et le terme 12 dans le second, puis j'effectue les opérations indiquées dans chaque membre, et je trouve

$$8x^3 = 64.$$

Je considère maintenant la quantité x^3 comme l'inconnue et, pour en avoir la valeur, je divise les deux membres de l'équation par le coefficient de x^3; j'obtiens ainsi

$$x^3 = 8,$$

et j'en conclus

$$x = \sqrt[3]{8} = 2.$$

II. Résolution des équations à deux inconnues.

Une équation à deux inconnues x et y étant donnée, je réduis tous ses termes au même dénominateur, si elle en a qui soient fractionnaires ; je supprime ensuite le dénominateur commun, et je rassemble dans un même membre les termes qui contiennent les inconnues et dans l'autre membre ceux qui en sont indépendants. Je ramène ainsi l'équation proposée à n'avoir que trois termes, comme la suivante :

$$2x + 5y = 9.$$

Cela posé, si l'on demandait de déterminer les valeurs de x et y qui satisfont à l'équation précédente, le problème aurait une infinité de solutions, c'est-à-dire qu'il serait *indéterminé* ; car, en faisant passer le terme $5y$ dans le second membre, et divisant ensuite les deux membres par le coefficient de x, je trouve

$$x = \frac{9 - 5y}{2},$$

c'est-à-dire que l'inconnue x est exprimée au moyen de l'autre inconnue y, qu'aucune condition ne détermine. Pour avoir un système de valeurs de ces quantités, je donne à y une valeur quelconque, par exemple $\frac{3}{10}$, et j'obtiens la valeur correspondante de x en remplaçant y par $\frac{3}{10}$ dans la formule précédente ; ce qui donne

$$x = \frac{9 - \dfrac{3}{2}}{2} = \frac{15}{4}.$$

Le choix des valeurs de y, quoique indéterminé, est cependant limité. En effet, il faut que $5y$ soit au plus égal à 9, pour que l'autre inconnue x ait une valeur correspondante à celle de y.

On fait disparaître l'indétermination en assujettissant les deux inconnues à une autre condition, par exemple à satisfaire à une seconde équation du premier degré qui ne soit pas une conséquence de la première. C'est le cas que je vais examiner.

Je suppose d'abord que l'une des deux équations ne contienne qu'une inconnue, et je prends pour exemple les équations

$$2x + 5y = 19,$$

$$\frac{x-2}{x-3} = \frac{5}{4};$$

je résous la seconde qui n'a qu'une inconnue, et je trouve

$$x = 7.$$

Il s'agit maintenant de déterminer la valeur correspondante de y, qui satisfait à la première équation. Pour cela, je résous cette équation par rapport à y, et, d'après ce qui précède, je remplace x par 7 dans la formule

$$y = \frac{19 - 2x}{5};$$

ce qui donne

$$y = \frac{19 - 14}{5} = 1.$$

Cet exemple montre quelle marche on doit suivre pour résoudre deux équations contenant à la fois les deux inconnues. Il faut chercher à ramener ce cas au précédent, c'est-à-dire *remplacer le système des équations données par un autre qui lui soit équivalent, et dont l'une des équations n'ait qu'une inconnue*. C'est ce qu'on appelle *éliminer* une inconnue de l'une des équations du système proposé. L'*élimination* repose sur un théorème général que je vais d'abord démontrer.

On dit qu'*on additionne* ou qu'*on retranche deux équations membre à membre* lorsqu'on égale la somme ou la différence de leurs premiers membres à la somme ou à la différence des seconds.

THÉORÈME III.

Dans tout système de deux équations à deux inconnues, on peut remplacer l'une de ces équations par une autre qu'on forme en ajoutant ou retranchant membre à membre les deux équations données.

Je désigne, pour abréger, par A, B, A′ et B′ quatre polynômes entiers du premier degré, à deux inconnues x et y, et je vais démontrer 1° que le système des deux équations

$$A = B,$$
$$A' = B',$$

est équivalent au système des deux équations

$$A = B,$$
$$A + A' = B + B'.$$

En effet, si je suppose que le premier système d'équations soit résolu par les valeurs suivantes des inconnues :

$$x = 2, \quad y = \frac{4}{3},$$

je dis que ces nombres satisfont aussi aux équations du second système. Cette conséquence est évidente pour la première équation qui fait partie des deux systèmes ; il suffit donc de la démontrer pour l'équation

$$A + A' = B + B'.$$

Les polynômes A et B se réduisant à deux nombres égaux, ainsi que A′ et B′, lorsqu'on y remplace x par 2 et y par $\frac{4}{3}$, si j'additionne les valeurs de A et A′, puis celles de B et B′, je trouverai deux sommes égales. Or ces sommes sont les valeurs des deux polynômes A + A′, B + B′, correspondantes à

$$x = 2, \quad y = \frac{4}{3};$$

donc ces nombres satisfont aussi à l'équation

$$A + A' = B + B'.$$

Réciproquement, si les nombres

$$x = 2, \quad y = \frac{4}{3},$$

satisfont au second système d'équation, ils forment aussi une solution du premier.

Comme l'équation

$$A = B,$$

commune aux deux systèmes, est satisfaite par hypothèse par les valeurs précédentes de x et y, il reste à démontrer que l'équation

$$A' = B'$$

admet la même solution.

Je remarque à cet effet que les polynômes A et B prenant des valeurs égales, ainsi que $A + A'$ et $B + B'$, lorsqu'on y remplace x par 2 et y par $\frac{4}{3}$, si je soustrais la valeur de A de celle de $A + A'$, et la valeur de B de celle de $B + B'$, les restes seront égaux ; or ces restes sont les valeurs des deux polynômes A' et B' correspondantes à

$$x = 2, \quad y = \frac{4}{3},$$

donc ces nombres satisfont aussi à l'équation

$$A' = B'.$$

2° Je prouverais par un raisonnement semblable que le système des deux équations à deux inconnues

$$A = B,$$
$$A' = B',$$

est équivalent à celui des deux équations

$$A = B,$$
$$A - A' = B - B'.$$

COROLLAIRE. — *Dans tout système de deux équations à deux inconnues, on peut remplacer l'une de ces équations par une autre qu'on forme en multipliant les deux membres de chacune par un nombre quelconque, et en ajoutant ou retranchant membre à membre les deux équations résultantes.*

En effet, soient

$$A = B,$$

et

$$A' = B',$$

deux équations du premier degré à deux inconnues ; je multiplie les deux membres de la première par un nombre quelconque m, et ceux de la seconde par un autre nombre n. Les deux équations

$$mA = mB,$$
$$nA' = nB',$$

forment un système équivalent au système proposé (II). Or, on peut remplacer l'équation

$$nA' = nB'$$

par l'équation

$$mA + nA' = mB + nB' ;$$

par conséquent le système des deux équations

$$A = B,$$
$$mA + nA' = mB + nB',$$

est aussi équivalent au système des deux équations données

$$A = B,$$
$$A' = B'.$$

Élimination par substitution.

La méthode d'élimination par substitution consiste à résoudre l'une des équations par rapport à une inconnue, et à substituer la valeur de cette quantité dans l'autre équation qui ne contient plus alors qu'une inconnue.

Cette règle est une conséquence du théorème précédent ; Je vais la démontrer sur les équations

$$4x + 5y = 22,$$
$$3x - 2y = 5.$$

Je résous d'abord la première équation par rapport à x, puis je remplace cette inconnue par sa valeur $x = \dfrac{22 - 5y}{4}$ dans la seconde équation, et je dis que le système des deux équations

$$x = \frac{22 - 5y}{4},$$

$$3\left(\frac{22 - 5y}{4}\right) - 2y = 5,$$

est équivalent au système donné. En effet, si je remplace dans le dernier système la seconde équation par une autre que je forme en ajoutant membre à membre la seconde équation à la première, après avoir multiplié les deux membres de celle-ci par le coefficient 3 du terme $3\left(\dfrac{22-5y}{4}\right)$ de la seconde, j'obtiens un nouveau système équivalent au second, et composé des deux équations

$$x = \frac{22 - 5y}{4},$$

$$3x - 2y = 5,$$

qui ne sont autres que les équations proposées ; par conséquent le second système est équivalent au premier.

La résolution de l'équation

$$3\left(\frac{22-5y}{4}\right) - 2y = 5$$

ne conduit qu'à une seule valeur de y, savoir :

$$y = 2 ;$$

en substituant ce nombre à y dans la formule

$$x = \frac{22 - 5y}{4},$$

je ne trouve de même qu'une seule valeur pour x, savoir :

$$x = 3.$$

De cet exemple je conclus 1° la règle suivante :

Pour résoudre deux équations du premier degré à deux inconnues x *et* y, *il faut prendre la valeur de* x *dans l'une des équations, la substituer à cette inconnue dans l'autre équation, et résoudre ensuite cette dernière équation par rapport à l'inconnue* y *qu'elle contient seule. La valeur de* y *étant ainsi trouvée, on obtient celle de l'autre inconnue* x *en substituant la valeur de* y *dans la formule de* x.

2° Ce théorème : *Tout système de deux équations à deux inconnues, et du premier degré, n'admet en général qu'une solution, c'est-à-dire que chacune des inconnues n'a qu'une valeur.*

Autre exemple. — Résoudre le système des deux équations

$$ax - by = a^2 + b^2$$
$$bx + ay = a^2 + b^2.$$

Je tire de la première

$$x = \frac{a^2 + b^2 + by}{a},$$

et je substitue cette valeur de x dans la seconde équation ; il vient :

$$\frac{b(a^2 + b^2) + b^2 y}{a} + ay = a^2 + b^2.$$

En réduisant au même dénominateur tous les termes de cette nouvelle équation, et rassemblant dans le second membre les termes qui ne contiennent pas l'inconnue, j'ai :

$$(b^2 + a^2)y = a(a^2 + b^2) - b(a^2 + b^2)$$

et, par suite ,

$$y = a - b.$$

Je substitue cette valeur de y dans l'équation

$$x = \frac{a^2 + b^2 + by}{a},$$

et je trouve

$$x = \frac{a^2 + b^2 + ab - b^2}{a},$$

ou $x = a + b.$

Je prouverais que ces valeurs de x et y sont exactes, en les substituant dans les équations proposées.

Élimination par réduction au même coefficient.

1° Soit proposé d'éliminer l'inconnue y entre les deux équations

$$5x + 4y = 42,$$
$$7x - 3y = 33.$$

Je ramène les coefficients de y à être égaux, en multipliant la première équation par le coefficient 3 que cette inconnue a dans la seconde, et la seconde par le coefficient 4 qui affecte y dans la première. Comme les coefficients de y ont des signes contraires dans les équations résultantes

$$15x + 12y = 126,$$
$$28x - 12y = 132,$$

si j'ajoute membre à membre ces équations, les deux termes qui contiennent l'inconnue y se détruisent, et le système des équations proposées peut être remplacé (III, c) par le système équivalent

$$5x + 4y = 42,$$
$$15x + 28x = 126 + 132,$$

dans lequel la seconde équation n'a plus qu'une inconnue.

En résolvant ce dernier système d'équations d'après la méthode précédemment indiquée, on trouve

$$x = 6 \text{ et } y = 3.$$

2o Pour éliminer par la même méthode l'inconnue y entre les deux équations

$$5x + 8y = 21,$$
$$x + 12y = 25,$$

on peut remarquer que, 24 étant le plus petit commun multiple des deux coefficients 8 et 12 de y, on rendra ces coefficients égaux en multipliant les deux membres de la première équation par $\dfrac{24}{8}$ ou 3, et des deux membres de la seconde par $\dfrac{24}{12}$ ou 2. Comme les coefficients de y ont le même signe dans les équations résultantes

$$15x + 24y = 63,$$
$$2x + 24y = 50,$$

si on retranche ces équations membre à membre, les deux termes que contiennent l'inconnue y se détruisent, et le système des équations proposées peut être remplacé par le système équivalent

$$5x + 8y = 21,$$
$$15x - 2x = 63 - 50,$$

dans lequel la seconde équation n'a plus qu'une inconnue.

En résolvant ce système d'équations, on a :

$$x = 1 \text{ et } y = 2.$$

On peut conclure des deux exemples précédents cette règle d'élimination : *Pour éliminer une inconnue entre deux équations du premier degré à deux inconnues, multipliez les deux membres de cette équation par le coefficient dont cette inconnue est affectée dans l'autre, et ajoutez ou retranchez membre à membre les deux équations résultantes, selon que les coefficients de l'inconnue qu'on veut éliminer ont des signes contraires ou le même signe.*

Ce procédé d'élimination, qui est plus rapide que le précédent, a reçu le nom d'*élimination par réduction au même coefficient.* On l'appelle aussi *élimination par addition* ou *soustraction,* parce qu'on additionne ou qu'on soustrait membre à membre les équations dans lesquelles une inconnue a le même coefficient, selon que cette inconnue est précédée de signes contraires ou des mêmes signes.

III. Résolution de trois équations à trois inconnues.

La résolution de trois équations, du premier degré à trois inconnues et, en général, d'un nombre quelconque d'équations, dépend d'un théorème dont celui que j'ai donné pour deux équations à deux inconnues n'est qu'un cas particulier. En voici l'énoncé :

Dans tout système de plusieurs équations, l'une quelconque d'entre elles peut être remplacée par une autre qu'on forme en ajoutant membre à membre plusieurs des équations proposées, après avoir multiplié les deux membres de chacune de ces équations par un même nombre.

Par exemple, le système des quatre équations à quatre inconnues

$$A = B,$$
$$A' = B',$$
$$A'' = B'',$$
$$[A''' = B''',$$

est équivalent au système suivant :

$$Am + A'n = Bm + B'n,$$
$$A' = B',$$
$$A'' = B'',$$
$$A''' = B''',$$

dans lequel les multiplicateurs m et n sont des nombres quelconques.

J'omets la démonstration de ce théorème, parce qu'elle est identique à celle du théorème relatif à deux équations (page 74), et je passe à la résolution de trois équations à trois inconnues. Quelles que soient les équations données, je puis réduire au même dénominateur tous les termes de chacune d'elles, supprimer ensuite ce dénominateur et réunir dans un même membre les termes qui contiennent les inconnues et dans l'autre membre ceux qui n'en dépendent pas. Aussi je supposerai désormais que les équations données sont ramenées à cette dernière forme, la plus simple de toutes celles dont elles sont susceptibles.

Soient proposées les équations

$$2x - 5y + 3z = 1,$$
$$7x + 3y - 2z = 7,$$
$$5x + 2y + z = 12.$$

Je résous la première par rapport à x et je substitue la valeur de cette inconnue dans les deux autres équations. Je dis que les trois équations

$$x = \frac{1 + 5y - 3z}{2},$$
$$7\left(\frac{1 + 5y - 3z}{2}\right) + 3y - 2z = 7,$$
$$5\left(\frac{1 + 5y - 3z}{2}\right) + 2y + z = 12,$$

forment un système équivalent à celui des équations données.

En effet, je remplace la seconde équation du dernier système par une autre que je forme en ajoutant membre à membre cette équation et la première, après avoir multiplié les deux membres de celle-ci par le coefficient 7 du terme

$$7\left(\frac{1+5y-3z}{2}\right)$$ de la seconde équation. Or, la transformée

$$7x + 3y - 2z = 7,$$

que j'obtiens ainsi, n'est autre que la seconde équation du premier système ; une combinaison semblable effectuée sur la première équation et la troisième du second système reproduit aussi la troisième équation

$$5x + 2y + z = 12$$

du premier système ; donc le second système est équivalent au premier.

Je simplifie les deux dernières équations du second système, et la question se trouve ramenée à résoudre les trois équations

$$x = \frac{1+5y-3z}{2},$$
$$41y - 25z = 7,$$
$$29y - 13z = 19,$$

plus simples que les équations données, puisque deux d'entre elles ne contiennent que deux inconnues. J'élimine maintenant l'une de ces inconnues, par exemple y, entre ces deux équations, et le système précédent devient

$$x = \frac{1+5y-3z}{2},$$
$$y = \frac{7+25z}{41},$$
$$29\left(\frac{7+25z}{41}\right) - 13z = 19.$$

Comme chacune de ces équations contient une inconnue de moins que celle qui la précède, je cherche d'abord la valeur de z en résolvant la troisième équation qui ne contient que cette inconnue. Je trouve ainsi

$$z = 3 ;$$

je substitue ensuite cette valeur de z dans la seconde équation, et j'obtiens

$$y = 2.$$

Les valeurs de y et z étant connues, je calcule la valeur correspondante de x en remplaçant y par 2 et z par 3 dans la première équation, et j'ai

$$x = 1.$$

Afin de vérifier tous les calculs qui précèdent et, par suite, les valeurs qui en résultent pour les inconnues, il faut toujours s'assurer, par une substitution directe, que les nombres trouvés pour les inconnues satisfont aux équations données.

Cette vérification, appliquée à l'exemple précédent, conduit aux identités suivantes :

$$2 - 10 + 9 = 1,$$
$$7 + 6 - 6 = 7,$$
$$5 + 4 + 3 = 12;$$

les valeurs trouvées pour les inconnues sont donc exactes.

De cet exemple je conclus

1° LA RÈGLE suivante :

Pour résoudre trois équations à trois inconnues x, y, z, *je commence par prendre la valeur de l'inconnue* x *dans l'une des équations et je la substitue dans les deux autres. Je prends ensuite la valeur de* y *dans l'une des deux dernières équations et je la substitue dans l'autre, que je résous alors par rapport à* z.

La valeur de z *étant trouvée, je calcule* y *en remplaçant dans la formule de cette inconnue la quantité* z *par sa valeur. Enfin j'obtiens la valeur de* x *en substituant dans sa formule les valeurs connues de* y *et de* z.

2° Ce théorème : *Tout système de trois équations à trois inconnues et du premier degré n'admet en général qu'une solution,* puisqu'on détermine successivement chacune des inconnues par une équation du premier degré ne contenant que l'inconnue cherchée.

IV. Résolution d'un nombre quelconque d'équations.

La règle que je viens de donner, pour la résolution de trois équations à trois inconnues, peut être étendue à un nombre quelconque m d'équations simultanées, contenant m inconnues $x_1, x_2, x_3, \ldots x_m$.

En effet, si je résous la première de ces équations par rapport à l'inconnue x_1, et que je substitue la valeur de x_1' dans les $m-1$ autres équations, le système proposé se trouve remplacé par un autre composé d'une équation renfermant les m inconnues et de $m-1$ équations contenant les $m-1$ quantités $x_2, x_3 \ldots x_m$. Je prends dans la première de ces $m-1$ équations la valeur de x_2, et je la substitue dans les $m-2$ autres. Je forme de cette manière un second système d'équations équivalent au premier et contenant une équation à m inconnues, une équation à $m-1$ inconnues, et un groupe de $m-2$ équations dont les inconnues sont $x_3, x_4 \ldots x_m$. Je résous alors la première équation de ce groupe par rapport à x_3, et je substitue la valeur de cette inconnue dans les $m-3$ autres équations ; ce qui ramène le système proposé à un autre composé aussi de m équations : la première a m inconnues, la seconde en contient $m-1$, la troisième $m-2$, et les $m-3$ autres ne renferment que les $m-3$ inconnues $x_4, x_5 \ldots x_m$. En continuant ainsi, j'arrive à un système de m équations équivalent au système proposé et formé de la manière suivante : La première de ces équations renferme m inconnues ; la seconde en contient $m-1$; la troisième, $m-2$;..... la $(m-1)^{me}$, deux ; et la m^{me}, une seule.

La résolution de la m^{me} équation fera connaître la valeur de l'inconnue x_m qui s'y trouve seule. En substituant cette valeur de x_m dans la $(m-1)^{me}$ équation, je serai conduit à la valeur de l'inconnue x_{m-1}. Je remplacerai ensuite x_m et x_{m-1} par leurs valeurs dans la $(m-2)^{me}$ équation, et j'en déduirai celle de l'inconnue x_{m-2}... En remontant ainsi de chaque inconnue à la précédente, j'obtiendrai les valeurs de toutes les inconnues, et le système des équations données aura toujours une solution, et n'en aura qu'une seule, s'il ne contient pas d'équations contradictoires ou identiques.

Je vais appliquer cette méthode aux quatre équations suivantes :

$$x - 2y + 3z + t = 7,$$
$$5x + 3y - 4z + 2t = 1,$$
$$4x + 7y + 5z - 3t = 8,$$
$$2x + 5y - 3z + 4t = 11.$$

La première de ces équations donne

$$x = 7 + 2y - 3z - t ; \quad (1)$$

je substitue cette valeur de x dans chacune des trois autres équations qui deviennent, après toute réduction,

$$19z + 3t - 13y = 34,$$
$$7z + 7t - 15y = 20,$$
$$9z - 2t - 9y = 3.$$

Je résous la dernière par rapport à t, et je trouve

$$t = \frac{9z - 9y - 3}{2} ; \quad (2)$$

En substituant cette valeur de t dans les deux autres équations à trois inconnues, il vient

$$65z - 53y = 77,$$
$$77z - 93y = 61.$$

Je tire de la première de ces équations

$$y = \frac{65z - 77}{53}, \quad (3)$$

et je substitue cette valeur de y dans la seconde qui devient :

$$77z - 93\left(\frac{65z - 77}{53}\right) = 61. \quad (4)$$

Le système des quatre équations données est donc remplacé par celui des équations (1), (2), (3) et (4), dont la première contient quatre inconnues ; la seconde, trois ; la troisième, deux,

et la quatrième, une seule. La résolution de cette dernière donne
$$z = 2;$$
en substituant cette valeur de z dans l'équation (3), on trouve
$$y = 1.$$
Si on remplace dans l'équation (2) les inconnues z et y par leurs valeurs, il vient
$$t = 3;$$
enfin, la substitution des valeurs de y, z et t dans l'équation (1) conduit à
$$x = 0.$$
On vérifierait ces valeurs de x, y, z et t en les substituant dans les quatre équations données.

Remarques sur la résolution d'un système quelconque d'équations du premier degré.

1. Si, dans l'une des équations données, le coefficient d'une inconnue est égal à l'unité, on élimine de préférence cette inconnue, parce que sa valeur exprimée au moyen des autres inconnues n'a pas de dénominateur; ce qui rend plus simples les transformations des autres équations.

2. Lorsque toutes les inconnues ne sont pas contenues dans chaque équation du système donné, on doit commencer l'élimination par l'inconnue qui se trouve dans le plus petit nombre d'équations, afin d'avoir à faire moins de substitutions.

Si une inconnue n'entre que dans une équation, on réserve cette équation pour la détermination spéciale de cette inconnue, et l'on résout le système des autres équations.

Soit, par exemple, le système des quatre équations
$$3x + 2z - u = 4,$$
$$5y + 4z + t = 26,$$
$$y - 3z + 2u = 3,$$
$$6y - 3u + 2t = 5,$$
$$z + 3u = 18.$$

La première, contenant seule l'inconnue x, servira à calculer cette inconnue, lorsque les valeurs des autres auront été trouvées; la question est donc ramenée à résoudre les quatre dernières équations. Comme il n'y en a que deux qui renferment t, j'élimine de préférence cette inconnue, en tirant sa valeur de la première équation et la substituant dans la troisième. Le système des quatre équations devient par suite :

$$t = 26 - 5y - 4z, \quad (2)$$
$$4y + 8z + 3u = 47,$$
$$y - 3z + 2u = 3,$$
$$z + 3u = 18.$$

J'élimine ensuite y entre les trois dernières dont deux seulement contiennent cette inconnue, et j'ai

$$y = 3 + 3z - 2u, \quad (3)$$
$$4z - u = 7,$$
$$z + 3u = 18.$$

Je tire enfin de la dernière de ces équations la valeur de z, savoir :

$$z = 18 - 3u ; \quad (4)$$

je la substitue dans l'équation précédente qui donne

$$u = 5,$$

et je déduis successivement des équations (4), (3), (2) et (1) les valeurs suivantes des autres inconnues :

$$z = 3, \quad y = 2, \quad t = 4, \quad x = 1.$$

3. On simplifie quelquefois la résolution d'un système d'équations par l'emploi d'une inconnue auxiliaire, telle que la somme de toutes les inconnues; la relation qu'on doit établir entre cette nouvelle inconnue et les inconnues primitives dépend particulièrement du système d'équations qu'on veut résoudre. Cette méthode n'est pas toujours applicable, car son emploi suppose entre les inconnues une certaine symétrie qui n'existe pas dans tous les systèmes d'équations; c'est cette symétrie qui fait connaître la forme de l'inconnue auxiliaire, c'est-à-dire sa relation avec les autres inconnues.

Exemple I. — Résoudre le système des quatre équations

$$x+y+z=d,$$
$$t+x+y=c,$$
$$z+t+x=b,$$
$$y+z+t=a,$$

renfermant les quatre inconnues x, y, z, t. Comme chaque équation donne la valeur de la somme de trois inconnues consécutives, si je connaissais la somme des quatre inconnues, j'en déduirais facilement la valeur de chacune de ces quantités. Or, en additionnant membre à membre les équations données, je trouve

$$3(x+y+z+t)=a+b+c+d,$$

et, par suite,

$$x+y+z+t=\frac{a+b+c+d}{3}.$$

Je soustrais maintenant chacune des équations proposées de la précédente, et j'obtiens

$$t=\frac{a+b+c+d}{3}-d,$$

$$z=\frac{a+b+c+d}{3}-c,$$

$$y=\frac{a+b+c+d}{3}-b,$$

$$x=\frac{a+b+c+d}{3}-a.$$

Exemple II. — Résoudre les cinq équations suivantes :

$$2x+3(y+z+t+u)=30,$$
$$2y+3(z+t+u+x)=29,$$
$$2z+3(t+u+x+y)=28,$$
$$2t+3(u+x+y+z)=27,$$
$$2u+3(x+y+z+t)=26,$$

qui contiennent cinq inconnues.

J'additionne membre à membre ces équations, et je trouve

$$14(x+y+z+t+u)=140;$$

il en résulte que

$$x + y + z + t + u = 10.$$

La somme des inconnues étant trouvée, je remplace la quantité $y + z + t + u$ par sa valeur $10 - x$ dans la première équation qui devient

$$2x + 3(10 - x) = 30 ;$$

comme elle ne contient plus que l'inconnue x, je la résous et je trouve

$$x = 0 ;$$

je remplace ensuite la somme $z + t + u + x$ par sa valeur $10 - y$ dans la seconde équation donnée, et j'en déduis

$$y = 1.$$

En opérant de même sur les trois autres équations, j'obtiens successivement

$$z = 2, \quad t = 3 \quad \text{et} \quad u = 4.$$

EXEMPLE III. — Résoudre les équations

$$\frac{x}{a} = \frac{y}{b} = \frac{z}{c},$$

$$x + y + z = d.$$

Si la commune valeur des fractions $\frac{x}{a}$, $\frac{y}{b}$, $\frac{z}{c}$, était connue, je la multiplierais successivement par les dénominateurs a, b, c, et les trois produits seraient les valeurs respectives des inconnues x, y, z; il s'agit donc de trouver la valeur du rapport $\frac{x}{a}$.

Or, les trois fractions $\frac{x}{a}$, $\frac{y}{b}$, $\frac{z}{c}$, étant égales, la fraction $\frac{x+y+z}{a+b+c}$ ou $\frac{d}{a+b+c}$ représente leur valeur commune (6, II); on a dès lors

$$\frac{x}{a} = \frac{y}{b} = \frac{z}{c} = \frac{d}{a+b+c} ,$$

et, par suite

$$x = \frac{ad}{a+b+c},$$

$$y = \frac{bd}{a+b+c},$$

$$z = \frac{cd}{a+b+c}.$$

EXEMPLE IV. — Résoudre les équations

$$\frac{x}{a} = \frac{y}{b} = \frac{z}{c},$$

$$mx + ny + pz = r.$$

En appliquant un théorème précédemment démontré sur une suite de fractions égales (6, 11, c), j'ai

$$\frac{x}{a} = \frac{y}{b} = \frac{z}{c} = \frac{mx + ny + pz}{ma + nb + pc},$$

ou

$$\frac{x}{a} = \frac{y}{b} = \frac{z}{c} = \frac{r}{ma + nb + pc};$$

il en résulte que

$$x = \frac{ar}{ma+nb+pc},$$

$$y = \frac{br}{ma+nb+pc},$$

et

$$z = \frac{cr}{ma+nb+pc}.$$

EXEMPLE V. — Résoudre les équations

$$\frac{1}{x} + \frac{1}{y} = c,$$

$$\frac{1}{z} + \frac{1}{x} = b,$$

$$\frac{1}{y} + \frac{1}{x} = a.$$

Je prends pour inconnues auxiliaires les fractions $\dfrac{1}{x}$, $\dfrac{1}{y}$, $\dfrac{1}{z}$

et je calcule leur somme en ajoutant les trois équations membre à membre ; je trouve ainsi

$$\frac{1}{x} + \frac{1}{y} + \frac{1}{z} = \frac{a+b+c}{2}.$$

De cette équation je retranche successivement chacune des
équations données, et j'ai

$$\frac{1}{z} = \frac{a+b-c}{2},$$

$$\frac{1}{y} = \frac{a+c-b}{2},$$

$$\frac{1}{x} = \frac{b+c-a}{2};$$

j'en déduis ensuite

$$z = \frac{2}{a+b-c},$$

$$y = \frac{2}{a+c-b},$$

$$x = \frac{2}{b+c-a}.$$

Exercices.

Résoudre les équations suivantes :

1°
$$5x - \frac{x}{2} - 282 = \frac{x}{3} + \frac{x}{4}.$$

(*Rép.* 72.)

2°
$$\frac{6x}{5} + 74 + \frac{2x}{3} = \frac{4x}{3} + 82.$$

(*Rép.* 15.)

3°
$$x^2 + a(b+c) = (a+x)(b+x) - \frac{ac}{b}.$$

$$\left(Rép. \ \frac{ac}{b}\right).$$

4°
$$\frac{a(a+b-x)}{b-c} = \frac{bx+c(a-b)}{b+c}.$$

(*Rép.* $a+c$).

Résoudre les systèmes d'équations suivants :

1°
$$2x + 3y = 65,$$
$$5x - 2y = 20.$$

(*Rép.* $x = 10$, $y = 15$.)

2°
$$(x + 5)(y + 7) = 112 - (x + 1)(9 - y),$$
$$2x + 10 = 3y + 1.$$

(*Rép.* $x = 3$, $y = 5$.)

3°
$$bx + ay = 2ab,$$
$$ax + by = a^2 + b^2.$$

(*Rép.* $x = a$, • $y = b$.)

4°
$$2(a - b)x - (a + b)y = a^2 - b^2,$$
$$(a + b)x - (a - b)y = 4ab.$$

(*Rép.* $x = a + b$, $y = a - b$.)

5°
$$x - y + z = 90,$$
$$4x - 2y + z = 75,$$
$$9x - 3y + z = 64.$$

(*Rép.* $x = 2$, $x = 21$, $z = 109$.)

6°
$$x - ay + a^2 z = a^3,$$
$$x - by + b^2 z = b^3,$$
$$x - cy + c^2 z = c^3.$$

(*Rép.* $x = abc$, $y = ab + bc + ac$, $z = a + b + c$.)

7° Déterminer les coefficients a, b, c, de telle sorte que les deux systèmes d'équations

$$ax - by + cz = 2,$$
$$ax + by - cz = 10,$$
$$ax + by + cz = 22,$$

et

$$x + y + z = 6,$$
$$2x - y + 3z = 9,$$
$$5x + 2y - 3z = 0,$$

soient satisfaits par les mêmes valeurs des inconnues x, y et z.

(*Rép.* $a = 6$, $b = 5$ et $c = 2$).

8°
$$ax + b(y + z - t) = a^2 + 3b^2,$$
$$ay + b(z + t - x) = 2ab,$$
$$az + b(t + x - y) = a^2 + 3ab - 2b^2,$$
$$at + b(x + y - z) = a^2 - ab.$$

On calculera d'abord la somme des inconnues, puis on en déduira

$$x = a, \quad y = b, \quad z = a + b \quad \text{et} \quad t = a - b.$$

9°
$$y + 5(y + z + t) = 9,$$
$$2y + 5(z + t + x) = 10,$$
$$3y + 5(t + x + y) = 11,$$
$$4t + 5(x + y + z) = 12.$$

On simplifie la résolution de ces équations en prenant la somme des inconnues pour inconnue auxiliaire.

(*Rép.* $x = 1, \quad y = 1, \quad z = 1, \quad t = 1.$)

10°
$$5x + (y + z + t) = 14,$$
$$5y + 2(z + t + x) = 26,$$
$$5z + 3(t + x + y) = 36,$$
$$5t + 4(x + y + z) = 44.$$

Calculer d'abord la somme des inconnues; on trouvera

$$x = 1, \quad y = 2, \quad z = 3 \quad \text{et} \quad t = 4.$$

11°
$$\frac{1}{x} + \frac{2}{y} + \frac{3}{z} = 11,$$
$$\frac{3}{x} - \frac{4}{y} + \frac{5}{z} = 16,$$
$$\frac{5}{x} + \frac{6}{y} - \frac{2}{z} = 2.$$

On prendra les quantités $\frac{1}{x}, \frac{1}{y}, \frac{1}{z}$, pour inconnues auxiliaires, et l'on trouvera

$$x = 1, \quad y = 2, \quad z = \frac{1}{3}.$$

12°
$$x + \frac{y}{a} = b,$$

$$y + \frac{z}{a} = c,$$

$$z + \frac{t}{a} = d,$$

$$t + \frac{x}{a} = e.$$

(*Rép.*
$$x = \frac{a(ba^3 - ca^2 + da - e)}{a^4 - 1},$$

$$y = \frac{a(ca^3 - da^2 + ea - b)}{a^4 - 1},$$

. . . .

. . . .)

Si on suppose
$$b = c = d = e,$$

on trouve
$$x = y = z = t = \frac{ab}{a + 1}.$$

13°
$$(a + 1)x + ay + (a - 1)z = a,$$
$$(a + 1)y + az + (a - 1)x = a + 2,$$
$$(a + 1)z + ax + (a - 1)y = 7a - 2.$$

On prendra la somme des inconnues pour inconnue auxiliaire, et on trouvera
$$x = \frac{1}{3}, \quad y = \frac{7}{3} - 2a, \quad z = 2a + \frac{1}{3}.$$

14°
$$x + y + z + t = e,$$
$$u + x + y + z = d,$$
$$t + u + x + y = c,$$
$$z + t + u + x = b,$$
$$y + z + t + u = a.$$

En désignant par s la somme des seconds membres de ces équations, on a
$$x = \frac{s}{5} - a, \quad y = \frac{s}{5} - b, \quad z = \frac{s}{5} - c, \quad t = \frac{s}{5} - d,$$

$$u = \frac{s}{5} - e.$$

DIXIÈME LEÇON.

La résolution d'un problème quelconque est en général composée de trois parties qui sont :

1º La *mise en équation*, c'est-à-dire la formation des équations qui lient les inconnues aux quantités données ;

2º La *résolution des équations* ;

3º La *discussion*, qui consiste dans la recherche des limites entre lesquelles les données peuvent varier pour que le problème soit possible, et dans l'examen des valeurs remarquables qu'elles peuvent avoir entre ces limites. Cette partie de la résolution d'un problème n'existe que si les données sont algébriques : car, lorsqu'elles sont numériques, on trouve pour les inconnues des nombres sur lesquels on ne peut faire aucune hypothèse, puisqu'ils sont déterminés.

Je vais traiter la première partie et la troisième. Quant à la deuxième, je ferai remarquer seulement qu'elle est l'objet du chapitre précédent ; car je suppose que le problème proposé conduit à des équations du premier degré.

Si l'on compare les problèmes sous le rapport des difficultés que présente leur mise en équation, on peut les partager en trois classes : la *première* comprend tous ceux qui sont énoncés sous la forme d'égalités, et qui conduisent immédiatement à leurs équations ; la *seconde* contient ceux dans les énoncés desquels les conditions d'égalité sont moins évidentes et dont la mise en équation exige un raisonnement simple ; la *troisième* enfin est composée des problèmes dans lesquels les liaisons des inconnues avec les données sont tellement compliquées qu'il est presque impossible de les écrire en équation directement, c'est-à-dire sans l'emploi d'inconnues auxiliaires. Je vais donner des exemples de chaque cas.

I. Lorsque l'énoncé du problème proposé est donné sous la forme d'égalités, il suffit, pour mettre ce problème en équations, de désigner les inconnues par des lettres différentes et d'écrire les égalités indiquées dans l'énoncé. Le nombre de ces égalités doit être le même que celui des inconnues.

PROBLÈME I.— *Trouver un nombre qui soit égal à l'excès de la somme de sa moitié et de ses deux tiers sur 12 unités.*

Soit x ce nombre ; la somme de sa moitié et de ses deux tiers est alors exprimée par $\dfrac{x}{2} + \dfrac{2x}{3}$. On a donc, d'après l'énoncé du problème :

$$x = \frac{x}{2} + \frac{2x}{3} - 12 ;$$

la résolution de cette équation donne

$$x = 72.$$

Cette valeur de x est exacte ; car la somme de la moitié et des deux tiers de 72 égale $36 + 48$ ou 84, et l'excès de 84 sur 72 est 12, comme l'indique l'énoncé du problème.

PROBLÈME II. — *La date de l'invention de l'imprimerie par Gutenberg est exprimée par un nombre de quatre chiffres. Le chiffre des unités est le double de celui des dizaines ; l'excès du chiffre des centaines sur celui des dizaines est égal au chiffre des mille ; de plus, la somme des quatre chiffres est égale à 14 ; et, si l'on augmente ce nombre de 4905 unités, on trouve pour somme un nombre formé des mêmes chiffres, mais dans l'ordre inverse. Quelle est cette date ?*

Je désigne chaque chiffre du nombre inconnu par l'initiale

du nom de son ordre, c'est-à-dire le chiffre des unités par u, celui des dixaines par d, etc. Par suite, ce nombre, qui égale la somme des *valeurs relatives* de ses chiffres, a pour expression le polynôme

$$1000m + 100c + 10d + u ;$$

le nombre qu'on forme avec les mêmes chiffres, pris dans l'ordre inverse, a aussi pour formule

$$1000u + 100d + 10c + m.$$

La première condition du problème est exprimée par l'équation

$$u = 2d ;$$

la seconde, par l'équation

$$c - d = m ;$$

la troisième, par l'équation

$$m + c + d + u = 14,$$

et la quatrième, par l'équation

$$1000m + 100c + 10d + u + 4905 = 1000u + 100d + 10c + m.$$

Pour simplifier cette dernière équation, je rassemble tous ses termes inconnus dans un membre, je divise ensuite ses deux membres par 9, et je trouve

$$111m + 10c - 10d - 111u = 545.$$

La résolution de ces quatre équations n'offre aucune difficulté, et donne

$$m = 1, \quad c = 4, \quad d = 3, \quad u = 6 ;$$

donc la date de l'invention de l'imprimerie est 1436.

PROBLÈME III.—*Dans une société formée par quatre personnes pour l'exploitation d'une mine, on a partagé le gain d'une année de la manière suivante : La première personne inscrite a reçu 8,100 francs et le quart du reste du gain ; on a donné à la seconde une somme de 16,200 francs et le quart du reste ; à la troisième une somme de 24,300 francs et le quart du reste ; puis à la quatrième, une somme de 32,400 francs et le quart du reste. On demande quel est le gain de chaque associé, en supposant que le gain total de la société ait été.entièrement partagé entre eux?*

Soient x le gain total et y_1, y_2, y_3, y_4, les parts des quatre associés; on a, d'après l'énoncé du problème, les équations suivantes :

$$y_1 = 8100 + \frac{x - 8100}{4},$$

$$y_2 = 16200 + \frac{x - y_1 - 16200}{4},$$

$$y_3 = 24300 + \frac{x - y_1 - y_2 - 24300}{4},$$

$$y_4 = 32400 + \frac{x - y_1 - y_2 - y_3 - 32400}{4},$$

$$x = y_1 + y_2 + y_3 + y_4.$$

Pour résoudre ces équations, je remplace x par sa valeur dans la quatrième qui donne

$$y_4 = 32400 ;$$

ce résultat est évident puisque, le gain devant être entièrement partagé entre les associés, il faut qu'il ne reste rien lorsque le dernier, c'est-à-dire le quatrième, a prélevé la somme de 32,400 francs. En substituant à x dans la troisième équation sa valeur :

$$y_1 + y_2 + y_3 + 32400 ,$$

on trouve

$$y_3 = 35100 ;$$

si on remplace ensuite dans la seconde équation la quantité x par sa valeur :

$$y_1 + y_2 + 35100 + 32400,$$

ou

$$y_1 + y_2 + 67500,$$

on en déduit

$$y_2 = 38700.$$

Enfin la substitution de la quantité

$$y_1 + 38700 + 35100 + 32400,$$

ou

$$y_1 + 106200 ,$$

à la place de x dans la première équation, donne
$$y_1 = 43500 \,;$$
par conséquent, on a aussi
$$x = 149700.$$

II. Lorsque les conditions d'égalité ne sont pas explicitement énoncées comme dans les problèmes qui précèdent, on les trouve en procédant de la manière suivante : *On commence par prendre pour chaque inconnue un nombre quelconque, et l'on cherche la série des opérations qu'il faut effectuer sur ces nombres pour reconnaître s'ils sont ou ne sont pas les vraies valeurs des inconnues. Lorsque cette vérification est faite, on désigne les inconnues par des lettres différentes, et l'on indique sur ces lettres la même série d'opérations que sur les nombres arbitraires qu'on a essayés.*

Si le problème donné n'a qu'une inconnue, l'application de cette méthode conduit à la comparaison de deux quantités obtenues par des voies différentes, et liées l'une à l'autre par une égalité qui est l'*équation* du problème.

Lorsque le problème a plusieurs inconnues, son énoncé doit renfermer autant de conditions et, par suite, donner autant d'équations qu'il y a d'inconnues.

PROBLÈME IV.—*Un peintre s'engage à donner par an 1200 fr. et un tableau d'un certain prix pour le loyer d'un atelier. Au bout de six mois il quitte cet atelier, et donne au propriétaire le tableau convenu et 450 francs. A quel prix évalue-t-il son tableau ?*

Je prends pour ce prix un nombre quelconque, par exemple 100 francs, et je raisonne de la manière suivante pour connaître si ce nombre satisfait aux conditions de l'énoncé : Le loyer de l'atelier égale la somme de 1200 francs et du prix du tableau, c'est-à-dire 1300 francs ; donc le peintre a dû payer $\dfrac{1300}{2}$ ou 650 pour une location de six mois. Or, d'après

l'énoncé de la question, il a donné au propriétaire 450 francs et
son tableau, c'est-à-dire 550 francs ; donc le nombre 100 ne satisfait pas aux conditions du problème. Si maintenant je désigne
par la lettre x le prix inconnu du tableau, et que je recommence sur cette lettre le raisonnement et les calculs que j'ai
faits sur le nombre arbitraire 100, je trouverai deux expressions différentes de la somme que le peintre a donnée pour six
mois de loyer, et je formerai l'équation du problème en expri-
mant que ces deux quantités sont égales. En effet, le loyer de
l'atelier étant de $1200 + x$ francs par an, le peintre a donné
$\dfrac{1200 + x}{2}$ francs pour six mois de location ; d'autre part, je vois
par l'énoncé du problème qu'il a payé au propriétaire $450 + x$
francs ; donc

$$\frac{1200 + x}{2} = 450 + x.$$

En résolvant cette équation, je trouve 300 francs pour la valeur de l'inconnue x. Il est facile de vérifier que ce nombre
résout le problème.

Remarque. — Si l'on veut généraliser la solution de ce problème, et déterminer entre quelles limites les nombres 1200 et
450 peuvent varier pour que ce problème soit toujours possible,
il faut remplacer ces nombres par des lettres différentes dans
l'énoncé du problème, et écrire l'équation avec ces lettres.
Je représente par a le nombre 1200, et par b le nombre 450 ;
l'équation du problème devient alors

$$\frac{a + x}{2} = b + x.$$

et j'en déduis

$$x = a - 2b.$$

Cette formule montre que les deux nombres a et b ne sont
assujettis qu'à la condition que le premier, a, soit plus grand
que le double du second, b, ou au moins égal à ce double. Dans
ce cas extrême, la valeur de x est nulle, c'est-à-dire que le

peintre ne donne pas de tableau, ou s'il en donne un, son prix n'est pas compté dans le loyer de l'atelier.

PROBLÈME V.—*Dans quelle proportion faut-il combiner deux alliages d'argent et de cuivre pour former 500 grammes d'un autre alliage de même titre que les monnaies françaises, sachant que, pour une partie de cuivre, l'un des alliages donnés contient 8 parties d'argent et l'autre 10 ?*

Je prends 27 grammes du premier alliage et je les combine avec 500—27 ou 473 grammes du second. L'alliage, ainsi formé, pèse 500 grammes ; je vais chercher combien il contient de grammes d'argent. Pour cela, je remarque d'abord que chaque gramme du premier alliage contient $\frac{8}{9}$ de grammes d'argent, et, par conséquent, que 27 grammes de cet alliage en contiennent $\frac{8}{9} \times 27$ ou 24. De même, chaque gramme du second alliage est composé de $\frac{10}{11}$ de grammes d'argent ; par suite, 473 grammes de cet alliage contiennent $\frac{10}{11} \times 473$ ou 430 grammes d'argent. Il y a donc 24 + 430 ou 454 grammes d'argent dans les 500 grammes du nouvel alliage, tandis qu'ils devraient en contenir 0,900 × 500, ou 450, puisque le titre de cet alliage est de 0,900. Dès lors les nombres arbitraires 27 et 473 ne satisfont pas aux conditions du problème.

Cela fait, je désigne par x le nombre de grammes du premier alliage, et par y le nombre de grammes du second alliage, dont la combinaison doit produire l'alliage demandé. J'ai d'abord l'équation

$$x + y = 500.$$

Je remarque ensuite que les x grammes du premier alliage contiennent $\frac{8x}{9}$ grammes d'argent, et que les y grammes du second alliage en contiennent $\dfrac{10y}{11}$; il y a donc dans le nouvel alliage

$\dfrac{8x}{9} + \dfrac{10y}{11}$ grammes d'argent. Or cet alliage, dont le titre est

0,900, pèse 500 grammes ; par suite, le poids de l'argent qu'il contient est aussi égal à 0,900×500, ou à 450. Par conséquent

$$\frac{8x}{9} + \frac{10y}{11} = 450.$$

En résolvant ces deux équations, je trouve pour les inconnues les valeurs suivantes :

$$x=225, \quad y=275,$$

qu'il est facile de vérifier.

Je ferai remarquer qu'au lieu de former la seconde équation du problème au moyen du poids de l'argent que le nouvel alliage contient, j'aurais pu l'écrire en égalant deux expressions différentes de la quantité de cuivre qui entre dans la composition de cet alliage, et j'aurais trouvé

$$\frac{x}{9} + \frac{y}{11} = 50,$$

équation plus simple que l'autre, et qu'on obtient aussi en retranchant membre à membre les deux équations précédentes.

Remarque. — Pour généraliser la solution de ce problème, je remplace les nombres 500, 8 et 10 par les signes algébriques p, $a-1$, $b-1$, les équations du problème deviennent

$$x+y=p,$$

$$\frac{x}{a} + \frac{y}{b} = \frac{p}{10},$$

et leur résolution donne

$$x = \frac{ap\,(b-10)}{10\,(b-a)}, \quad y = \frac{bp\,(10-a)}{10\,(b-a)},$$

en supposant toutefois $b > a$. Ces valeurs des inconnues montrent que le problème n'est possible que si l'on a

$$b > 10 \text{ et } a < 10.$$

III. — Lorsque les inconnues énoncées dans un problème et les quantités données n'ont que des rapports très-éloignés, on simplifie et l'on facilite la mise en équation par l'emploi d'inconnues auxiliaires, qui servent de lien entre les inconnues primitives et les données. Ces inconnues auxiliaires sont indiquées par la nature du problème.

PROBLÈME VI. — *Deux fabriques de bougies se font concurrence. L'une a été établie 40 jours après l'autre; elle emploie 70 ouvriers qui travaillent 12 heures par jour, tandis que l'autre n'occupe que 60 ouvriers pendant 10 heures. Dans combien de temps ont-elles fabriqué le même nombre de bougies, en supposant qu'un ouvrier de chaque fabrique fait le même nombre de bougies par heure?*

Je désigne par x le nombre de jours demandé, et par y une inconnue auxiliaire représentant le nombre de bougies faites par un ouvrier dans une heure. Les 60 ouvriers de l'une des deux fabriques, travaillant pendant 10 heures par jour, font en x jours un nombre de bougies égal à $y \times 10 \times x \times 60$; les 70 ouvriers de l'autre fabrique, travaillant 12 heures par jour, font en $x - 40$ jours un nombre de bougies égal à

$$y \times 12 \times (x - 40) \times 70.$$

Or ces deux nombres de bougies sont égaux d'après l'énoncé du problème, on a donc l'équation

$$y \times 10 \times x \times 60 = y \times 12 \times (x - 40) \times 70,$$

dont les deux membres sont divisibles par le produit

$$y \times 10 \times 12.$$

En effectuant cette division, on trouve l'équation

$$5x = 7 (x - 40),$$

de laquelle on tire

$$x = 140.$$

Il faut remarquer que l'inconnue auxiliaire y, dont la valeur reste indéterminée, n'a servi qu'à faciliter la mise en équation du problème.

Problème VII. — *Soient* $1000^{m \cdot c}$, $1500^{m \cdot c}$, $2000^{m \cdot c}$, *les grandeurs respectives de trois prés, dans lesquels l'herbe est d'égale hauteur et croît d'un mouvement uniforme. Le premier pré a nourri 5 bœufs pendant 10 jours; le second 6 bœufs pendant 15 jours. On demande pendant combien de jours le troisième pré pourra nourrir 9 bœufs?*

Soit x le nombre de jours demandé : je désigne par h la commune hauteur de l'herbe dans les trois prés au moment où l'on y place les bœufs ; par v la vitesse avec laquelle l'herbe pousse ; par m la quantité d'herbe mangée par un bœuf en un jour, en prenant pour *unité* l'herbe qui se trouve sur un mètre carré de terrain et dont la hauteur égale un mètre. Les quantités h, m et v sont trois inconnues auxiliaires dont l'emploi facilite la mise en équation du problème, parce qu'elles servent à calculer la quantité d'herbe mangée par chaque troupeau de bœufs.

En effet, chaque bœuf mange en 1 jour une quantité d'herbe égale à m. Donc les 5 bœufs du premier troupeau en mangent dans le même temps une quantité égale à $5m$, et leur consommation en 10 jours est dix fois plus grande, c'est-à-dire égale à $50m$. Or, cette quantité se compose de l'herbe dont le premier pré était couvert au commencement de l'expérience, et de celle qui a poussé pendant 10 jours. La première partie égale $1000h$, et la seconde $1000 \times 10 \times v$: donc

$$50m = 1000\,(h + 10v).$$

En calculant de même les quantités d'herbe mangées par les deux autres troupeaux de bœufs, je forme les deux autres équations

$$90m = 1500\,(h + 15v),$$
$$9mx = 2000\,(h + vx).$$

Je résous ensuite les deux premières par rapport aux inconnues *h* et *m*, et je trouve

$$h = 15v, \quad m = 500v.$$

Pour avoir la valeur de l'inconnue principale *x*, je substitue les valeurs de *h* et de *m* dans la troisième équation, et j'obtiens

$$x = 12.$$

La troisième inconnue *v* reste indéterminée, et la valeur de l'inconnue principale n'en dépend pas.

Remarque. — Ce dernier problème est emprunté à l'*Arithmétique universelle* de Newton.

Exercices.

1° Partager 140 en deux parties, dont l'une, augmentée de 10, égale le cinquième de l'autre.

(*Rép.* 125 et 15.)

2° Distribuer 9,400 fr. à deux personnes, de sorte que l'une n'ait que les $\frac{15}{32}$ de la part de l'autre.

(*Rép.* 3000 et 6400.)

3° Une personne, pour s'acquitter d'une dette, a donné à son créancier deux billets, l'un de 846 fr., payable dans 8 mois, et l'autre de 564 fr., payable dans 11 mois. Trois mois plus tard, elle offre à son créancier de remplacer ces deux billets par un seul, payable dans un an. Celui-ci accepte la proposition, à la condition que ce billet sera de 1453 fr. 50 c. A quel taux d'intérêt prête-t-il son argent?.

(*Rép.* 6 p. 100.)

4° Combien faut-il placer de pièces de 20 fr. et de 40 fr. en ligne droite pour former la longueur du mètre avec 40 de ces pièces, sachant que leurs diamètres sont respectivement égaux à 0^m,021 et 0^m,026.

(*Rép.* 8 pièces de 20 fr., 32 de 40 fr.)

5º Une personne place les $\frac{2}{5}$ d'un certain capital à 3 p. 100 et le reste à 4 1/2 p. 100. Quelle est la valeur de ce capital, qui produit une rente de 1950 fr. ?

(*Rép.* 50000.)

6º Lorsque les aiguilles d'une montre sont en ligne droite entre deux heures et trois heures, quelle heure cette montre indique-t-elle ?

(*Rép.* 2 h. 10 m. $\frac{10}{11}$, si les aiguilles coïncident, et 2 h. 43 m. $\frac{7}{11}$, si l'une est dans le prolongement de l'autre.)

7º Deux cordes sont enroulées sur deux cylindres dont les circonférences ont le même rapport que les nombres 5 et 3. La différence des longueurs de ces cordes est plus grande de 28^m que celle des circonférences ; de plus, le nombre de fois que la plus grande corde fait le tour du plus gros cylindre surpasse de 12 unités celui des tours que la plus petite corde fait sur l'autre cylindre. Enfin, si le premier cylindre tourne autour de son axe 1 fois plus vite que le second, les deux cordes se déroulent dans le même temps. Quelles sont les longueurs des cordes et de la circonférence de chaque cylindre ?

(*Rép.* 36^m et 7^m, 2 sont les longueurs des cordes, et les circonférences des cylindres ont 3^m et 1^m, 2.)

8º L'eau sort d'un réservoir par deux ouvertures, avec des vitesses différentes. Les grandeurs des orifices sont dans le rapport de m à n, et les vitesses de l'écoulement dans le rapport de p à q. On sait de plus que la dépense par la première ouverture surpasse, dans un certain temps, celle de l'autre, de a mètres cubes d'eau. Combien d'eau chacun de ces deux orifices donne-t-il pendant ce même temps ?

(*Rép.* La première ouverture donne $\dfrac{amp}{mp-nq}$ mètres cubes d'eau, et la seconde $\dfrac{anq}{mp-nq}$.)

Appliquer les formules de ce problème au cas particulier suivant :

$$m=5, \quad n=13, \quad p=8, \quad q=7, \quad a=561.$$

La première ouverture donne 101 mètres cubes et la seconde 400.

9° Un paquebot, partant de Douvres avec un vent favorable, arrive à Calais en 2 heures. A son retour, le vent lui étant contraire, il fait par heure 1 mille de moins que pendant la première traversée. Lorsqu'il est arrivé au milieu de sa course, le vent change et augmente sa vitesse de 4 milles. Aussi ce paquebot rentre plus tôt à Douvres qu'il n'y serait arrivé si le vent n'eût pas changé la seconde fois dans le rapport de 5 à 7. Quelle est la distance de Calais à Douvres et quelles sont les vitesses du paquebot dans la seconde traversée ?

(*Rép.* Distance, 22 milles ; vitesses, 10 et 14 milles)

10. On prend trois ouvriers, *A*, *B*, *C*, pour faire un certain travail. En travaillant ensemble, *A* et *B* le feraient en *f* jours ; *C* et *A* en *e* jours ; *B* et *C* en *d* jours. Combien faudrait-il de jours : 1° à chaque ouvrier, travaillant seul ; 2° aux trois ouvriers réunis, pour faire cet ouvrage ?

(*Rép.* Il faudra à A $\dfrac{2def}{de+df-ef}$ jours, à B $\dfrac{2def}{de+ef-df}$ jours, à C $\dfrac{2def}{df+ef-de}$ jours, et aux trois ouvriers réunis $\dfrac{2def}{de+df+ef}$ jours.)

11. Un marchand a trois magasins, contenant chacun trois espèces de grains. Il y a dans le premier, 60 hectolitres de blé, 20 de seigle et 40 d'orge ; dans le second, 50 hectolitres de blé, 30 de seigle et 15 d'orge ; dans le troisième, 70 hectolitres de blé, 24 de seigle et 50 d'orge. Le marchand évalue à 1980 fr. les grains contenus dans le premier magasin, à 1630 fr. ceux qui se trouvent dans le second, et à 2360 fr. ceux que renferme le

troisième. Quel est le prix d'un hectolitre de chaque espèce de grains ?

(*Rép*. Froment, 20 fr.; seigle, 15 fr. ; orge, 12 fr.)

12. On sait que les densités du plomb, du liége et du bois de sapin sont respectivement égales aux nombres 11,325, 0,24 et 0,45. On demande de composer avec du plomb et du liége un corps qui pèse 80 kilogrammes, et ait le même volume qu'un morceau de sapin de même poids, de sorte qu'il puisse surnager dans l'eau. Combien faudra-t-il prendre de plomb et de liége ?

(*Rép*. $38_k,14...$ de plomb, et $41_k,85...$ de liége.)

13. Un orfévre a trois lingots dont chacun est composé d'or, d'argent et de cuivre. Le premier lingot contient 1 kilogramme d'or, 3 kilogrammes d'argent et 6 kilogrammes de cuivre ; le second est formé de 4 kilogrammes d'or, de $5_k,6$ d'argent et de $9_k,6$ de cuivre, et le troisième, de $2_k,4$ d'or, de $7^k,8$ d'argent et de $4^k,8$ de cuivre. Combien doit-il prendre de kilogrammes dans chacun de ces lingots, pour en composer un quatrième qui contienne 2 kilogrammes d'or, $4^k,6$ d'argent et $5^k,2$ de cuivre ?

(*Rép*. 2 kilogrammes du premier lingot, $4^k,8$ du second et 5 kilogrammes du troisième.)

14. Trouver deux nombres dont le rapport soit le même que celui de m à n, et tels que leur produit ne soit pas changé si l'on augmente le premier de a unités et qu'on diminue le second de b unités.

$$\left(Rép. \text{ Le premier égale } \frac{abm}{an-bm}, \text{ et le second} \frac{abn}{an-bm} . \right)$$

15. Les densités d, d', de deux corps A, A', et celle δ d'une de leurs combinaisons, étant données, déterminer la quantité de chacun de ces corps contenue dans un poids donné p de cette combinaison, en admettant toutefois qu'ils n'éprouvent aucune réduction de volume en se combinant.

$$\left(Rép. \text{ A, } \frac{pd(\delta-d')}{\delta(d-d')}; \text{ B, } \frac{pd'(d-\delta)}{\delta(d-d')} . \right)$$

ONZIÈME ET DOUZIÈME LEÇON.

Programme : Interprétation des valeurs négatives dans les problèmes. Usage et calcul des quantités négatives.

DÉFINITIONS.

Pour effectuer l'une des quatre premières opérations de l'arithmétique, addition, soustraction, multiplication ou division, il faut avoir au moins deux nombres ; par conséquent, si l'on écrit devant un nombre isolé le signe d'une de ces opérations, l'assemblage de ce signe et du nombre n'a aucune signification. Ainsi les notations

$$+7 , \quad -\frac{2}{3}, \quad \times 4 , \quad : 6,$$

n'expriment rien. Cependant *Descartes* a utilisé la seconde, à laquelle on a donné par suite un nom particulier. On appelle nombre *négatif* tout nombre isolé et précédé du signe — ; par opposition, on dit que les vrais nombres sont *positifs,* et on les fait précéder parfois du signe +.

Les nombres négatifs ne peuvent servir de mesure aux grandeurs, de quelque nature qu'elles soient, car ils sont de purs symboles introduits dans l'algèbre pour généraliser les théorèmes et leurs conséquences, ou simplifier la résolution des problèmes.

1° Introduction des nombres négatifs dans le calcul algébrique.

Dans toutes les applications des nombres négatifs, on est *convenu* de suivre, à l'égard de ces nombres, les règles de

calcul qu'on a démontrées pour les termes précédés du signe —
dans les polynômes. Je vais exposer les conséquences de cette
convention, basée sur l'identité des signes dont ces nombres
sont précédés dans les deux cas.

Addition.

*Pour additionner deux nombres quelconques, positifs ou
négatifs, on les écrit l'un à la suite de l'autre avec leurs signes.*
Ainsi
$$15 + (-7) = 15 - 7,$$
$$(-4) + (-9) = -4 - 9$$

Remarque. — La première de ces égalités montre qu'on peut
considérer toute différence $15 - 7$ comme la *somme* du nombre
positif 15 et du nombre négatif $- 9$. On donne à cette somme le
surnom d'*algébrique*, pour la distinguer du résultat de l'addition de deux nombres ordinaires. Mais l'addition n'implique
plus l'idée d'augmentation.

Pour donner une application importante de cette règle, je
ferai remarquer, par exemple, qu'un polynôme du premier
degré, à une seule inconnue, et dont les coefficients sont numériques, est susceptible de quatre formes différentes, telles que

$$2x + 5,$$
$$2x - 5,$$
$$-2x + 5,$$
$$-2x - 5,$$

suivant les signes qu'on donne à ses deux termes. L'emploi des
nombres négatifs et de la règle précédente permet de représenter ces diverses formes des polynômes du premier degré à une
seule inconnue par la seule expression algébrique

$$ax + b$$

pourvu qu'on y considère les coefficients a et b comme des
nombres positifs ou négatifs. On verrait de même que la quantité algébrique

$$ax + by + c$$

peut représenter, aux mêmes conditions, tout polynôme numérique du premier degré à deux inconnues x et y. Par ces conventions, évidemment utiles, puisqu'elles donnent une formule générale des polynômes entiers d'un degré déterminé et d'un nombre quelconque d'inconnues, on exprime seulement ce fait vrai que les signes des termes des polynômes sont quelconques.

Soustraction.

Pour soustraire l'un de l'autre deux nombres quelconques positifs ou négatifs, on change le signe du premier, puis on l'ajoute au second.

Ainsi

$$12 - (-8) = 12 + 8,$$
$$(-3) - (-5) = -3 + 5.$$

Cette règle est une conséquence de celle de l'addition.

Remarque I.—Lorsqu'on est conduit à soustraire un nombre d'un autre nombre plus petit, par exemple 8 de 5, il est impossible d'effectuer l'opération. On est convenu d'indiquer cette impossibilité par le nombre négatif — 3, qu'on forme en retranchant le plus petit nombre 5 du plus grand 8, et faisant précéder du signe — le reste 8—5, ou 3, de cette soustraction.

Cette nouvelle convention, dont les conséquences sont très-importantes, s'accorde évidemment avec celles qu'on a déjà faites pour l'addition et la soustraction ; car le nombre négatif —(8—5), ou —3, ajouté à 8, reproduit 5. Elle a une grande analogie avec la règle donnée pour la réduction des termes semblables d'un polynôme. On s'en sert pour généraliser la définition de la valeur que prend un polynôme lorsqu'on remplace par des nombres quelconques les lettres qui le composent; en effet, on peut dire que *la valeur du polynôme est égale à la somme algébrique des valeurs de ses différents termes.*

Cette somme s'obtient en effectuant les opérations indiquées successivement sur les termes du polynôme. Je suppose, par exemple, qu'en réduisant en nombres les termes d'un polynôme, on ait trouvé le résultat suivant :

$$2 - 5 + 4 - 9 + 10;$$

pour achever le calcul de la valeur de ce polynôme, on dit : $2 - 5$ égale -3 ; $-3 + 4$ égale 1 ; $1 - 9$ égale -8, et $-8 + 10$ égale 2. Par suite la valeur cherchée est 2.

Si le polynôme se réduit à un nombre négatif, par exemple à -3, c'est qu'il n'a pas de valeur correspondante à celles qu'on a données à ses lettres.

Remarque II. — Dans l'addition et la soustraction des polynômes (2e leçon), nous avons supposé que les polynômes proposés n'avaient que des valeurs positives, de sorte que les résultats de ces opérations ne sont applicables qu'autant qu'ils sont eux-mêmes positifs, ainsi que les polynômes proposés, pour les valeurs particulières attribuées aux lettres qu'ils contiennent. On peut lever maintenant cette restriction, et démontrer que les règles de l'addition et de la soustraction des polynômes sont générales.

En effet, soit proposé 1° d'additionner deux polynômes dont l'un soit positif et l'autre négatif ; je représente le premier par A et le second par $B - C$, B étant la somme de ses termes positifs et C la somme de ses termes négatifs. Ce dernier polynôme n'est autre que le nombre négatif $-(C - B)$; dès lors le résultat de l'addition proposée est représenté par la quantité algébrique $A - (C - B)$ d'après la règle de l'addition des nombres négatifs. Mais on a

$$A - (C - B) = A - C + B,$$

ou $\qquad A - (C - B) = A + B - C ;$

par conséquent, *pour additionner les deux polynômes A et B—C, il faut écrire tous leurs termes les uns à la suite des autres avec les signes dont ils sont affectés dans ces polynômes.*

Je suppose 2° que les polynômes proposés soient l'un et l'autre négatifs, et je les représente par A—B et C—D. Le premier est égal au nombre négatif —(B—A), et le second, au nombre négatif —(D—C); par conséquent leur somme est représentée, d'après la règle de l'addition des quantités négatives, par l'expression algébrique

$$-(B-A+D-C)$$

qu'on peut mettre sous la forme

$$A-B+C-D.$$

On voit donc qu'il faut encore écrire les termes des deux polynômes les uns à la suite des autres avec leurs signes.

La règle de l'addition des polynômes étant générale, celle de la soustraction qui en est une conséquence, puisqu'on la démontre par voie de vérification, est aussi générale.

Multiplication.

Le produit de deux nombres quelconques, positifs ou négatifs, est lui-même positif ou négatif selon que ses deux facteurs ont le même signe ou des signes différents.

Ainsi

$$16(-4)=-(16\times 4),$$
$$(-7)(-5)=7\times 5.$$

COROLLAIRE 1. — *Le produit d'un nombre pair de facteurs négatifs est positif, et celui d'un nombre impair de facteurs négatifs est aussi négatif.*

En effet, 1° si le produit donné est composé de $2n$ facteurs négatifs, on peut commencer par multiplier le premier facteur par le second, puis le troisième par le quatrième, puis le cinquième par le sixième, et ainsi de suite. En groupant ainsi deux à deux les $2n$ facteurs, on ramène la multiplication proposée à celle de n facteurs positifs; le produit demandé est donc positif.

2° Si le produit est composé de $2n+1$ facteurs négatifs, les $2n$ premiers facteurs ont un produit positif ; en le multipliant par le dernier facteur négatif, on trouvera dès lors un nombre négatif.

COROLLAIRE II. — *Les puissances de degré pair d'un nombre négatif sont positives, tandis que les puissances de degré impair sont négatives.*

On a, par exemple,

$$(-2)^4 = +2^4 = +16 \quad \text{et} \quad (-5)^3 = -5^3 = -125.$$

Remarque. — La règle de la multiplication, démontrée dans la troisième leçon pour deux polynômes dont les valeurs sont positives, est encore applicable à ces polynômes, lorsqu'ils deviennent négatifs pour certaines valeurs des lettres qui les composent.

En effet, je suppose d'abord l'un des facteurs de la multiplication positif et l'autre négatif ; je représente le premier par A, le second par B — C, B et C étant des polynômes dont tous les termes sont positifs. Comme le multiplicateur B—C est égal à —(C—B), si j'applique la règle précédemment donnée pour la multiplication de deux nombres, dont l'un est négatif et l'autre positif, j'aurai :

$$A(B-C) = -A(C-B) = -(AC-AB)$$

ou

$$A(B-C) = AB - AC.$$

Par conséquent, pour multiplier la quantité positive A par la quantité négative B — C, il faut opérer comme si le multiplicateur était positif.

Je suppose en second lieu les deux polynômes négatifs et je les représente par A—B, C—D ; comme A—B est égal à —(B—A), et C—D, égal à —(D—C), je trouve, d'après la règle donnée pour la multiplication de deux facteurs négatifs :

$$(A-B)(C-D) = (B-A)(D-C) = BD - AD - BC + AC,$$

ou

$$(A-B)(C-D) = AC - BC - AD + BD;$$

ce résultat est identique à celui qu'on obtient, en multipliant les deux polynômes A—B, C—D, d'après les règles de la multiplication de deux polynômes positifs.

Division.

Le quotient de la division de deux nombres quelconques, positifs ou négatifs, est lui-même positif ou négatif selon que le dividende et le diviseur ont le même signe ou des signes différents.

Ainsi

$$\frac{2}{-3} = -\frac{2}{3},$$

$$\frac{-5}{6} = -\frac{5}{6},$$

$$\frac{-7}{-8} = +\frac{7}{8}.$$

Cette règle est une conséquence de celle de la multiplication.

Remarque. — On prouverait aussi par voie de vérification que la règle de la division, démontrée dans la cinquième leçon pour deux polynômes dont les valeurs sont positives, est encore applicable aux valeurs négatives de ces polynômes. Ainsi se trouvent généralisées les règles des quatre premières opérations du calcul algébrique, et leurs diverses conséquences. Il devient donc inutile de se préoccuper désormais si les quantités sur lesquelles on opère sont négatives pour certaines valeurs attribuées aux lettres qui les composent, puisque l'application des règles précédentes conduira toujours au résultat demandé, quels que soient les signes de ces quantités.

II. Introduction des nombres négatifs dans la résolution des problèmes.

Avant d'aborder cette question, je vais démontrer les deux théorèmes suivants dont elle dépend.

THÉORÈME I.

Si deux équations du premier degré à une seule inconnue ne diffèrent que par les signes des coefficients de cette quantité, leurs inconnues ont des valeurs égales et de signes contraires.

Soient les équations

$$2 + 7x = 53 - 10x,$$
$$2 - 7x = 53 + 10x,$$

qui ne diffèrent que par les signes des coefficients de l'inconnue x; la première admet pour solution le nombre 3, je dis que le nombre négatif — 3 satisfait à la seconde.

En effet, si je substitue à x le nombre 3 dans la première équation, j'ai l'identité

$$2 + 7 \times 3 = 53 - 10 \times 3;$$

or, d'après le calcul des nombres négatifs, cette identité peut être écrite de la manière suivante :

$$2 - 7(-3) = 53 + 10(-3),$$

et, sous cette forme, elle exprime que le nombre négatif — 3 satisfait à l'équation

$$2 - 7x = 53 + 10x;$$

le théorème énoncé est donc vrai.

Remarque. — Ce théorème fait connaître la valeur de l'inconnue de la seconde équation, lorsqu'on a résolu la première. On détermine donc par un seul calcul les valeurs des inconnues des deux équations.

THÉORÈME II.

Si deux systèmes d'équations du premier degré, contenant les mêmes inconnues, ne diffèrent l'un de l'autre que par les signes dont quelques-unes de ces inconnues sont précédées, ces quantités ont des valeurs égales et de signes contraires dans les deux systèmes d'équations, mais les autres inconnues ont les mêmes valeurs.

Je considère d'abord le système des deux équations du premier degré, à deux inconnues,

$$2x + 5y = 26,$$
$$13x + 4y = 55,$$

et le système suivant :

$$2x - 5y = 26,$$
$$13x - 4y = 55,$$

qui ne diffère du précédent que par les signes des coefficients de l'inconnue y.

Je suppose que les nombres

$$x = 3, \quad y = 4,$$

soient les solutions du premier système, et je dis que les nombres

$$x = 3, \quad y = -4,$$

satisfont aussi au second.

En effet, on a par hypothèse les identités

$$2 \times 3 + 5 \times 4 = 26,$$
$$13 \times 3 + 4 \times 4 = 55,$$

qu'on peut écrire de la manière suivante, d'après le calcul des nombres négatifs :

$$2 \times 3 - 5(-4) = 26,$$
$$13 \times 3 - 4(-4) = 55.$$

Or, sous cette forme, elles expriment que les nombres 3 et -4 satisfont aux équations du second système ; donc le théorème est démontré.

On ferait la même démonstration pour deux systèmes d'équations du premier degré, contenant un nombre quelconque d'inconnues.

Remarque. — Ce théorème fait connaître la solution de l'un des systèmes proposés, lorsqu'on a trouvé celle de l'autre, de sorte qu'on détermine par un seul calcul les valeurs des inconnues des deux systèmes.

Cela posé, je vais d'abord expliquer comment on peut introduire les nombres négatifs dans les données d'un problème pour généraliser les formules auxquelles il conduit, et j'en déduirai de quelle manière il faut les interpréter lorsqu'ils se présentent d'eux-mêmes, c'est-à-dire *à priori*, dans la solution d'un problème pour les valeurs des inconnues.

PROBLÈME I.

D   T   M

Un corps qui se meut sur une ligne droite indéfinie DT *dans le sens* DM, *avec une vitesse constante de* v *kilomètres par heure, passe actuellement au point* T *; déterminer sa position* M *à un instant donné.*

Pour cela, je conviens de mesurer sur la droite DT toutes les distances à partir d'un point D situé sur cette droite, à la gauche de T, et de prendre pour origine du temps l'instant du passage du mobile au point T. Après un nombre d'heures égal à t, le mobile peut se trouver à la droite du point T, entre les deux points D et T, ou à la gauche de D. Je vais examiner ces trois positions dans l'ordre que je viens d'indiquer.

1o Soit d la distance connue et constante des deux points D et T ; je désigne par x la distance de la position M du mobile à l'origine D au bout du temps t, et je fais remarquer que cette longueur DM est égale à DT, augmentée de TM qui représente le chemin parcouru par le mobile pendant le temps t ; or, d'après la définition de la vitesse, j'ai

$$TM = vt ;$$

donc

$$x = d + vt.$$

2° Je suppose le mobile situé entre les points D et T ; par conséquent je le considère à une époque passée, puisqu'elle précède

$$\overline{\quad\overset{\bullet}{\underset{D}{\quad}}\quad\overset{\bullet}{\underset{M}{\quad}}\quad\overset{\bullet}{\underset{T}{\quad}}\quad}$$

de t heures l'origine du temps, c'est-à-dire l'instant de l'arrivée du mobile au point T. J'observe alors que

$$DM = DT - MT ;$$

et j'écris la nouvelle équation

$$x = d - vt,$$

qui ne diffère de la précédente que par le signe du terme vt. En lui donnant la forme suivante

$$x = d + v(-t),$$

je vois qu'on peut la remplacer par l'équation

$$x = d + vt,$$

si *la lettre t représente un nombre d'heures, précédé du signe —, lorsque c'est un temps passé;* cette convention permet de n'employer qu'une formule pour les deux cas précédents du mouvement uniforme.

3° Si le mobile est à la gauche du point D, je désigne par $-t$, selon la convention précédente, le temps passé qu'il a fallu au mobile pour aller de M en T,

$$\overline{\quad\overset{\bullet}{\underset{M}{\quad}}\quad\overset{\bullet}{\underset{D}{\quad}}\quad\overset{\bullet}{\underset{T}{\quad}}\quad}$$

et j'ai l'équation

$$x = v(-t) - d,$$

puisque

$$DM = MT - DT.$$

Je change les signes des deux membres de cette équation, qui devient

$$-x = d + vt.$$

En la comparant à l'équation

$$x = d + vt,$$

je conclus que je puis la remplacer par cette dernière, à la condition que *la lettre* x *représente la distance* MT, *précédée du signe* —, *lorsque le mobile se trouve à la gauche de l'origine* D *des distances.* Par cette nouvelle convention, la même formule

$$x = d + vt$$

convient aux trois cas que je viens de considérer.

Dans tout ce qui précède, j'ai supposé le point T situé à gauche du point D, je vais examiner ce qui arriverait si le contraire avait lieu.

$$\text{T} \qquad \text{D} \qquad \text{M}$$

Le point M peut encore avoir trois positions différentes, relativement aux points T et D. Je ne considérerai que celle qui est indiquée dans la figure ci-dessus, parce que les deux autres ne présenteraient plus alors que des vérifications faciles à faire. En conservant les notations précédentes et remarquant que

$$\text{DM} = \text{TM} - \text{TD},$$

j'ai l'équation

$$x = vt - d,$$

que j'écris de la manière suivante

$$x = vt + (-d);$$

il est alors évident qu'on peut aussi remplacer cette nouvelle formule par la première

$$x = vt + d,$$

à la condition que la lettre d représente la distance TD, précédée du signe —, lorsque le point T est à la gauche de l'origine D des distances. Cette convention est la même que celle que j'ai faite pour la quantité x, et cela doit être ainsi, puisque les quantités d et x représentent l'une et l'autre des distances comptées à partir de la même origine.

Par des raisonnements semblables aux précédents, je prouverais que la formule

$$x = d + vt$$

convient encore au mouvement uniforme lorsque le corps se meut dans la direction opposée à celle que je viens de considérer, pourvu que la lettre v *représente la vitesse précédée du signe* —, *lorsque le mobile va de droite à gauche*. Ce dernier problème a six cas particuliers comme le premier ; on voit dès lors que je ramène *douze* formules à une *seule* par les conventions précédentes. Je ferai remarquer qu'en réalité ces conventions consistent seulement à vouloir généraliser la formule

$$x = d + vt,$$

chose qu'on est libre de faire ou de ne pas faire ; mais le procédé par lequel on opère cette généralisation est imposé : *il faut changer le signe de la quantité dans laquelle on remarque un changement de direction*. Ce principe important, sur lequel Descartes a établi sa géométrie analytique, n'a pas de démonstration immédiate ; il est le résultat d'une constante et heureuse application.

On voit par cet exemple combien est longue la généralisation d'une formule ; si donc il fallait la faire pour chaque problème, l'étude et les applications de l'algèbre seraient fort difficiles. Mais heureusement il n'est besoin de généraliser que les problèmes fondamentaux des sciences, lesquels sont en petit nombre ; quant à leurs conséquences, elles ont la même généralité que les problèmes d'où elles découlent.

Remarque. — La formule

$$x = d + vt$$

peut aussi faire connaître la position d'un point qui se meut uniformément sur une ligne courbe, pourvu que cette ligne ait une longueur indéfinie, comme une spirale, une hélice, ou bien qu'elle soit fermée, comme la circonférence. Mais, dans ce dernier cas, il faut admettre que le mobile peut parcourir un nombre indéfini de fois cette courbe fermée.

Je vais examiner maintenant comment il faut interpréter les nombres négatifs lorsqu'ils se présentent comme étant les valeurs des inconnues d'un problème.

I. — Lorsque la mise en équation d'un problème n'exige aucune hypothèse sur les grandeurs et les positions relatives des données et des inconnues, toute valeur négative trouvée pour l'une des inconnues indique une impossibilité, car les équations de ce problème n'expriment alors que les conditions qui sont comprises dans l'énoncé, et l'on voit qu'elles sont incompatibles avec un système quelconque de valeurs positives des inconnues. En général, on devra reconnaître *à priori* cette impossibilité par un examen approfondi de l'énoncé du problème.

PROBLÈME II.—*Quel nombre faut-il ajouter à 42 et à 15, pour que la première somme soit le quadruple de la seconde?*

Soit x le nombre inconnu; le problème proposé a pour équation

$$\frac{42+x}{15+x} = 4,$$

qui n'admet que la solution $x = -6$; ce problème est donc impossible. On s'en aperçoit immédiatement en remarquant que le rapport $\frac{42}{15}$ des deux nombres donnés est moindre que 4, et qu'on le diminue en ajoutant un même nombre à ses deux termes.

PROBLÈME III.—*Former la longueur du mètre en plaçant en contact et sur une ligne droite 40 pièces de 5 francs et de 2 francs, en sachant que le diamètre des premières pièces est égal à* $0^m,037$, *et celui des secondes égal à* $0^m,027$.

Soient x le nombre des pièces de 5 fr. et y celui des pièces de 2 fr.; le problème proposé a pour équations

$$x + y = 40,$$

et $$37x + 27y = 1000;$$

en les résolvant, on trouve

$$x = -8, \quad y = 48.$$

L'impossibilité du problème est évidente : car 40 pièces de la plus petite monnaie, c'est-à-dire 40 pièces de 2 fr., forment en les prenant seules, une longueur égale à $0,027 \times 40$, ou à $1^m,08$, c'est-à-dire une longueur plus grande que le mètre.

II. — Si, pour écrire les équations d'un problème et à cause de sa généralité, l'on est obligé de faire une hypothèse sur les grandeurs ou sur les positions relatives des données et des inconnues, et qu'on trouve pour plusieurs de ces inconnues des nombres négatifs, il ne s'ensuit pas que le problème soit impossible, car il peut arriver que l'hypothèse qu'on a faite soit fausse. Ce cas se présente toutes les fois qu'on peut faire une seconde hypothèse, conduisant à des équations qui ne diffèrent des équations relatives à la première que par les signes des termes dans lesquels se trouvent les inconnues négatives. En voici un exemple :

PROBLÈME IV.

Deux voyageurs partent au même instant de deux villes A *et* B *situées sur la même route et distante l'une de l'autre de 20 kilomètres ; ils marchent dans la même direction* AB, *le premier avec une vitesse de 7 kilomètres par heure, et le second avec une vitesse de 5 kilomètres. On demande de trouver l'endroit de la route où ils doivent se rencontrer?*

Je compte le temps à partir de l'instant où les voyageurs quittent les villes A et B, et je rapporte les distances à un même point C, pris pour origine et situé sur la route à 80 kilomètres de A, dans la direction AB. Comme j'ignore si les voyageurs se rencontreront à la droite ou à la gauche de C, je suis obligé de faire une hypothèse pour écrire l'équation du problème. Je suppose que la rencontre ait lieu à la droite du point C, et à la distance CR de cette origine ; je désigne par x cette distance inconnue, et je fais remarquer 1° que le premier voyageur emploie $\dfrac{80 + x}{7}$ heures pour aller de A à R ; 2° que le second parcourt la distance BR dans un nombre d'heures égal à $\dfrac{60+x}{5}$;

3° que les distances AR et BR doivent être parcourues dans le même temps, puisque les deux voyageurs partent au même instant des villes A et B. L'équation du problème est donc

$$\frac{80 + x}{7} = \frac{60 + x}{5};$$

en la résolvant, je trouve

$$x = -10.$$

Pour savoir si l'hypothèse que j'ai faite sur la position du point de rencontre est fausse, j'examine l'hypothèse contraire, c'est-à-dire que je suppose que cette rencontre ait lieu en un point R′ situé à la gauche de l'origine C ; je désigne encore la distance inconnue CR′ par x, et je trouve

$$\frac{80 - x}{7} = \frac{60 - x}{5}$$

pour l'équation correspondant à cette nouvelle hypothèse. Or cette équation ne diffère de la précédente que par les signes des termes qui contiennent l'inconnue x ; elle a donc pour solution

$$x = 10.$$

Par conséquent les deux voyageurs se rencontreront avant d'arriver au point C, et à 10 kilomètres de ce point.

Remarque. — La double hypothèse que j'ai faite dans le problème provient de ce que l'inconnue représente une grandeur rapportée à une origine fixe et susceptible de s'étendre dans deux sens contraires, de part et d'autre de cette origine.

Ordinairement, on n'écrit pas les équations qui correspondent à la seconde hypothèse ; on cherche seulement à reconnaître 1° *si l'inconnue dont la valeur est un nombre négatif peut avoir, par rapport à son origine, une direction qui soit l'inverse de celle qu'on lui a d'abord supposée,* 2° *si ce changement de direction n'entraîne dans les équations que le changement du signe de chacun des termes qui renferment l'inconnue négative.* L'habitude permet de faire instantanément ces deux observations. La seconde est aussi indispensable que la première ; si on la négligeait, on pourrait être induit en erreur. En voici un exemple :

PROBLÈME V. — *Pour entrer dans un musée on paye deux droits : l'un, fixe et égal à 2 fr., est pour les pauvres de la ville ; l'autre, proportionnel au nombre d'heures qu'on y reste, est employé à des acquisitions nouvelles : il est évalué à la somme de 0 fr. 50 par heure. 60 personnes sont entrées ensemble dans ce musée un certain jour, à midi, et en sont sorties à la même heure. Quelle était cette heure, sachant que la recette ne s'est élevée qu'à 30 fr. ?*

Soit x le nombre des heures écoulées depuis midi jusqu'à l'instant de la sortie : la recette étant égale d'une part à 30 fr. et de l'autre à $(2 + 0,50 \times x)\,60$, le problème a pour équation

$$(2 + 0,50 \times x)\,60 = 30.$$

J'en déduis

$$x = \frac{30 - 120}{30} = -3.$$

Il est évident qu'on ne rend pas ce problème possible en supposant que les 60 personnes soient entrées au musée trois heures avant midi plutôt que trois heures après, et l'on voit sans difficulté que l'équation du problème reste la même en supposant que l'entrée soit antérieure ou postérieure à midi. L'impossibilité du problème consiste dans ce que la recette de 30 fr. est moindre que le droit fixe payé par les 60 personnes ; ce qui est absurde.

III. Grandeur relative des nombres négatifs.—Propriétés des inégalités.

La relation qui existe entre les données et les inconnues d'un problème est exprimée quelquefois par une inégalité. On est conduit de même à la considération des inégalités par la discussion des problèmes qui sont résolus au moyen d'équations. Il importe donc de connaître leurs propriétés, qui ont, au reste, beaucoup d'analogie avec celles des équations. Elles reposent sur les deux principes suivants : 1° *Si la différence de deux nombres est positive, le premier de ces nombres est plus grand que le second,* puisqu'il le surpasse d'autant d'unités et de parties de l'unité qu'il y en a dans cette différence ; 2° *la différence de deux nombres n'est pas changée lorsqu'on augmente ou que l'on diminue ces deux nombres de la même quantité.*

Je partage les inégalités en deux classes : la première contient les inégalités qui ne renferment aucune quantité inconnue, et la seconde celles qui contiennent, au contraire, des quantités de ce genre. Je vais les examiner successivement.

Cas dans lequel les inégalités ne renferment pas de quantités inconnues.

THÉORÈME I.

On peut augmenter ou diminuer les deux membres d'une inégalité d'une même quantité sans changer les conditions exprimées par cette inégalité.

Ainsi, les deux inégalités

$$10 > 8,$$
$$10 \pm m > 8 \pm m,$$

sont équivalentes, en supposant toutefois la quantité m moindre que 8 dans le cas de la soustraction.

En effet, la différence des deux nombres 10 et 8 étant positive, celle des deux nombres $10 \pm m$ et $8 \pm m$ l'est aussi, puisqu'elle égale la différence précédente ; donc le nombre $10 \pm m$ est plus grand que $8 \pm m$.

Remarque. — L'inégalité
$$10 - m > 8 - m,$$
soumise à la restriction de
$$m < 8,$$
a été généralisée au moyen de conventions qui ont établi des rapports de grandeur entre les nombres négatifs.

Pour cela, je remarque 1° qu'en supposant $m = 8$, l'inégalité précédente prend la forme
$$10 - 8 > 0,$$
et ne signifie plus rien, puisque comparer un nombre à zéro, c'est-à-dire à rien, c'est ne faire aucune comparaison. Néanmoins on est convenu de dire qu'un nombre positif est plus grand que zéro, afin d'avoir un signe algébrique pour désigner les nombres positifs.

2° Si $m = 10$, l'inégalité précédente devient
$$0 > -2;$$
on est convenu pareillement de regarder les nombres négatifs comme étant moindres que zéro, ce qui a introduit dans l'algèbre un signe particulier pour désigner les quantités négatives.

3° Lorsqu'on suppose m plus grand que 10, par exemple égal à 12, la même inégalité prend la forme
$$-2 > -4,$$
c'est-à-dire que, si l'on veut établir une certaine relation de grandeur entre deux nombres négatifs quelconques, il faut admettre que le plus petit sera celui qui aurait la plus grande valeur si l'on faisait abstraction de leurs signes.

En admettant ces trois conventions, je regarderai désormais l'inégalité

$$10 - m > 8 - m$$

comme étant vraie pour une valeur quelconque de m.

COROLLAIRE. — *On peut transporter un terme d'une inégalité d'un membre dans l'autre, pourvu qu'on change le signe de ce terme.*

Ainsi, les deux inégalités

$$A > B + C,$$
$$A - C > B,$$

sont équivalentes. En effet, on déduit la seconde de la première en retranchant la même quantité C des deux membres de celle-ci.

THÉORÈME II.

On peut multiplier ou diviser les deux membres d'une inégalité par un nombre positif.

Ainsi, les inégalités

$$A > B,$$
$$Am > Bm,$$

sont équivalentes, pourvu que m soit un nombre positif.

En effet, la différence $A - B$ étant positive, le produit de cette quantité par le nombre positif m est aussi positif, c'est-à-dire qu'on a

$$Am - Bm > 0;$$

d'où je conclus

$$Am > Bm.$$

COROLLAIRE I. — *Si l'on multiplie les deux membres d'une inégalité par un nombre négatif, il faut changer le signe de l'inégalité.*

Ainsi, les deux inégalités

$$A > B,$$
$$A(-5) < B(-5),$$

sont équivalentes.

En effet, le produit de la différence positive A—B par le nombre négatif (—5) étant négatif, on a

$$A(-5) - B(-5) < 0,$$

et par suite

$$A(-5) < B(-5).$$

Corollaire II. — *Lorsqu'une inégalité a des termes fraction-naires, on peut réduire tous les termes de cette inégalité au même dénominateur, et supprimer ensuite ce dénominateur s'il est positif. Dans le cas contraire, il faut changer le signe de l'inégalité.*

Ce théorème est évident : car supprimer le dénominateur commun, c'est multiplier les deux membres de l'inégalité par ce nombre, qui peut être positif ou négatif. S'il est positif, l'inégalité n'est pas changée; au contraire, s'il est négatif, le signe de la nouvelle inégalité est l'inverse de celui de la première.

Cas dans lequel les inégalités contiennent des inconnues.

Les théorèmes qui précèdent sont aussi applicables à ce nouveau genre d'inégalités; mais les démonstrations ne sont plus les mêmes, parce que, dans ce cas, il faut prouver que les valeurs des inconnues qui satisfont aux inégalités données ne sont pas changées par ces transformations. Comme le mode de raisonnement est uniforme, je n'en donnerai qu'un exemple.

THÉORÈME III.

On ne change pas les valeurs des inconnues d'une inégalité en ajoutant une même quantité aux deux membres de cette iné-galité.

Soient les deux inégalités

$$A > B,$$
$$A + C > B + C,$$

dans lesquelles les quantités A, B, C, sont des polynômes contenant un nombre quelconque d'inconnues; je dis qu'elles sont équivalentes.

Je suppose que ces deux inégalités renferment les inconnues x, y, et que la première soit satisfaite par les nombres

$$x = 1, \quad y = 3;$$

ces nombres satisfont aussi à la seconde. En effet, leur substitution dans l'inégalité

$$A > B$$

transforme ses deux membres en deux nombres dont le premier est plus grand que le second ; si j'ajoute à chacun de ces nombres la valeur correspondante de C, la première somme sera plus grande que la seconde. Or ces deux sommes sont les valeurs que prennent les polynômes A+C, B+C, lorsqu'on y remplace x par 1 et y par 3; donc ces nombres satisfont aussi à la seconde inégalité.

Je démontrerais de même que, *réciproquement*, les nombres qui satisfont à la seconde inégalité conviennent aussi à la première ; par conséquent ces inégalités sont équivalentes.

Remarque. — Je conclus de ce qui précède qu'on peut réduire tous les termes d'une inégalité au même dénominateur lorsqu'elle contient des termes fractionnaires, puis supprimer le dénominateur commun, s'il est positif. Mais, s'il est négatif, il faut renverser le signe de l'inégalité.

Résolution d'une inégalité du premier degré, à une seule inconnue.

*Pour résoudre une inégalité du premier degré, à une seule inconnue, on réduit tous ses termes au même dénominateur, **on** supprime ensuite ce dénominateur. On rassemble dans **l'un des*** *membres les termes qui renferment l'inconnue, et dans l'autre ceux qui ne la contiennent pas. On fait ensuite les opérations indiquées dans chacun des membres, et l'on divise celui qui ne renferme pas l'inconnue par le coefficient de cette quantité.* On trouve ainsi une limite inférieure ou supérieure de l'inconnue. Cette règle a la plus grande analogie avec celle qu'il faut suivre pour résoudre une équation du premier degré, à une seule inconnue.

EXEMPLE I. — Résoudre l'inégalité

$$2x - \frac{4}{3} + \frac{x}{2} > 5 + x. >$$

Je réduis tous ses termes au dénominateur 6, et je supprime ce dénominateur ; je trouve ainsi :

$$12x - 8 + 3x > 30 + 6x.$$

Je fais ensuite passer tous les termes qui contiennent x dans le premier membre, et j'ai

$$12x + 3x - 6x > 30 + 8,$$

ou

$$9x > 38,$$

et enfin

$$x > \frac{38}{9}.$$

Par conséquent, l'inconnue peut avoir pour valeur tout nombre plus grand que $\frac{38}{9}$, qui est sa limite inférieure.

EXEMPLE II. — Résoudre l'inégalité

$$\frac{1}{2} + \frac{x}{3} < \frac{2}{3} - \frac{x}{2}.$$

Je réduis tous les termes au même dénominateur, et je supprime ce dénominateur ; il vient

$$3 + 2x < 4 - 3x ;$$

je transporte le terme $3x$ dans le premier membre et le terme numérique 3 dans le second ; j'ai dès lors

$$5x < 1,$$

et, par suite,

$$x < \frac{1}{5}.$$

On peut donc prendre pour valeur de l'inconnue x tout nombre, négatif ou positif, plus petit que $\frac{1}{5}$ qui est sa limite supérieure.

Exercices.

1° Deux personnes ont l'une 20 ans et l'autre 34; à quelle époque de leur existence l'âge de la seconde a-t-il été, ou sera-t-il, le double de celui de la première ?

(*Rép.* Il y a 6 ans.)

2° Trois points A, B, C, sont en ligne droite ; les distances du premier aux deux autres sont respectivement égales à 2^m et 5^m. On demande de trouver sur le prolongement de AC un point dont la distance au point B soit moyenne proportionnelle entre ses distances aux deux autres A et C.

(*Rép.* Si on prend pour inconnue la distance du point cherché au point A, et qu'on la compte positivement dans le sens AB, on la trouve égale à —4^m.)

Généraliser et discuter ce problème.

3° Calculer les côtés d'un rectangle inscrit dans un triangle dont la base et la hauteur sont connues, en supposant le périmètre du rectangle donné.

(*Rép.* Si on représente par b et h la base et la hauteur du triangle, par x et y celles du rectangle placé sur le côté b, et par $2p$ le périmètre donné de ce quadrilatère, on trouve :

$$x = \frac{b(p-h)}{b-h} \quad \text{et} \quad y = \frac{h(b-p)}{b-h}.$$

Chercher ce que devient cette solution, lorsque le rectangle, placé sur le côté b du triangle, a deux de ses sommets sur les prolongements des deux autres côtés du triangle.

4° Calculer le côté du carré inscrit dans un triangle donné.
— Le carré pouvant être sur l'un quelconque des trois côtés du triangle, le problème proposé a trois solutions. On demande sur quel côté du triangle le plus grand carré est placé.

(*Rép*. Soient b et h la base et la hauteur du triangle, x le côté du carré placé sur la base b; on a

$$x = \frac{bh}{b+h}.$$

Le plus grand carré inscrit se trouve sur la plus petite base.)

5° Démontrer qu'on peut ajouter membre à membre deux inégalités de même sens.

COROLLAIRE. — On ne peut soustraire membre à membre deux inégalités, que si elles sont de sens contraire; et, dans ce cas, la nouvelle inégalité a le même sens que la première.

6° Démontrer qu'on peut multiplier membre à membre deux inégalités de même sens, si toutefois leurs membres sont positifs.

COROLLAIRE. — On peut élever à la même puissance les deux membres d'une inégalité, lorsque ses membres sont positifs.

7° Démontrer que si l'on divise membre à membre deux inégalités de sens contraire dont les membres sont positifs, la nouvelle inégalité qu'on obtient est de même sens que la première.

8° Prouver 1° que si la quantité $\frac{a}{b}$ dont les deux termes sont positifs est moindre que l'unité, on a

$$\frac{a-m}{b-m} < \frac{a}{b} < \frac{a+m}{b+m},$$

m étant une quantité positive quelconque.

2° que si $\frac{a}{b}$ est plus grand que l'unité, on a au contraire

$$\frac{a-m}{b-m} > \frac{a}{b} > \frac{a+m}{b+m}.$$

9° Démontrer que si les dénominateurs des fractions $\frac{a}{b}$, $\frac{a'}{b'}$, $\frac{a''}{b''}$, sont positifs, la quantité $\frac{a+a'+a''+\dots}{b+b'+b''+\dots}$ est plus grande que la plus petite de ces fractions, et plus petite que la plus grande.

TREIZIÈME LEÇON.

Programme : Des cas d'impossibilité et d'indétermination.

1° Des cas d'impossibilité.

L'impossibilité d'un problème numérique ne se manifeste pas seulement par les valeurs négatives des inconnues, comme dans les exemples II et III de la leçon précédente; il peut arriver qu'un problème de ce genre soit impossible, lorsque ses équations n'admettent que des solutions positives. Ce cas se présente lorsque les inconnues doivent avoir des valeurs entières, ou être comprises entre des limites imposées par la question elle-même; car, aucune de ces restrictions ne peut être écrite dans les équations qui sont dès lors plus générales que l'énoncé du problème proposé. On ne tient compte de ces restrictions que dans la discussion qui, pour un problème numérique, consiste seulement à reconnaître si les valeurs trouvées pour les inconnues satisfont à toutes les conditions explicites et implicites de ce problème. En voici deux exemples :

Problème I.

Une société de 50 ouvriers, composée d'hommes et de femmes, a fait en 6 jours un gain de 1800 francs; chaque homme gagnait 7 francs par jour, et chaque femme 4 francs. Combien y avait-il d'hommes et de femmes dans cette société ?

Soient x et y les deux nombres inconnus d'hommes et de femmes; on a, d'après l'énoncé du problème :

$$x + y = 50$$

et

$$42x + 24y = 1800.$$

En résolvant ces équations, on trouve

$$x = 33\frac{1}{3}, \quad \text{et} \quad y = 16\frac{2}{3};$$

or il est évident que les inconnues x et y doivent être des nombres entiers, donc le problème proposé est impossible.

PROBLÈME II.

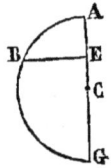

Couper la sphère CA par un plan BE, perpendiculaire au diamètre AG, de manière que la différence des deux zones BG, BA, que ce plan détermine soit égale à un cercle donné.

Soient r le rayon CA de la sphère et a celui du cercle donné ; je désigne par x la distance inconnue CE du plan sécant au centre C de la sphère. La zone AB a pour mesure le produit de la circonférence d'un grand cercle de la sphère par sa hauteur AE, c'est-à-dire $2\pi r(r-x)$; l'aire de la zone BG égale pareillement $2\pi r(r+x)$. J'ai dès lors l'équation

$$2\pi r(r+x) - 2\pi r(r-x) = \pi a^2$$

de laquelle je déduis

$$4rx = a^2,$$

et, par conséquent,

$$x = \frac{a^2}{4r}.$$

Cette valeur de x ne convient à la question proposée, qu'autant qu'elle est moindre que le rayon de la sphère, puisque ce n'est qu'à cette condition que la sphère est coupée par le plan demandé. Le problème proposé est donc impossible, toutes les fois qu'on donne aux quantités a et r des valeurs telles que l'inconnue x soit plus grande que r ; mais il sera toujours possible, si l'on a

$$\frac{a^2}{4r} \leqslant r,$$

ou

$$\pi a^2 \leqslant 4 \pi r^2.$$

Cette condition est évidente *à priori*, car la différence des deux zones doit être moindre que la surface de la sphère.

Lorsque les inconnues d'un problème numérique ne sont assujetties à aucune des deux restrictions précédentes, le problème peut être impossible, parce que son énoncé renferme des conditions absurdes, ou contradictoires. Les équations du problème prennent alors des formes particulières qui permettent de reconnaître son impossibilité. Je suppose 1° que le problème proposé n'ait qu'une inconnue.

EXEMPLE III. — *Trouver un nombre tel que la somme de sa moitié et de son tiers surpasse de 6 unités le quintuple de l'excès du quart de ce nombre sur le douzième.*

Soit x le nombre demandé ; on a l'équation

$$\frac{x}{2} + \frac{x}{3} = 5\left(\frac{x}{4} - \frac{x}{12}\right) + 6.$$

En réduisant tous ses termes au même dénominateur, on trouve

$$10x = 10x + 72.$$

Comme cette nouvelle équation est équivalente à l'équation proposée, et qu'elle exprime une condition évidemment absurde, quelle que soit la valeur attribuée à x, on en conclut que le problème proposé est impossible.

On peut reconnaître *à priori* cette impossibilité, car la moitié et le tiers d'un nombre valent ensemble les $\frac{5}{6}$ de ce nombre, et l'excès du quart sur le douzième égale $\frac{1}{6}$; par conséquent le problème peut être énoncé de la manière suivante :

Trouver un nombre dont les $\frac{5}{6}$ *surpassent de 6 unités les* $\frac{5}{6}$ *de ce nombre.* Sous cette forme, l'absurdité et, par suite, l'impossibilité de la question deviennent évidentes.

Remarque. — Si, dans l'énoncé du problème précédent, on remplace le quintuple de l'excès par *m* fois l'excès, l'équation devient

$$\frac{x}{2} + \frac{x}{3} = m\left(\frac{x}{4} - \frac{x}{12}\right) + 6,$$

et l'on en déduit

$$x = \frac{36}{5-m}.$$

On voit par cette formule que le problème est toujours possible, pourvu qu'on ne donne à *m* que des valeurs moindres que 5.

Si on fait croître, dans cette formule, la quantité *m* depuis 0 jusqu'à 5 *exclusivement*, le dénominateur 5—*m* diminue d'une manière continue, et la fraction $\frac{36}{5-m}$ croît indéfiniment. On dit alors que l'inconnue *x* tend vers l'*infini*, et l'on représente cette limite indéfinie par le signe ∞ qui a la forme du chiffre 8 renversé.

Lorsqu'on suppose *m* égale à 5, l'inconnue *x* prend la forme insignifiante $\frac{36}{0}$, et n'a aucune valeur finie ou infinie.

En faisant la même hypothèse dans l'équation du problème, c'est-à-dire en y remplaçant *m* par 5, on reconnaît que le problème est impossible, car son équation qui devient alors

$$10x = 10x + 76,$$

exprime une condition absurde. Comme on a remarqué qu'en général les formules des inconnues d'un problème donnent des résultats de la forme $\frac{N}{0}$, N étant un nombre quelconque, lorsque ce problème est impossible, on regarde la notation $\dfrac{N}{0}$ comme un *symbole d'impossibilité;* mais il ne faut pas la confondre avec le signe ∞, qui représente un nombre indéfiniment grand.

2º Lorsque le problème proposé conduit à plusieurs équations, les conditions exprimées par ces équations peuvent être contradictoires; le problème est alors impossible. On en est averti parce que les équations n'admettent pas de solutions communes. Je suppose, par exemple, qu'on ait trouvé

$$5x + 3y = 17,$$
$$10x + 6y = 31,$$

pour les équations d'un problème; si j'élimine entre elles l'inconnue x pour former le système équivalent

$$x = \frac{17 - 3y}{5},$$
$$10\left(\frac{17 - 3y}{5}\right) + 6y = 31,$$

je trouve que l'inconnue y disparaît de la dernière équation, qui se réduit à l'égalité, évidemment fausse,

$$34 = 31.$$

Les équations proposées expriment, dans ce cas, des conditions auxquelles il est impossible de satisfaire simultanément; pour cette raison, on dit que ces équations sont *contradictoires*. Je donnerai dans la leçon suivante le caractère distinctif d'un système d'équations de ce genre.

3º L'impossibilité d'un problème peut encore se manifester parce qu'il renferme plus de conditions qu'il n'a d'inconnues. On est alors conduit à un système d'équations contenant plus d'équations que d'inconnues. Voyons comment on peut résoudre un pareil système.

Soit, par exemple, à résoudre un système de $m + n$ équations contenant seulement n inconnues.

Parmi les $m + n$ équations données, on en choisit m qui

soient les plus simples et qui renferment les m inconnues. On résout ensuite ce système de m équations à m inconnues d'après la méthode précédente, et les valeurs qu'on trouve pour les m inconnues doivent satisfaire aux n autres équations pour que les $m + n$ équations données ne soient pas contradictoires.

Lorsque quelques-uns des coefficients des $m + n$ équations sont algébriques, les égalités qu'on obtient en substituant les valeurs des m inconnues dans les n équations qui n'ont pas servi à les calculer expriment les conditions auxquelles les coefficients indéterminés doivent satisfaire pour que les $m + n$ équations données aient une solution commune. Aussi, on donne à ces égalités le nom d'*équations de condition;* le nombre de ces équations est généralement égal à l'excès du nombre des équations données sur celui des inconnues.

Soit proposé de résoudre le système des trois équations

$$ax - by = c,$$
$$bx - ay = d,$$
$$a(cx - dy) = c^2 + d^2,$$

qui ne contiennent que deux inconnues; la résolution des deux premières équations donne

$$x = \frac{ac - bd}{a^2 - b^2}, \text{ et } y = \frac{bc - ad}{a^2 - b^2}.$$

En substituant ces valeurs de x et y dans la troisième équation, on trouve que les quatre coefficients indéterminés a, b, c, d, doivent satisfaire à l'*équation de condition*

$$b^2(c^2 + d^2) = 2abcd,$$

c'est-à-dire que, si l'on donne des valeurs arbitraires à trois de ces coefficients, la valeur du quatrième doit être déduite de l'équation de condition. Ainsi, en prenant

$$b = 6, \quad c = 3, \quad d = 1,$$

on trouve 10 pour la valeur de a, calculée au moyen de la formule

$$a = \frac{b\,(c^2 + d^2)}{2cd}.$$

Les valeurs correspondantes des inconnues x et y sont

$$x = \frac{3}{8}, \qquad y = \frac{1}{8}.$$

Remarque sur les problèmes impossibles.

Lorsqu'un problème numérique est impossible, on peut se proposer de le transformer en un autre qui soit possible. Cette question, qui n'offre qu'un intérêt de curiosité, est généralement indéterminée, car on peut la résoudre en changeant les valeurs de quelques-unes des données, ou les relations qni existent entre elles.

Si on ne veut changer que les valeurs des données, on généralise le problème, en remplaçant ces données par des lettres; la discussion des formules fait connaître entre quelles limites on doit prendre les valeurs des coefficients algébriques pour que le problème soit possible. Nous avons résolu déjà un assez grand nombre de questions de ce genre, pour qu'il soit inutile d'en traiter de nouvelles.

Lorsqu'on veut changer les relations qui existent entre les données, la question devient d'une indétermination absolue. Si l'impossibilité est indiquée par une valeur négative d'une inconnue, et qu'on veuille conserver non-seulement les valeurs numériques des données, mais encore les équations du problème, il faut changer dans ces équations le signe de l'inconnue dont la valeur est négative, et chercher à modifier l'énoncé du problème de manière que le système des équations transformées soit la traduction algébrique du nouvel énoncé. Si cet énoncé a un sens raisonnable, on aura rendu possible le problème proposé.

Exemple. — *Payer 146 francs avec 25 pièces de 2 francs et de 5 francs*

Soient x le nombre des pièces de 2 francs et y celui des pièces de 5 francs, on a, d'après l'énoncé du problème :

$$x+y=25,$$

et

$$2x + 5y = 146.$$

En résolvant ces équations, on trouve

$$x=-7 \quad \text{et} \quad y=32;$$

donc le problème proposé est impossible. On reconnaît immédiatement cette impossibilité, en remarquant que 25 pièces de la plus grande monnaie, c'est-à-dire 25 pièces de 5 francs, ne valent que 125 francs ; par conséquent 25 pièces de 2 francs et de 5 francs doivent former une somme moindre que 125 et, *à fortiori*, moindre que 146.

Pour transformer ce problème en un autre qui soit possible, je remplace x par $-x$ dans les deux équations données qui deviennent, par suite,

$$y-x=25,$$
$$5y-2x=146,$$

et donnent lieu à l'énoncé suivant : *Une personne, qui n'a que des pièces de 5 francs, veut payer 146 francs à un marchand, qui ne peut lui rendre que des pièces de 2 francs. Trouver comment le payement s'est effectué, en sachant que la différence des deux nombres de pièces de 5 francs et de 2 francs qui ont été échangées est égale à 25.*

Il importe de remarquer que le système des équations, après la transformation précédemment indiquée, n'est pas toujours susceptible d'un énoncé ayant un sens raisonnable. On peut le constater sur le dernier problème de la leçon précédente.

2° Cas d'indétermination.

Un problème peut avoir un nombre illimité de solutions, 1° lorsqu'il conduit à des équations qui sont des identités ; 2° lorsque le nombre des équations qu'on déduit de son énoncé est moindre que celui des inconnues ; 3° lorsque ce nombre d'équations étant égal à celui des inconnues, ces équations ne sont pas distinctes et sont des conséquences les unes des autres. Je vais examiner successivement chacun de ces cas.

1° Exemple. — *Trouver un nombre dont la somme de la moitié et du tiers surpasse de 25 unités les* $\frac{5}{6}$ *de l'excès de ce nombre sur* 30.

Soit x le nombre demandé, on a l'équation

$$\frac{x}{2} + \frac{x}{3} - 25 = \frac{5}{6}\left(x - 30\right);$$

en réduisant tous ses termes au même dénominateur, et supprimant le dénominateur commun, on trouve l'identité

$$5x - 150 = 5x - 150,$$

qui est vérifiée par toute valeur attribuée à x. Le problème proposé a donc une infinité de solutions; il est dès lors indéterminé.

Remarque. — Si on remplace dans l'énoncé de ce problème le nombre 25 par la lettre a et le nombre $\frac{5}{6}$ par la lettre r, l'équation devient

$$\frac{x}{2} + \frac{x}{3} - a = r\,(x - 3),$$

et l'on en déduit

$$x = \frac{6\,(a - 30r)}{5 - 6r}.$$

Lorsqu'on n'admet pour l'inconnue x que des valeurs positives, cette formule montre que le problème est possible et déterminé, si l'on a

$$r < \frac{5}{6}, \quad \text{et} \quad a > 30r,$$

ou bien

$$r > \frac{5}{6}, \quad \text{et} \quad a < 30r.$$

Ainsi, en prenant, par exemple, r égale à $\frac{1}{6}$ et a égale à 37, on trouve

$$x = 48.$$

Si on suppose dans la même formule

$$r = \frac{5}{6} \quad \text{et} \quad a = 30r = 25,$$

on rentre dans le cas du problème proposé, et la formule donne

$$x = \frac{0}{0},$$

résultat qui ne signifie rien. On a remarqué une coïncidence constante entre l'indétermination d'un problème et la réduction de ses formules à la notation $\frac{0}{0}$, par suite d'une hypothèse faite sur les valeurs des données du problème. Ce fait n'a aucune exception, si la quantité fractionnaire qui devient $\frac{0}{0}$ a été préalablement réduite à sa plus simple expression ; aussi on regarde la notation $\frac{0}{0}$ comme le *symbole de l'indétermination*.

J'ai dit que la valeur d'une fraction qui n'est pas réduite à sa plus simple expression peut n'être pas indéterminée, lorsqu'elle prend la forme $\frac{0}{0}$ par suite d'une hypothèse faite sur les lettres qu'elle contient. En voici un exemple : la fraction

$$\frac{a^3 - 8}{(a^2 + a + 2)(a - 2)},$$

devient $\frac{0}{0}$, lorsqu'on y remplace a par 2, et cependant sa valeur n'est pas indéterminée. Je remarque, en effet, que les deux termes de cette fraction ont un commun diviseur, égal à $a - 2$, lequel devient nul par suite de l'hypothèse $a = 2$. Alors, je divise par $a - 2$ les deux termes de la fraction proposée qui se trouve réduite à

$$\frac{a^3+2a+4}{a^2+a+2},$$

et la valeur, correspondante à $a=2$, ne se présente plus sous la forme $\frac{0}{0}$; elle est égale au nombre fractionnaire $\frac{3}{2}$.

2° Je suppose qu'un problème conduise à un nombre d'équations moindre que celui des inconnues; je dis qu'il est indéterminé. Pour le prouver, voyons comment on peut résoudre un pareil système d'équations.

Soit, par exemple, proposé de résoudre un système de m équations du premier degré, contenant $m+n$ inconnues; on regarde alors n des inconnues comme ayant des valeurs données, et l'on résoud les m équations, d'après la méthode précédente, par rapport aux m autres inconnues : ces quantités se trouvent exprimées au moyen des n premières inconnues, dont les valeurs restent indéterminées; aussi dit-on que le système des équations données est *indéterminé*. Pour en avoir une solution, il faut attribuer des valeurs arbitraires aux n inconnues qui sont indéterminées et en déduire les valeurs correspondantes des m autres inconnues, si toutefois il en existe.

Soit proposé, par exemple, de résoudre le système des deux équations

$$x+y-2z=8,$$
$$x-y+4z=12,$$

qui contiennent trois inconnues. Je regarde l'inconnue z comme ayant une valeur numérique donnée, et je résous les deux équations

$$x+y=8+2z,$$
$$x-y=12-4z.$$

Je trouve

$$x=10-z,$$

et
$$y=3z-2.$$

Si on veut que les inconnues x, y, z, soient positives, ces

formules montrent que la valeur de l'inconnue z, tout indéterminée qu'elle est, doit être comprise entre les nombres $\dfrac{3}{2}$
et 10, puisqu'il faut avoir

$$z < 10 \quad \text{et} \quad 3z > 2.$$

En prenant $z = 6$, on a

$$x = 4 \quad \text{et} \quad y = 16.$$

3° Si le nombre des équations d'un problème est égal à
celui des inconnues, mais que ces équations ne soient pas distinctes, le problème est encore indéterminé.

Je suppose, en effet, qu'un problème, à deux inconnues, ait
conduit aux deux équations

$$5x - y = 14,$$
$$20x - 4y = 56;$$

si on élimine entre elles l'une des inconnues, par exemple y,
le système équivalent auquel on arrive est composé des deux
équations suivantes

$$y = 5x - 14$$

et

$$20x - 4(5x - 14) = 56,$$

dont la dernière se réduit à l'égalité évidente, et, par conséquent, inutile,

$$56 = 56.$$

Donc le système des deux équations données peut être remplacé par une seule de ces équations, c'est-à-dire qu'il est *indéterminé*. Je donnerai dans la leçon suivante le caractère
distinctif d'un système d'équations de ce genre.

Je vais terminer cette leçon par la résolution du problème
suivant, qui est une application remarquable de la théorie des
quantités négatives, et dont la discussion conduit à l'examen
de tous les cas d'impossibilité et d'indétermination que je viens
de signaler.

PROBLÈME.

R'' A R A' R'

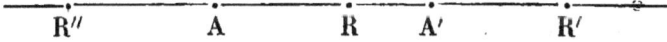

Deux mobiles, qui parcourent d'un mouvement uniforme une même ligne droite avec des vitesses de v et v' kilomètres par heure, passent actuellement, le premier au point A et le second au point A'. On demande de déterminer le lieu de leur rencontre, en supposant la distance AA' égale à d.

Je prends le point A pour l'origine des distances, et je compte les distances positives dans le sens AA'; il en résulte que le nombre d est positif. Soient x la distance du premier mobile au point A au bout d'un nombre d'heures égal à t, et x' celle du second mobile à la même origine après t heures; les équations du problème sont évidemment, d'après la formule du mouvement uniforme,

$$x = vt,$$
$$x' = d + vt, \quad \text{et} \quad x = x'.$$

Je remplace x et x' par leurs valeurs dans la troisième équation qui devient par suite :

$$vt = d + v't.$$

En résolvant cette équation par rapport à t, je trouve :

$$t = \frac{d}{v - v'},$$

et j'en déduis

$$x = x' = \frac{dv}{v - v'}.$$

Pour faire la discussion de ces formules, je suppose v positif; par conséquent, le premier mobile se meut dans le sens AA'. Quant à la vitesse v' du second mobile, elle peut être négative ou positive.

1° Si v' est un nombre négatif, c'est-à-dire si le second mobile se meut dans le sens A'A, $v - v'$ est une somme positive plus grande que v. Dès lors les deux inconnues t et x sont positives, et la seconde est plus petite que d. Donc les mobiles qui vont l'un vers l'autre se rencontreront en un point R situé entre leurs positions actuelles A et A', ce qui est évidemment vrai. Lorsqu'on suppose en outre les vitesses égales, on a

$$v' = -v,$$

et l'on trouve

$$x = \frac{d}{2} \, ;$$

résultat facile à prévoir.

2° Si v' est un nombre positif, c'est-à-dire si le second mobile va dans le même sens AA' que le premier, cette hypothèse se décompose en trois autres

$$v' < v, \quad v' > v, \quad v' = v.$$

Je suppose d'abord $v' < v$: les inconnues t et x sont alors positives, et x est plus grand que d, c'est-à-dire que la rencontre aura lieu à la droite des points A et A'; ce qui doit être.

Dans le cas de $v' > v$, les inconnues t et x sont l'une et l'autre négatives, c'est-à-dire que les mobiles se sont rencontrés en un point R'' situé à la gauche de l'origine des distances, avant le passage du second mobile au point A.

Enfin, lorsque v' égale v, les valeurs de t et x prennent la forme $\frac{M}{0}$, et le problème est réellement impossible; car les deux mobiles ont la même vitesse, et sont séparés à chaque instant par la distance d; ils ne peuvent donc se rencontrer.

Si, à l'hypothèse $v' = v$, je joins la condition $d = 0$, les deux inconnues deviennent de la forme $\frac{0}{0}$, et le problème est indéterminé, car les deux mobiles se trouvent au point A au même instant et ont la même vitesse; donc ils s'accompagnent constamment, et tous les points de la ligne qu'ils parcourent sont autant de lieux où ils se rencontrent.

Exercices.

1° Étant donnés les rayons de deux cercles et la distance de leurs centres, on demande de calculer la distance de l'un des centres au point où les tangentes extérieures, communes aux deux cercles, rencontrent la droite qui joint leurs centres.

(*Rép.* — Soient r, r', les rayons, d la distance des deux centres, et x la distance du centre du cercle r' au point cherché, on a $x = \dfrac{dr'}{r - r'}$. — Dans la discussion de cette formule, on supposera 1° $r > r'$; 2° $r = r'$ avec $d > 0$; 3° $r = r'$, avec $d = 0$; 4° $r < r'$.)

2° Si on prolonge le côté AC du triangle ABC au delà du sommet C, et qu'on divise en deux parties égales l'angle extérieur ainsi formé, la bissectrice rencontre le côté BC en un point dont on propose de calculer la distance au sommet A, en supposant données les longueurs des trois côtés du triangle.

(*Rép.* — Soient a, b, c les côtés opposés aux angles A, B, C, et x la distance cherchée, on a $x = \dfrac{bc}{b - a}$. — Discussion analogue à celle du problème précédent.)

3° Trouver à quelle condition les équations

$$x = az + p,$$
$$y = bz + q,$$
$$x = a'z + p',$$
$$y = b'z + q',$$

sont satisfaites par les mêmes valeurs de x, y et z, et trouver ces valeurs.

(*Rép.* — L'équation de condition est

$$\frac{p-p'}{a-a'} = \frac{q-q'}{b-b'};$$

et les valeurs des inconnues sont :

$$z = \frac{p'-p}{a-a'}, \quad x = \frac{ap'-pa'}{a-a'}, \quad y = \frac{bq'-qb'}{b-b'}.)$$

4° Résoudre les quatre équations à trois inconnues x, y, z :

$$\frac{x}{a} + \frac{z}{c} = \lambda \left(1 + \frac{y}{b} \right),$$

$$\frac{x}{a} - \frac{z}{c} = \frac{1}{\lambda} \left(1 - \frac{y}{b} \right),$$

$$\frac{x}{a} + \frac{z}{c} = \mu \left(1 - \frac{y}{b} \right),$$

$$\frac{x}{a} - \frac{z}{c} = \frac{1}{\mu} \left(1 + \frac{y}{b} \right).$$

(*Rép.* $x = \dfrac{a\,(\lambda\mu+1)}{\lambda+\mu}, \quad y = \dfrac{b\,(\mu-\lambda)}{\lambda+\mu}, \quad z = \dfrac{c\,(\lambda\mu-1)}{\lambda+\mu}.)$

5° Les quatre équations, à trois inconnues,

$$\frac{x}{a} + \frac{z}{c} = \lambda \left(1 + \frac{y}{b} \right),$$

$$\frac{x}{a} - \frac{z}{c} = \frac{1}{\lambda} \left(1 - \frac{y}{b} \right),$$

$$\frac{x}{a} + \frac{z}{c} = \lambda' \left(1 + \frac{y}{b} \right),$$

$$\frac{x}{a} - \frac{z}{c} = \frac{1}{\lambda'} \left(1 - \frac{y}{b} \right).$$

sont contradictoires, lorsque les nombres λ et λ' sont inégaux ; elles forment un système indéterminé si λ' est égal à λ.

QUATORZIÈME, QUINZIÈME ET SEIZIÈME LEÇON.

PROGRAMME. Formules générales pour la résolution des équations d'un système d'équations du premier degré à deux inconnues. — Discussion complète de ces formules.

1° Équation du premier degré à une seule inconnue.

Soit proposée l'équation

$$a + bx = c + dx$$

qui représente une équation quelconque du premier degré à une inconnue, si l'on convient de considérer les coefficients a, b, c, d, comme des nombres positifs ou négatifs. Pour résoudre cette équation, je suppose d'abord

$$b > d \quad \text{et} \quad c > a;$$

j'ai dès lors

$$x = \frac{c - a}{b - d}.$$

Cette valeur de x est positive, puisque son numérateur $c - a$ et son dénominateur $b - d$ sont positifs; elle est en outre finie et déterminée.

Je suppose en second lieu

$$b < d \quad \text{et} \quad c < a,$$

il en résulte que

$$x = \frac{a - c}{d - b}.$$

Cette valeur de x est encore positive, finie et déterminée, comme dans le cas précédent. Si je compare maintenant les deux formules précédentes, je vois que, lorsque les termes $a-c$, $d-b$, de la seconde sont des nombres positifs, les termes $c-a$, $b-d$, de la première sont des nombres négatifs; donc, si j'effectue la division de $c-a$ par $b-d$ d'après la règle donnée pour les nombres négatifs, le quotient sera positif et égal à celui de la division de $a-c$ par $d-b$. Je conclus de là 1° qu'on peut employer la première formule dans les deux cas, en appliquant toutefois les règles du calcul des nombres négatifs, lorsque les termes de cette formule auront des valeurs numériques de ce genre; 2° que lorsqu'on résoud une équation numérique du premier degré à une seule inconnue, il n'est pas nécessaire de chercher dans quel membre on doit transporter les termes qui contiennent l'inconnue pour que les soustractions soient possibles, puisqu'on trouve le même résultat, de quelque manière qu'on opère, pourvu qu'on applique les règles du calcul des quantités négatives.

Je suppose en troisième lieu

$$b>d \quad \text{et} \quad c<a;$$

la soustraction est possible dans le premier membre et impossible dans le second; mais si je représente par un nombre négatif le reste de cette dernière soustraction, je trouve pour x une valeur négative, donnée aussi par la formule

$$x = \frac{c-a}{b-d}.$$

Cette valeur conventionnelle de l'inconnue satisfait mécaniquement à l'équation proposée, lorsqu'on effectue sur elle les opérations indiquées sur l'inconnue dans cette équation. De là résulte ce théorème : *Toute équation du premier degré qui ne contient qu'une inconnue a toujours une solution, positive ou négative, et n'en a qu'une seule.*

Je vais examiner maintenant les cas d'impossibilité et d'indétermination qui peuvent se présenter, lorsqu'on donne des valeurs particulières aux coefficients a, b, c, d.

Si je suppose 1°

$$b = d \quad \text{et} \quad c > \text{ou} < a$$

dans la formule générale

$$x = \frac{c - a}{b - d};$$

la valeur de x devient alors $\frac{c - a}{0}$. Dans ce cas l'équation

$$a + bx = c + dx$$

se réduit à l'égalité

$$a + bx = c + bx,$$

évidemment fausse d'après l'hypothèse $c >$ ou $< a$; donc la notation $\frac{c - a}{0}$ correspond à une impossibilité.

2° Lorsque les coefficients de l'équation satisfont aux conditions suivantes :

$$b = d \quad \text{et} \quad c = a,$$

la formule de l'inconnue

$$x = \frac{c - a}{b - d}$$

devient

$$x = \frac{0}{0},$$

et indique une indétermination, car l'équation proposée

$$a + bx = c + dx,$$

se réduisant à l'identité

$$a + bx = a + bx,$$

est satisfaite par toute valeur attribuée à x.

2° Équations à deux inconnues.

Les deux équations

$$ax + by = c,$$
$$a'x + b'y = c',$$

peuvent représenter un système quelconque de deux équations

du premier degré à deux inconnues, pourvu qu'on y regarde les nombres a, b, c, a', b', c', comme étant positifs ou négatifs. Par conséquent, on pourra se servir des expressions de x et y données par la résolution de ces équations générales pour déterminer les valeurs des inconnues de tout système d'équations semblables.

Pour obtenir ces formules générales de x et y, je résous la première équation par rapport à x, et je trouve

$$x = \frac{c - by}{a}.$$

Je substitue ensuite cette valeur de x dans la seconde équation, et j'ai la nouvelle équation

$$\frac{ca' - ba'y}{a} + b'y = c',$$

de laquelle je tire successivement

$$(ab' - ba')\,y = ac' - ca',$$

et

$$y = \frac{ac' - ca'}{ab' - ba'}.$$

La substitution de cette valeur de y dans l'équation

$$x = \frac{a - by}{a}$$

ferait connaître la valeur correspondante de x ; mais on peut éviter ce calcul, en remarquant que les équations proposées restent les mêmes lorsqu'on y remplace x par y et y par x, pourvu qu'en même temps on change entre eux les coefficients a et b de la première équation, ainsi que les coefficients a' et b' de la seconde ; par conséquent la valeur de x peut être déduite de celle de y par des changements analogues. On trouve ainsi :

$$x = \frac{bc' - cb'}{ba' - ab'},$$

ou, en changeant les signes des deux termes du second membre,

$$x = \frac{cb' - bc'}{ab' - ba'};$$

valeur remarquable en ce qu'elle a le même dénominateur que celle de l'autre inconnue y.

Comme les formules

$$x = \frac{cb' - bc'}{ab' - ba'},$$

$$y = \frac{ac' - ca'}{ab' - ba'},$$

sont fréquemment employées, on a cherché un moyen de les retrouver sans recommencer la résolution des équations

$$ax + by = c,$$
$$a'x + b'y = c'.$$

Pour cela, on a remarqué 1° que, si l'on range les coefficients des deux inconnues dans l'ordre suivant: a, b, a', b', *le dénominateur* ab' — ba' *est égal à l'excès du produit* ab' *des coefficients extrêmes sur le produit* ba' *des coefficients moyens;* 2° *qu'on forme le numérateur de chaque inconnue en remplaçant dans le dénominateur commun chacun des coefficients de cette inconnue par le second membre de l'équation correspondante.*

Soit à résoudre, au moyen des formules précédentes, le système des équations

$$3x - 7y = 9,$$
$$5x - 3y = 41;$$

on fera dans ces formules :

$$a = 3, \quad b = -7, \quad c = 9,$$
$$a' = 5, \quad b' = -3, \quad c' = 41,$$

et l'on trouvera

$$x = \frac{9(-3) - (-7)\,41}{3(-3) - (-7)\,5} = \frac{-27 + 287}{-9 + 35} = \frac{260}{26} = 10,$$

$$y = \frac{3 \times 41 - 9 \times 5}{3(-3) - (-7)\,5} = \frac{123 - 45}{-9 + 35} = \frac{78}{26} = 3.$$

Discussion. — Les valeurs générales des inconnues x et y ont été calculées dans la double hypothèse que les coefficients a et

$ab' - ba'$ n'étaient pas nuls, car on les a déduites des équations

$$x = \frac{c - by}{a},$$

$$(ab' - ba')\, y = ac' - ca'.$$

Or, dans les applications numériques, chacune des équations contient au moins une inconnue, puisque le système proposé en renferme deux; par conséquent on peut supposer que a est le coefficient de l'une des inconnues qui se trouvent dans la première équation et dont la valeur est un nombre autre que zéro; dès lors la première des hypothèses précédentes sera toujours satisfaite. Lorsque la seconde, qui consiste en ce que $ab' - ba'$ n'est pas nul, sera vraie pour un exemple particulier, les formules précédentes donneront les valeurs de x et y qui conviennent à ce système d'équations.

Je suppose, en second lieu, que

$$ab' - ba' = 0,$$

et que l'un des numérateurs, par exemple $ac' - ca'$, ne soit pas nul; je dis qu'il en est de même de l'autre $cb' - bc'$. En effet, si l'on avait

$$cb' - bc' = 0,$$

on pourrait multiplier la première des égalités précédentes par c', la seconde par a', et les soustraire l'une de l'autre membre à membre; on trouverait ainsi

$$(ac' - ca')\, b' = 0,$$

ou

$$ac' - ca' = 0,$$

en supposant toutefois que le coefficient b' ne soit pas nul. Par conséquent, lorsque la valeur de l'une des inconnues x, y, se présente sous la forme $\dfrac{\mathrm{M}}{0}$, la valeur de l'autre inconnue a la même forme. Les équations proposées sont alors contradictoires; car leur système est équivalent à celui des équations

$$x = \frac{c - by}{a},$$

$$(ab' - ba')y = ac' - ca',$$

dont la dernière se réduit par l'hypothèse à l'égalité

$$0 = ac' - ca',$$

qui est évidemment fausse, puisque $ac' - ca'$ est un nombre quelconque, autre que zéro.

On peut aussi reconnaître cette impossibilité sur les équations proposées; en effet, si on multiplie la première par b' et la seconde par b, afin de rendre les coefficients de y égaux, on trouve les nouvelles équations

$$ab'x + bb'y = cb',$$

$$ba'x + bb'y = bc',$$

qui sont contradictoires, puisque leurs premiers membres sont égaux par hypothèse, et les seconds cb', bc', inégaux.

Si on suppose, en troisième lieu, qu'on ait

$$ab' - ba' = 0,$$

et

$$cb' - bc' = 0,$$

il résulte de ce qui précède qu'on a aussi

$$ac' - ca' = 0 ;$$

donc les deux inconnues ont à la fois la forme $\frac{0}{0}$. Je dis qu'alors le système des équations est indéterminé; en effet, il est équivalent à celui des équations

$$x = \frac{c - by}{a},$$

$$(ab' - ba')x = ac' - ca',$$

dont la dernière se réduit à l'identité

$$0 = 0.$$

Par conséquent le système des deux équations données est remplacé par la seule équation

$$x = \frac{c - by}{a},$$

c'est-à-dire qu'il est indéterminé.

On peut aussi démontrer cette indétermination sur les équations proposées, car elles deviennent identiques, et se réduisent par suite à une seule, lorsqu'on multiplie la première par b' et la seconde par b.

Comme les égalités

$$ab' - ba' = 0, \quad cb' - bc' = 0,$$

peuvent être mises sous la forme suivante :

$$\frac{a}{a'} = \frac{b}{b'} = \frac{c}{c'},$$

Je résume en ces termes la discussion qui précède : 1° *Deux équations du premier degré à deux inconnues sont contradictoires lorsque les coefficients des inconnues sont directement proportionnels, sans que le rapport des coefficients d'une même inconnue soit égal à celui des seconds membres de ces équations;* 2° *un système de deux équations du premier degré est indéterminé,* c'est-à-dire que l'une des équations est une conséquence de l'autre, *si les coefficients des inconnues et les seconds membres des équations sont directement proportionnels.*

Remarque. Parmi les hypothèses qui rendent incomplètes les équations proposées, une seule contredit la seconde partie de la règle précédente; c'est celle dans laquelle les coefficients d'une même inconnue sont nuls. Je vais l'examiner en supposant $b = 0$ et $b' = 0$; les équations proposées deviennent par suite

$$ax = c,$$
$$a'x = c',$$

et n'admettent une solution commune que si l'équation de condition

$$ac' - ca' = 0,$$

à laquelle elles conduisent, est satisfaite. Mais *la valeur de l'inconnue y* qui a disparu des équations *est indéterminée,* tandis que *l'autre inconnue a une valeur déterminée,* qui est

$$x = \frac{c}{a}.$$

C'est ce résultat qui fait exception à la seconde partie de la règle précédente; on en trouve la cause dans ce que, les coefficients b et b' étant nuls, la condition

$$ac' - ca' = 0$$

n'est plus une conséquence de l'équation

$$(ac' - ca')\, b' = 0$$

qu'on a déduite des hypothèses

$$ab' - ba' = 0,$$
$$cb' - bc' = 0.$$

Cette exception est aussi indiquée par les formules générales de x et y, qui deviennent, par suite de l'hypothèse,

$$x = \frac{0}{0}, \quad \text{et} \quad y = \frac{ac' - ca'}{0},$$

Je remarquerai aussi que, lorsqu'on a

$$c = 0, \quad c' = 0,$$

les valeurs des deux inconnues sont nulles. Alors le système des équations n'est déterminé qu'à la condition que les coefficients des inconnues ne satisfassent pas à la relation

$$ab' - ba' = 0.$$

3° Équations à trois inconnues.

Tout système particulier de trois équations à trois inconnues et du premier degré peut être représenté par les trois équations

$$ax + by + cz = d,$$
$$a'x + b'y + c'z = d',$$
$$a''x + b''y + c''z = d'',$$

pourvu qu'on admette que les coefficients $a, b, c, d, a', b', c',$ d', a'', b'', c'', d'', sont des nombres positifs ou négatifs. Dès lors, en résolvant ces équations générales, on connaîtra le mode de composition des inconnues avec leurs coefficients.

La première de ces équations donne

$$x = \frac{d - by - cz}{a} \qquad (1);$$

je remplace x par cette valeur dans la seconde équation, et je trouve, toutes réductions faites,

$$(ab' - ba')\, y + (ac' - ca')\, z = ad' - da' \qquad (2).$$

En substituant de même la valeur de l'inconnue x dans la troisième équation, j'ai la nouvelle équation

$$(ab'' - ba'')y + (ac'' - ca'')z = ad'' - da'' \qquad (3),$$

qu'il est plus simple de déduire de la précédente, en y changeant a' en a'', b' en b'', c' en c'' et d' en d''. Le système des trois équations données est alors remplacé par celui des équations (1), (2) et (3), dont les deux dernières ne contiennent que les inconnues y et z.

D'après une propriété des équations à deux inconnues, les valeurs de y et z ont pour dénominateur la même quantité

$$(ab' - ba')(ac'' - ca'') - (ab'' - ba'')(ac' - ca') ;$$

et le numérateur de y se déduit de ce dénominateur en y remplaçant les coefficients $ab' - ba'$, $ab'' - ba''$, de l'inconnue y, par les seconds membres $ad' - da'$, $ad'' - da''$, des deux équations; ce qui revient à changer seulement b en d, b' en d', et b'' en d'', puisque les binômes $ab' - ba'$, $ad' - da'$, et les suivants $ab'' - ba''$, $ad'' - da''$, ne diffèrent entre eux que par les lettres b et d. Je prouverais pareillement qu'on obtient le numérateur de z en remplaçant dans le dénominateur commun chacun des coefficients de cette inconnue par le second membre de l'équation correspondante.

Je vais former maintenant le dénominateur commun

$$(ab' - ba')(ac'' - ca'') - (ab'' - ba'')(ac' - ca').$$

Pour cela, j'effectue les multiplications indiquées, et je supprime deux produits partiels qui sont égaux à $bca'a''$ et précédés de signes contraires; enfin, je mets la quantité a en facteur dans les six termes qui restent, et le dénominateur prend la forme suivante :

$$a(ab'c'' - ac'b'' + ca'b' - ba'c'' + bc'a'' - cb'a'').$$

Si je remplace dans ce polynôme les coefficients b, b', b'', respectivement par les seconds membres d, d', d'', des équations données, j'aurai

$$a(ad'c'' - ac'd'' + ca'd'' - da'c'' + dc'a'' - cd'a'')$$

pour le numérateur de y. Par conséquent les deux termes de y ont un facteur commun a; comme il en est de même pour les termes de z, j'en conclus qu'après les simplifications le commun dénominateur de ces deux inconnues est égal à

$$ab'c'' - ac'b'' + ca'b'' - ba'c'' + bc'a'' - cb'a''.$$

Voici un moyen de former ce polynôme sans avoir recours au calcul précédent : On écrit la quantité c à la droite du produit ab, puis on la fait avancer vers la gauche, jusqu'à ce qu'elle ait occupé toutes les places possibles dans le produit abc; on trouve ainsi les termes

$$abc, \qquad acb, \qquad cab.$$

En opérant de même sur la permutation ba du produit ab, on forme les termes suivants :

$$bac, \qquad bca, \qquad cba;$$

on écrit ensuite ces six monômes les uns après les autres, dans l'ordre de leur formation, en séparant le second du premier par le signe —, le troisième du second par le signe +, le quatrième du troisième par le signe —, et ainsi de suite. Enfin, on donne un accent à la seconde lettre de chaque terme et deux accents à la troisième, et l'on retrouve ainsi le polynôme précédent.

Si, au lieu de commencer par éliminer x entre les trois équations données, j'avais d'abord éliminé y, j'aurais obtenu deux équations entre x et z; par conséquent, l'inconnue x a le même dénominateur que z, et l'on forme son numérateur par le même procédé que les deux autres numérateurs. De là résulte ce théorème : 1° *Les valeurs des inconnues de trois équa-. tions du premier degré sont des fractions qui ont le même dénominateur, et ce dénominateur n'est formé qu'avec les coefficients des inconnues; 2° le numérateur de chaque inconnue s'obtient en remplaçant dans le commun dénominateur chacun des coefficients de cette inconnue par le second membre de l'équation correspondante.*

Ce théorème est général, c'est-à-dire qu'il est vrai pour un

nombre quelconque m d'équations du premier degré contenant m inconnues, et le commun dénominateur des valeurs
de ces inconnues se forme de la même manière que pour un
système de trois équations à trois inconnues.

Discussion.—Le système des équations

$$ax+by+cz=d,$$
$$a'x+b'y+c'z=d',$$
$$a''x+b''y+c''z=d'',$$

étant équivalent à celui des équations,

$$x = \frac{d-by-cz}{a}, \qquad (1)$$

$$(ab'-ba')x+(ac'-ca')y=ad'-da', \qquad (2)$$

$$(ab''-ba'')x+(ac''-ca'')y=ad''-da'', \qquad (3)$$

lorsqu'on suppose toutefois que le coefficient a de x n'est pas
nul, la discussion des trois premières équations revient à celle
des trois dernières.

Cela posé, soient

$$y = \frac{N}{D}, \quad \text{et} \quad z = \frac{P}{D}$$

les valeurs de y et z déduites des équations (2) et (3); le dénominateur commun D peut être nul ou ne pas l'être. 1° Je suppose

$$D > \text{ou} < 0;$$

les valeurs de y et z, et par suite celle de x sont finies et déterminées, de sorte que les trois équations données ont toujours dans ce cas une solution et n'en admettent qu'une seule.

2° Si l'on a

$$D=0, \text{ et } N > \text{ou} < 0;$$

les trois équations proposées ne peuvent dès lors être satisfaites par un système commun de valeurs de x, y et z.

3° Lorsqu'on a

$$D=0, \text{ et } N=0.$$

Les équations (2) et (3) se réduisent à une seule, et le système
des trois équations données est indéterminé, parce que ces
trois équations se réduisent à deux ou à une seule.

Remarque. — Si les seconds membres d, d', d'', des équations du premier degré à trois inconnues sont nuls, ces inconnues sont égales à zéro, et le système des trois équations n'est déterminé qu'autant que le commun dénominateur des formules générales de x, y et z, n'est pas nul.

Ce théorème résulte évidemment de la composition des valeurs générales de x, y et z, car chaque terme des numérateurs de ces formules contient l'une des lettres d, d', d'', et devient nul par suite de l'hypothèse. Donc

$$x=0, \quad y=0, \quad z=0,$$

est la seule solution du système proposé, si toutefois le commun dénominateur

$$ab'c'' - ac'b'' + ca'b'' - ba'c'' + bc'a'' - cb'a''$$

n'est pas nul.

Au contraire, le système des équations proposées est indéterminé lorsque le commun dénominateur des inconnues égale zéro. On justifie cette conséquence en remarquant que, si l'on applique la méthode ordinaire d'élimination aux trois équations

$$ax + by + cz = 0,$$
$$a'x + b'y + c'z = 0,$$
$$a''x + b''y + c''z = 0,$$

on trouve que leur système est équivalent à celui des trois équations suivantes :

$$x = -\frac{by + cz}{a},$$

$$y = -\frac{(ac' - ca')z}{ab' - ba'},$$

et $\quad (ab'c'' - ac'b'' + ca'b'' - ba'c'' + bc'a'' - cb'a'')z = 0.$

Or la dernière de ces équations, par suite de l'hypothèse, se réduit à l'identité

$$0 = 0 :$$

donc le système, qui n'a plus que deux équations contenant les trois inconnues x, y et z, est indéterminé. On voit qu'il admet la solution

$$x = 0, \quad y = 0, \quad z = 0.$$

Ce système d'équations fait connaître les rapports des inconnues x, y, z, à l'une d'entre elles; en effet, la seconde équation donne

$$\frac{y}{z} = -\frac{ac' - ca'}{ab' - ba'},$$

et l'on déduit ensuite de la première

$$\frac{x}{z} = -\frac{cb' - bc'}{ab' - ba'}.$$

Exercices.

1. Une personne, qui partage également son bien entre ses enfants, le distribue de la manière suivante : Elle donne à l'aîné une somme a, plus la $n^{\text{ième}}$ partie du reste; au second, une somme $2a$, plus la $n^{\text{ième}}$ partie de ce qui reste; au troisième, $3a$, plus la $n^{\text{ième}}$ partie de ce qui reste, et ainsi de suite. Quelle est la valeur du bien de cette personne, combien a-t-elle d'enfants et quelle est la part de chacun d'eux?

(Rép. $a(n-1)^2$, valeur du bien; $n-1$, nombre des enfants; $a(n-1)$, part de chacun d'eux.)

2° N joueurs conviennent que celui d'entre eux qui perdra une partie doublera l'enjeu des autres au commencement de cette partie. Après n parties perdues successivement par chacun d'eux, ils cessent le jeu, et se retirent avec des sommes respectivement égales aux nombres a_1, a_2, a_3,... a_n. Déterminer leurs mises au jeu.

(Rép. Si on désigne par x_1, x_2, x_3, ... x_n, les enjeux des n joueurs et par s la somme de ces enjeux, laquelle est égale à $a_1 + a_2 + a_3 + \dots + a_n$, on a

$$x_1 = \frac{a_1 + 2^{n-1}s}{2^n}, \quad x_2 = \frac{a_2 + 2^{n-2}s}{2^n}, \quad x_3 = \frac{a_3 + 2^{n-3}s}{2^n},$$

$$\dots, \quad x_n = \frac{a_n + s}{2^n} \cdot \Big)$$

3° Déterminer les coefficients A, B, C, des termes du trinôme $Ax^2 + Bx + C$, de manière que ce trinôme soit nul 1° pour $x = a$, 2° pour $x = b$, et qu'il soit égal à m pour $x = c$.

$$\Big(\textit{Rép.} \quad A = \frac{m}{(c-a)(c-b)}, \quad B = \frac{-m\,(a+b)}{(c-a)(c-b)}$$

$$\text{et} \quad C = \frac{mab}{(c-a)(c-b)} \cdot \Big)$$

4° Si deux polynômes du second degré

$$Ax^2 + Bx + C,$$
$$A'x^2 + B'x + C',$$

sont égaux pour trois valeurs différentes m, n, et p de la variable x, ils sont identiques, c'est-à-dire que

$$A = A', \; B = B' \text{ et } C = C'.$$

5° Quatre personnes A, B, C, D, se réunissent pour acheter une maison qui vaut a francs. La première A pourrait la payer seule, si la seconde B lui donnait la $m^{ième}$ partie de l'argent qu'elle a; la seconde payerait seule la maison, si la troisième C lui donnait la $n^{ième}$ partie de son argent; la troisième demande la $p^{ième}$ partie de l'argent de la quatrième D pour faire seule le payement complet; il manque à la quatrième la $r^{ième}$ partie de l'avoir de la première pour acheter seule cette maison. Combien chacune de ces personnes a-t-elle d'argent?

(*Rép.* La première personne possède

$$a \left(\frac{mnpr - mpr + mr - m}{mnpr - 1} \right) ;$$

la seconde, $\quad a \left(\frac{mnpr - mnr + mn - n}{mnpr - 1} \right) ;$

la troisième, $\quad a \left(\frac{mnpr - mnp + np - p}{mnpr - 1} \right) ;$

la quatrième, $\quad a \left(\frac{mnpr - npr + pr - r}{mnpr - 1} \right) . \Big)$

6° Un banquier a deux espèces de monnaie; il faut a pièces de l'une pour faire 20 francs; il faut b pièces de l'autre pour faire la même somme. Quelqu'un vient et demande c pièces de monnaie pour 20 francs. Combien le banquier lui donnera-t-il de pièces de chaque espèce, pour le satisfaire.

(*Rép.* $\dfrac{a(c-b)}{a-b}$ pièces de la première monnaie, $\dfrac{b(a-c)}{a-b}$ pièces de la seconde.)

DIX-SEPTIÈME LEÇON.

Carré et Racine carrée. — Calcul des radicaux du second degré.

Carré d'un monôme, d'un polynôme.

On appelle *carré* d'une quantité la seconde puissance de cette quantité; dès lors, c'est par la multiplication qu'on forme le carré d'un monôme ou d'un polynôme. Je vais faire connaître quelques règles qui facilitent et abrégent, dans certains cas, la recherche du résultat de cette opération.

Soit à élever 1° le monôme entier $5a^4b^3c$ au carré; d'après la définition du carré, on a :

$$(5a^4b^3c)^2 = 5a^4b^3c \times 5a^4b^3c = 25a^8b^6c^2 ;$$

Par conséquent, *pour faire le carré d'un monôme entier, il faut multiplier l'exposant de chaque facteur du monôme par l'exposant 2 du carré.*

Si le monôme donné est fractionnaire, on élève chacun de ses termes au carré, d'après la règle précédente.

Remarque.—Le carré d'un monôme est toujours positif. En effet, on a :

$$(+5)^2 = +25, \text{ et } (-5)^2 = +25.$$

2° Soit proposé de faire le carré d'un binôme quelconque, représenté par $a + b$; je multiplie ce binôme par lui-même, et j'ai :

$$(a+b)^2 = a^2 + 2ab + b^2.$$

Cette formule montre que *le carré d'un binôme quelconque est la somme algébrique du carré du premier terme de ce binôme, du double produit du premier terme par le second, et du carré du second.*

3° Pour élever enfin au carré un polynôme quelconque, par exemple le polynôme $a+b+c+d+e$ qui est composé de cinq termes, je considère la somme des quatre premiers termes comme un monôme, et j'ai, d'après le théorème précédent,

$$(a+b+c+d+e)^2=(a+b+c+d)^2+2(a+b+c+d)e+e^2;$$

je prouverais de même qu'on a successivement :

$$(a+b+c+d)^2=(a+b+c)^2+2(a+b+c)d+d^2,$$
$$(a+b+c)^2=(a+b)^2+2(a+b)c+c^2,$$
$$(a+b)^2=a^2+2ab+b^2.$$

Cela posé, j'ajoute ces égalités membre à membre et je supprime les termes $(a+b+c+d)^2$, $(a+b+c)^2$, $(a+b)^2$, communs aux deux membres de la nouvelle égalité qui devient par suite :

$$(a+b+c+d+e)^2=a^2$$
$$+2ab+b^2$$
$$+2(a+b)c+c^2$$
$$+2(a+b+c)d+d^2$$
$$+2(a+b+c+d)e+e^2.$$

Ce résultat s'énonce en langage ordinaire de la manière suivante : *le carré d'un polynôme est la somme du carré de son premier terme, du double produit du premier terme par le second et du carré du second, du double produit de la somme des deux premiers termes par le troisième et du carré du troisième, du double produit de la somme des trois premiers termes par le quatrième et du carré du quatrième, etc.* Par conséquent, le carré d'un polynôme contient les carrés de tous ses termes et les doubles produits de ses termes pris deux à deux.

En appliquant cette règle à la formation du carré du polynôme $2x^3-5x^2y+3xy^2$, on trouve que ce carré égale

$$4x^6-20x^5y+25x^4y^2+12x^4y^2-30x^3y^3+9x^2y^4,$$

ou

$$4x^6-20x^5y+37x^4y^2-30x^3y^3+9x^2y^4.$$

Remarque.—Si les termes du polynôme $a+b+c+d+e$ sont ordonnés par rapport aux puissances décroissantes d'une même lettre, on sait, d'après la règle de la multiplication de deux polynômes, que le premier terme a^2 du carré de $a+b+c+d+e$ n'a pas de termes semblables. Il en est de même du terme $2ab$ qui est le double produit du premier terme a de ce polynôme par le second b; en effet, si on le compare à l'un quelconque des termes suivants du carré, par exemple à $2cd$, on voit qu'il est d'un degré plus élevé, puisque dans chacun de ses facteurs $2a$ et b la lettre ordonnatrice a un exposant plus grand que dans les facteurs correspondants $2c$ et et d du terme $2cd$.

On prouverait pareillement que le carré e^2 du dernier terme du polynôme $a+b+c+d+e$ et le double produit $2de$ du dernier terme e par l'avant-dernier d n'ont pas de termes semblables. Par conséquent, le carré d'un polynôme, composé de plus de deux termes, a au moins quatre termes; or, le carré d'un binôme en a trois, et celui d'un monôme, un seul; donc un binôme ne peut être un carré parfait.

Racine carrée d'un monôme, d'un polynôme.

On indique, en algèbre comme en arithmétique, l'extraction des racines par le signe $\sqrt{}$, qu'on appelle *radical*, et l'on écrit dans l'ouverture de ce signe un chiffre qu'on nomme *indice* de la racine, parce qu'il en fait connaître le degré. Par exemple, la notation $\sqrt[3]{abc}$ exprime la racine cubique du produit abc. On supprime ordinairement l'indice lorsqu'il est égal à 2.

On dit qu'un radical est du 2e degré, du 3e, du 4e....., selon que l'indice de ce radical est égal à 2, à 3, à 4.....

Racine carrée d'un monôme.

1° *Pour extraire la racine carrée d'un monôme entier et positif, on extrait la racine carrée de son coefficient, on divise chacun de ses exposants par 2, et l'on donne à cette racine le double signe + et —.*

Ainsi, on a

$$\sqrt{64a^4b^6c^2} = \pm\, 8a^2b^3c;$$

car, si l'on élève au carré les monômes $\pm 8a^2b^3c$, on reproduit $64a^4b^6c^2$, puisque le carré d'une quantité positive ou négative est toujours positif, et qu'il faut faire le carré de 8, puis multiplier par 2 chacun des exposants 2, 3 et 1.

Lorsque le coefficient du monôme proposé n'est pas un carré, ou que l'un des exposants n'est pas divisible par 2, la racine est *irrationnelle;* on l'indique par le signe radical et on lui donne le nom de *quantité radicale.* Ainsi $\sqrt{3a^5b}$ est une quantité radicale du second degré.

2° *Si le monôme donné est fractionnaire et positif, on extrait, d'après la règle précédente, la racine carrée de son numérateur, celle de son dénominateur; on divise ensuite la première par la seconde, et l'on donne au quotient le double signe + et —.*

Par exemple $\sqrt{\dfrac{4a^2b^4}{9c^6}} = \pm\, \dfrac{2ab^2}{3c^3}.$

Cette règle est la conséquence évidente du mode de formation du carré d'un monôme fractionnaire.

Remarque. — Un monôme négatif n'a pas de racine carrée, puisqu'il n'existe pas de quantité positive ou négative dont le carré soit négatif. On énonce ordinairement ce théorème en disant que la racine carrée d'une quantité négative est *imaginaire.* Par opposition, on appelle racines *réelles*, celles qui ne sont pas imaginaires.

Racine carrée d'un polynôme.

L'extraction d'une racine d'un polynôme s'indique par le même signe que celle de la racine de même degré d'un monôme. Ainsi la notation

$$\sqrt{a^2 + 2ab + b^2}$$

exprime la racine carrée du trinôme $a^2 + 2ab + b^2$.

Si la racine carrée d'un polynôme n'était susceptible que de ce mode de représentation, sa recherche ne donnerait pas lieu à une opération nouvelle. Mais il est des cas particuliers dans lesquels la racine carrée d'un polynôme est elle-même un polynôme; il s'agit d'apprendre à les reconnaître et à trouver cette forme plus simple de la racine.

Soit à extraire la racine carrée du polynôme

$$4x^4 + 24ax^3 - 108a^3x + 81a^4,$$

que je représente, pour abréger, par la lettre P; ce polynôme étant ordonné par rapport aux puissances décroissantes de la lettre x, son premier terme $4x^4$ est, d'après la règle de la multiplication de deux polynômes, le carré du premier terme de la racine, ordonnée de la même manière que P, en supposant toutefois que P soit un carré parfait. Par conséquent, le premier terme de la racine est égal à la racine carrée $2x^2$ du premier terme de P, et la racine carrée de ce polynôme est de la forme $2x^2 + y$, y désignant sa partie encore inconnue. On a donc

$$P = (2x^2 + y)^2 = 4x^4 + 4x^2y + y^2.$$

Cela posé, je retranche du polynôme P le carré $4x^4$ du premier terme de sa racine, et l'égalité précédente devient

$$P - 4x^4 = 4x^2y + y^2,$$

ou

$$24ax^3 - 108a^3x + 81a^4 = (4x^2 + y)y.$$

Sous cette forme, je vois que le reste $24ax^3 - 108a^3x + 81a^4$ est le produit des deux polynômes y, $4x^2 + y$, et que son premier terme $24ax^3$ est le produit des premiers termes de ces polynômes. Si je divise dès lors ce terme $24ax^3$ par $4x^2$ qui est à la fois le terme de degré le plus élevé du facteur $4x^2 + y$ et le double du premier terme de la racine carrée de P, je trouverai pour quotient le premier terme du facteur y, c'est-à-dire le second terme de la racine carrée de P. Ce quotient étant égal à $6ax$, je puis représenter la racine cherchée par $2x^2 + 6ax + z$, z étant sa partie encore inconnue, et j'ai

$$P = (2x^2 + 6ax + z)^2 = (2x^2 + 6ax)^2 + 2(2x^2 + 6ax)z + z^2.$$

Je soustrais ensuite du polynôme P le carré de $2x^2 + 6ax$, c'est-à-dire $4x^4 + 24ax^3 + 36a^2x^2$, et je trouve pour second reste

$$-36a^2x^2 - 108a^3x + 81a^4.$$

L'égalité précédente devient par suite

$$P - (2x^2 + 6ax)^2 = 2(2x^2 + 6ax)z + z^2,$$

ou

$$-36a^2x^2 - 108a^3x + 81a^4 = (4x^2 + 12ax + z)z.$$

Il en résulte que le second reste $-36a^2x^2 - 108a^3x + 81a^4$ est le produit des deux polynômes z, $4x^2 + 12ax + z$, et que son premier terme $-36a^2x^2$ est le produit des deux premiers termes de ces polynômes ; si je divise dès lors ce terme par $4x^2$ qui est à la fois le terme de degré le plus élevé dans le polynôme $4x^2 + 12ax + z$ et le double du premier terme de la racine carrée de P, j'aurai pour quotient le premier terme du polynôme z ou le troisième terme de la racine cherchée.

Ce quotient étant égal à $-9a^2$, la racine carrée de P peut être représentée par

$$2x^2 + 6ax - 9a^2 + t,$$

t étant la partie encore inconnue de cette racine. On a, par conséquent,

$$P = (2x^2 + 6ax - 9a^2 + t)^2 = (2x^2 + 6ax - 9a^2)^2 + 2(2x^2 + 6ax - 9a^2)t + t^2.$$

En formant le carré du trinôme $2x^2 + 6ax - 9a^2$, on le trouve égal au polynôme proposé P ; il en résulte que la quantité t est nulle et que le trinôme $2x^2 + 6ax - 9a^2$ est la racine carrée exacte du polynôme $4x^4 + 24ax^3 - 108a^3x + 81a^4$.

De cet exemple je conclus la règle suivante : *Pour extraire la racine carrée d'un polynôme entier, on l'ordonne par rapport aux puissances décroissantes d'une lettre, on extrait la racine carrée de son premier terme et l'on a le premier terme de la racine cherchée. On retranche ensuite du polynôme son premier terme, et l'on divise le second par le double du premier terme de la racine. Le quotient de cette division est le second terme de la racine. On forme alors le carré de la partie connue de la racine, on le soustrait du polynôme proposé, et l'on divise le premier terme du reste par le double du premier terme de la racine pour avoir le troisième ; et ainsi de suite, jusqu'à ce qu'on trouve un reste nul ou une division impossible.*

On dispose le calcul de l'extraction de la racine carrée d'un polynôme de la même manière que celui de l'extraction de la racine carrée d'un nombre entier. Voici le tableau de l'opération que je viens d'expliquer :

	POLYNÔME.	RACINE CARRÉE.
	$4x^4 + 24ax^3 - 108a^3x + 81a^4$	$2x^2 + 6ax - 9a^2$
	$4x^4$	$4x^2$
1er reste	$24ax^3 - 108a^3x + 81a^4$	
	$4x^4 + 24ax^3 + 36a^2x^2$	
2e reste	$-36a^2x^2 - 108a^3x + 81a^4$	
	$4x^4 + 24ax^3 + 36a^2x^2 - 36a^2x^2 - 108a^3x + 81a^4$	
3e reste	0	

Remarque I. — Si, dans l'opération précédente, on prenait $-2x^2$ pour la racine carrée du premier terme $4x^4$ du polynôme proposé, on trouverait $-2x^2 - 6ax + 9a^2$ ou $-(2x^2 + 6ax - 9a^2)$ pour la racine carrée de ce polynôme ; car les quotients qu'on obtient en divisant les premiers termes $24ax^3$, $-36a^2x^2$, des deux restes successifs par le double $-4x^2$ du premier terme de la racine sont respectivement $-6ax$ et $+9a^2$. Un polynôme a donc, comme un monôme, deux racines carrées égales et de signes contraires.

Remarque II. — Si l'on excepte le cas dans lequel les termes extrêmes du polynôme donné P ne sont pas des carrés, il n'est pas possible de reconnaître *à priori* si ce polynôme est ou n'est pas un carré parfait; il faut, en général, lui appliquer le procédé de l'extraction de la racine carrée. Lorsque le premier terme d'un reste n'est pas divisible par le double du premier terme de la racine, le polynôme proposé n'est pas un carré. Dans le cas contraire, on finit par écrire au quotient un terme dont le degré égale la moitié de celui du dernier terme de P, puisque ce polynôme est ordonné par rapport aux puissances décroissantes de sa lettre principale : si la racine carrée de P est rationnelle, ce terme en est le dernier et le reste qui lui correspond est nul ; mais ce reste n'est pas nul, lorsque la racine carrée de P n'est pas rationnelle.

L'application de cette remarque à l'extraction de la racine carrée du polynôme

$$x^6 + 4x^5 + 9x^4$$

montre dès la seconde division que ce polynôme n'est pas un carré.

Calcul des radicaux réels du second degré.

Le plus souvent on ne peut extraire les racines carrées des nombres que par approximation et au moyen de calculs toujours très-longs. Il importe donc de pouvoir faire, avant l'extraction des racines, toutes les opérations indiquées sur les radicaux, et de simplifier le plus possible les résultats auxquels on arrive, afin de terminer les calculs par l'opération la plus compliquée, je veux dire par l'extraction des racines, et de l'effectuer sur les transformées les plus simples des quantités données. Tel est le but du calcul des radicaux.

THÉORÈME I.

La racine carrée du produit de plusieurs quantités positives est égale au produit des racines carrées de ces quantités.

Ainsi :

$$\sqrt{abc....} = \sqrt{a}.\sqrt{b}.\sqrt{c}....$$

En effet, si je forme le carré du produit $\sqrt{a}.\sqrt{b}.\sqrt{c}...$, ce que je fais en élevant chaque facteur de ce produit au carré, je trouve $abc....$ pour le résultat de cette multiplication; par conséquent le produit $\sqrt{a}.\sqrt{b}.\sqrt{c}....$ est la racine carrée du produit $abc....$

COROLLAIRE. — *Si la quantité placée sous un radical du second degré a un facteur qui soit un carré, on peut en extraire la racine carrée, et multiplier le coefficient du radical par cette racine.*

Par exemple :

$$2\sqrt{25a^4b^6 \times 3abc} = 10a^2b^3\sqrt{3abc}.$$

Réciproquement : *On peut supprimer le coefficient d'un radical du second degré, pourvu qu'on multiplie la quantité placée sous le signe du radical par le carré du coefficient de ce radical.*

Ainsi :

$$2a^2b\sqrt{5abc} = \sqrt{4a^4b^2 \times 5abc}.$$

Ce corollaire et sa réciproque sont des conséquences évidentes du théorème qui précède. Lorsqu'on applique le corollaire, *on fait sortir du radical un facteur* de la quantité dont on cherche la racine ; la réciproque sert, au contraire, *à faire passer le coefficient du radical sous le signe du radical.*

Remarque.— Un radical du second degré est *réduit à sa plus simple expression* lorsque la quantité placée sous le signe de ce radical n'est pas susceptible d'une forme plus simple.

Il résulte de cette définition et des deux corollaires du théorème précédent que, *pour réduire un radical du second degré à sa plus simple expression, il faut décomposer la quantité placée sous le signe de ce radical en deux facteurs dont l'un soit un carré composé du plus grand nombre de facteurs qu'il est possible, et faire sortir ce facteur du radical.*

Soit proposé, par exemple, de réduire $\sqrt{240a^3b^6c^5d}$ à sa plus simple expression.

Le coefficient 240 étant égal à $2^3 \times 5 \times 3$, on a

$$240a^3b^6c^5d = 2^2 \times a^2b^6c^4 \times 2 \times 5 \times 3acd;$$

par conséquent

$$\sqrt{240a^3b^6c^5d} = 2ab^3c^2\sqrt{30acd}.$$

Addition et soustraction.

Pour indiquer l'addition ou la soustraction de deux radicaux du second degré, on les réunit par le signe $+$, ou le signe $-$.

Si les radicaux que je suppose réduits à leur plus simple expression diffèrent par les quantités placées sous les signes des radicaux, leur somme et leur différence ne sont pas susceptibles de simplification. Tels sont les résultats suivants :

$$2a\sqrt{3b} + 5b\sqrt{c},$$
$$3b\sqrt{5a} - 2c\sqrt{b}.$$

Au contraire, si les quantités placées sous les signes des radicaux sont identiques, on peut réduire les radicaux à un seul. En effet, soit l'expression algébrique

$$2a\sqrt{3b} + 3a\sqrt{3b} - 4c\sqrt{3b}$$

dont les termes contiennent le même radical ; on la ramène à

$(5a - 4c)\sqrt{3b}$, en mettant en facteur la quantité $\sqrt{3b}$ qui est commune à tous ses termes.

Multiplication.

Règle.—*Pour multiplier plusieurs radicaux du second degré, on effectue la multiplication des quantités placées sous les signes des radicaux et on extrait la racine carrée de leur produit.*

Ainsi

$$\sqrt{a}.\sqrt{b}.\sqrt{c} = \sqrt{abc}.$$

Cette règle est évidente, puisque, d'après le théorème I, la racine carrée du produit abc est égale au produit des racines carrées de ses facteurs.

Division.

Règle.—*Pour diviser deux radicaux du second degré l'un par l'autre, on effectue la division des quantités placées sous les signes des radicaux, et l'on extrait la racine carrée de leur quotient.*

Ainsi :

$$\frac{\sqrt{a}}{\sqrt{b}} = \sqrt{\frac{a}{b}}.$$

En effet, si l'on multiplie la quantité $\sqrt{\dfrac{a}{b}}$ par le diviseur $\sqrt{b}$, on trouve que le produit égale $\sqrt{\dfrac{a}{b} \times b}$, c'est-à-dire le dividende $\sqrt{a}$.

THÉORÈME II.

Si les fractions $\dfrac{a}{b}$, $\dfrac{a'}{b'}$, $\dfrac{a''}{b''}$, ... sont égales, on a :

$$\frac{a}{b} = \frac{a'}{b'} = \frac{a''}{b''} = \dots = \frac{\sqrt{a^2 + a'^2 + a''^2 \dots}}{\sqrt{b^2 + b'^2 + b''^2 \dots}}.$$

En effet, les fractions $\frac{a}{b}$, $\frac{a'}{b'}$, $\frac{a''}{b''}$, … étant égales, leurs carrés sont aussi égaux, et l'on a, d'après le théorème II de la 6e leçon,

$$\frac{a^2}{b^2} = \frac{a'^2}{b'^2} = \frac{a''^2}{b''^2} = \dots = \frac{a^2 + a'^2 + a''^2 \dots}{b^2 + b'^2 + b''^2 \dots}.$$

Par suite, les racines carrées de ces nouvelles fractions sont égales, c'est-à-dire qu'on a :

$$\frac{a}{b} = \frac{a'}{b'} = \frac{a''}{b''} = \dots = \frac{\sqrt{a^2 + a'^2 + a''^2 \dots}}{\sqrt{b^2 + b'^2 + b''^2 \dots}}.$$

Remarque.—Ce théorème est d'une grande utilité dans la résolution des équations.

Exercices.

1o Démontrer que le carré d'un nombre impair est un multiple de 8, augmenté de l'unité.

2o Démontrer que la somme des n premiers nombres impairs est égale à n^2.

On commencera par vérifier ce théorème en faisant la somme des deux premiers nombres impairs, puis celle des trois premiers, puis celle des quatre premiers. On supposera ensuite ce théorème vrai pour les m premiers nombres impairs, m étant un nombre entier quelconque, et on le vérifiera pour les $m + 1$ premiers nombres impairs.

3o Si deux nombres entiers sont chacun la somme de deux carrés, leur produit est aussi la somme de deux carrés.

4o Si un nombre pair est la somme de deux carrés, sa moitié est aussi la somme de deux carrés.

5° Vérifier que la quantité

$$\sqrt{\frac{-b+\sqrt{b^2-4ac}}{2a}},$$

substituée à x dans le trinôme $ax^1 + bx^2 + c$, le rend nul.

6° Faire le produit des quatre trinômes $\sqrt{a} + \sqrt{b} + \sqrt{c}$, $\sqrt{a} + \sqrt{b} - \sqrt{c}$, $\sqrt{a} + \sqrt{c} - \sqrt{b}$, $\sqrt{b} + \sqrt{c} - \sqrt{a}$.

7° Vérifier les égalités suivantes :

$$2\sqrt{72-12\sqrt{27}} - \sqrt{32-8\sqrt{12}} = 8\sqrt{2} - \sqrt{3},$$

$$\sqrt{3-\sqrt{7}} = \sqrt{\frac{3+\sqrt{2}}{2}} - \sqrt{\frac{3-\sqrt{2}}{2}}.$$

8° Calculer la différence des deux fractions

$$\frac{a+\sqrt{a^2-b^2}}{a-\sqrt{a^2-b^2}}, \quad \frac{a-\sqrt{a^2-b^2}}{a+\sqrt{a^2-b^2}}.$$

(*Rép.* $\dfrac{4a\sqrt{a^2-b^2}}{b^2}$.)

9° Rendre rationnels les dénominateurs des fractions suivantes, et calculer à un millième près la valeur de chacune d'elles :

$$\frac{5}{\sqrt{2}}, \quad \frac{8}{3-\sqrt{5}}, \quad \frac{12}{5+\sqrt{7}}.$$

(*Rép.* 1° 3,535 ; 2° 10,472 ; 3° 1,569.)

DIX-HUITIÈME LEÇON.

PROGRAMME : Équation du second degré à une inconnue.—Résolution.
Double solution.—Valeurs imaginaires.

Résolution d'une équation du second degré à une seule inconnue.

PRINCIPES GÉNÉRAUX.

THÉORÈME I.

Lorsqu'on élève les deux membres d'une équation à la même puissance, on augmente, en général, le nombre des solutions de cette équation.

Ainsi l'équation

$$A = B$$

a moins de solutions que l'équation

$$A^m = B^m,$$

m étant un nombre entier quelconque.

Je remarque, en effet, que, si je retranche B^m des deux membres de la seconde équation, je la transforme dans la suivante

$$A^m - B^m = 0,$$

dont le premier membre est divisible par $A - B$ (4ᵉ leçon). Je désigne alors par C le quotient de la division de ces deux binômes, et l'équation précédente devient

$$(A - B)C = 0.$$

Comme le produit $(A-B)C$ ne peut être nul que si l'un de ses facteurs est nul, l'équation

$$A^m = B^m$$

a non-seulement les solutions de l'équation

$$A = B$$

qui rendent nulle la différence $A-B$, mais encore celles de l'équation

$$C = 0 ;$$

ces dernières sont étrangères à l'équation proposée

$$A = B.$$

Pour vérifier ce théorème sur un exemple, je prends l'équation

$$3x - 4 = 2x - 1,$$

dont j'élève les deux membres au carré. L'équation résultante

$$(3x - 4)^2 = (2x - 1)^2$$

étant mise sous la forme

$$(3x - 4)^2 - (2x - 1)^2 = 0,$$

je décompose en un produit de deux facteurs son premier membre qui est la différence de deux carrés, et cette équation devient

$$(3x - 4 + 2x - 1)(3x - 4 - 2x + 1) = 0 ;$$

le second facteur, égalé à zéro, reproduit l'équation proposée, et le premier donne les solutions étrangères.

Remarque.—Si un terme d'une équation est précédé du signe radical, on peut faire disparaître ce signe au moyen du théorème précédent. Pour cela, on isole ce terme dans un membre, puis on élève les deux membres de l'équation à une puissance dont le degré égale l'indice du radical. On choisit ensuite, parmi les solutions de l'équation transformée, celles qui satisfont à l'équation donnée, en les substituant successivement dans cette dernière équation.

Je prends pour exemple l'équation

$$5 + \sqrt{1+x} = x;$$

j'isole le radical dans le premier membre, et j'élève les deux membres de l'équation

$$\sqrt{1+x} = x - 5$$

à la seconde puissance. L'équation résultante

$$1 + x = x^2 - 10x + 25$$

a pour solutions les nombres 8 et 3, comme on peut le vérifier ; mais le premier de ces nombres satisfait seul à l'équation proposée.

THÉORÈME II.

L'équation

$$A^2 = B^2$$

dont les deux membres sont des carrés est équivalente au système des deux équations

$$A = \pm B,$$

qu'on forme en égalant la racine carrée de son premier membre à celle du second, précédée des deux signes + et —.

1° Soit

$$x = 2$$

une solution de la première équation ; je dis que ce nombre satisfait à l'une des deux autres.

En effet, par sa substitution dans l'équation

$$A^2 = B^2$$

les deux membres de cette équation devenant par hypothèse deux nombres égaux, si j'extrais les racines carrées de ces nombres, je trouverai des résultats égaux. Or ces racines carrées sont les valeurs des polynômes A et B pour $x = 2$, abstraction faite de leurs signes, par conséquent le nombre 2 satisfait à la première ou à la seconde des deux équations

$$A = \pm B,$$

selon que les valeurs de A et B pour $x = 2$ ont le même signe ou des signes contraires.

Réciproquement, si l'une des deux équations

$$A = \pm B,$$

par exemple l'équation

$$A = -B,$$

a pour solution

$$x = 2,$$

ce nombre satisfait aussi à l'équation

$$A^2 = B^2.$$

En effet, les deux membres de l'équation

$$A = -B$$

devenant deux nombres égaux, lorsqu'on y remplace x par 2, si j'élève chacun de ces nombres au carré, je trouverai des résultats égaux ; mais ces carrés sont les valeurs des deux membres de l'équation

$$A^2 = B^2$$

pour $x = 2$; donc ce nombre satisfait à l'équation précédente qui est, par suite, équivalente au système des deux équations

$$A = \pm B.$$

Remarque.—Lorsque l'équation proposée

$$A^2 = B^2$$

est du $2n^{me}$ degré, on ramène, par le théorème précédent, sa résolution à celle de deux équations du n^{me} degré. Je vais appliquer ce procédé à la résolution des équations du second degré.

Équations incomplètes du second degré.

Une équation à une seule inconnue étant donnée, si elle contient des radicaux et que ses termes soient fractionnaires, je commence par faire disparaître ces radicaux, je réduis ensuite tous les termes au même dénominateur, et je supprime ce dénominateur. Ces transformations étant effectuées, je rassemble dans un membre de l'équation tous ses termes qui sont alors rationnels et entiers ; de sorte que, si cette équation est du second degré, elle a la forme suivante

$$ax^2 + bx + c = 0,$$

a, *b*, *c*, étant des nombres entiers quelconques positifs ou négatifs. Je supposerai désormais que le coefficient *a* soit un nombre positif, condition à laquelle il est toujours possible de satisfaire : car, si ce coefficient était négatif, il suffirait de changer les signes des termes de l'équation pour le rendre positif.

Sans cesser d'être du second degré, l'équation

$$ax^2 + bx + c = 0$$

peut ne pas contenir de terme du premier degré ou de terme indépendant de l'inconnue ; on dit alors qu'elle est incomplète. Je vais examiner ces deux cas particuliers qui correspondent aux deux hypothèses $b = 0$, $c = 0$.

1° Soit $b = 0$; pour résoudre l'équation incomplète

$$ax^2 + c = 0,$$

je transporte le terme c dans le second membre, et je divise ensuite les deux membres de la nouvelle équation par le coefficient a de x^2 ; ce qui donne :

$$x^2 = -\frac{c}{a}.$$

Lorsque la quantité c est négative, le second membre $-\dfrac{c}{a}$ de cette équation est positif, puisque j'ai supposé positif le coefficient a ; je puis donc considérer $-\dfrac{c}{a}$ comme le carré du nombre $\sqrt{-\dfrac{c}{a}}$, et appliquer le théorème II à l'équation

$$x^2 = \left(\sqrt{-\frac{c}{a}}\right)^2$$

dont les deux membres sont des carrés. Je trouve ainsi les deux équations du premier degré

$$x = \pm \sqrt{-\frac{c}{a}},$$

qui forment un système équivalent à l'équation proposée, et donnent pour l'inconnue deux valeurs réelles, égales et de signes contraires.

Si la quantité c est positive, le second membre de l'équation

$$x^2 = -\frac{c}{a}$$

est négatif, et sa racine carrée, imaginaire; ce qui montre que l'équation proposée est impossible. On reconnaît, en effet, cette impossibilité sur la transformée

$$x^2 = -\frac{c}{a};$$

car le premier membre, *qui est un carré,* ne peut égaler un nombre négatif. Cependant on convient de dire que l'équation

$$ax^2 + c = 0$$

a encore deux solutions représentées par la formule

$$x = \pm \sqrt{-\frac{c}{a}};$$

mais ces racines sont imaginaires, puisqu'elles renferment le radical imaginaire $\sqrt{-\frac{c}{a}}$. Cette convention introduit dans le calcul algébrique un nouveau symbole $\sqrt{-m^2}$, m étant un nombre quelconque, positif ou négatif. Pour n'avoir à considérer qu'un seul symbole de ce genre, on est convenu de faire sortir le nombre m^2 du radical, et de regarder les deux notations $\sqrt{-m^2}$, $m\sqrt{-1}$, comme équivalentes (17e leçon). C'est un Bolonais, nommé *Bombelli,* qui le premier a introduit dans l'algèbre, en 1572, le signe $\sqrt{-1}$ dont l'emploi a fait faire de si grands progrès aux sciences mathématiques, et qu'on représente souvent par la lettre i.

2° Je suppose $c=0$, et l'équation générale du second degré devient :

$$ax^2 + bx = 0 ;$$

pour la résoudre, je mets x en facteur dans le premier membre, et j'ai

$$(ax + b)\, x = 0.$$

Cette transformation montre que tout nombre qui satisfait à l'équation proposée rend nul le produit $(ax + b)\, x$; et, réciproquement, que toute valeur de x qui rend ce produit nul est une solution de l'équation

$$ax^2 + bx = 0.$$

On trouvera donc toutes les solutions de cette équation en égalant à zéro chacun des facteurs du produit $(ax + b)\, x$; ce qui donne

$$x = 0, \quad \text{et} \quad ax + b = 0.$$

De ces deux équations du premier degré, on déduit deux valeurs de l'inconnue, savoir :

$$x = 0, \quad \text{et} \quad x = -\frac{b}{a} ;$$

par conséquent, l'équation du second degré admet encore deux solutions, mais ces solutions sont toujours réelles dans ce cas particulier.

Équations complètes du second degré.

Je considère maintenant l'équation complète du second degré

$$ax^2 + bx + c = 0.$$

Pour la résoudre, je divise ses deux membres par le coefficient a du carré de l'inconnue et, pour abréger, je représente les rapports $\dfrac{b}{a}$, $\dfrac{c}{a}$, par les lettres m et n; l'équation précédente est ainsi ramenée à la forme plus simple :

$$x^2 + mx + n = 0,$$

sous laquelle je vais la résoudre.

Je transporte dans le second membre le terme n qui est indépendant de l'inconnue ; j'ajoute ensuite aux deux membres le carré $\dfrac{m^2}{4}$ de la moitié du coefficient m du terme mx, et j'ai la nouvelle équation

$$x^2 + mx + \frac{m^2}{4} = \frac{m^2}{4} - n , \quad .$$

dont le premier membre est le carré du binôme

$$x + \frac{m}{2},$$

puisque ses termes extrêmes x^2, $\dfrac{m^2}{4}$, sont les carrés de x et $\dfrac{m}{2}$, et que son terme moyen mx est le double du produit de x par $\dfrac{m}{2}$. Quant au second membre $\dfrac{m^2}{4} - n$, il est indépendant de l'inconnue, et se réduit à un nombre positif ou négatif.

Je suppose 1° que ce nombre soit positif, et j'extrais les racines carrées des deux membres de l'équation précédente que je remplace, d'après le théorème II, par le système équivalent des deux équations du premier degré

$$x + \frac{m}{2} = \pm \sqrt{\frac{m^2}{4} - n}.$$

Je résous ces équations, et je trouve

$$x = -\frac{m}{2} \pm \sqrt{\frac{m^2}{4} - n}$$

pour les valeurs de l'inconnue. Ces valeurs sont appelées les *racines* de l'équation

$$x^2 + mx + n = 0,$$

parce qu'on les exprime au moyen d'un radical du second degré.

2° Si le nombre $\dfrac{m^2}{4} - n$ est négatif, sa racine carrée est imaginaire, ce qui montre que l'équation proposée est impossible. On reconnaît cette impossibilité sur l'équation équivalente

$$x^2 + mx + \frac{m^2}{4} = \frac{m^2}{4} - n\,,$$

car le premier membre, qui est un carré, ne peut égaler un nombre négatif; cependant, on *convient* de dire que l'équation du second degré

$$x^2 + mx + n = 0$$

a encore deux racines, représentées par la formule

$$x = -\frac{m}{2} \pm \sqrt{\frac{m^2}{4} - n}\,;$$

mais ces racines sont imaginaires, puisqu'elles contiennent le radical imaginaire $\sqrt{\dfrac{m^2}{4} - n}$.

La formule précédente est encore applicable au cas dans lequel le nombre $\dfrac{m}{4} - n$ est nul; elle se réduit alors à

$$x = -\frac{m}{2}\,,$$

de sorte que l'inconnue x n'a plus qu'une valeur. Néanmoins on dit que l'équation proposée a encore deux racines, mais qu'elles sont *égales* et de même signe. Il résulte de toutes ces conventions qu'*une équation du second degré qui ne contient qu'une inconnue a deux racines réelles ou imaginaires.*

Lorsque l'équation du second degré est ramenée à la forme

$$x^2 + mx + n = 0\,,$$

la formule de ses racines montre que *l'inconnue est égale à la moitié du coefficient du second terme, pris avec un signe contraire, plus ou moins la racine carrée du nombre qu'on obtient en retranchant du carré de la moitié du même coefficient le troisième terme de l'équation, pris avec son signe.*

Exemple I. — Quelles sont les racines de l'équation

$$2x^2 - 5x + 3 = 0 ?$$

Je divise ses deux membres par le coefficient de x^2, et j'applique la formule précédente à l'équation mise sous la forme :

$$x - \frac{5}{2}\, x + \frac{3}{2} = 0.$$

Je trouve

$$x = \frac{5}{4} \pm \sqrt{\frac{25}{16} - \frac{3}{2}}\,,$$

ou

$$x = \frac{5 \pm \sqrt{25 - 24}}{4};$$

la première racine est égale à $\frac{3}{2}$, et la seconde égale à 1.

Exemple II. — Résoudre l'équation

$$x^2 - 2x + 5 = 0.$$

On trouve

$$x = 1 \pm \sqrt{-4},$$

ou

$$x = 1 \pm 2\sqrt{-1}.$$

Exemple III. — Résoudre l'équation

$$x^2 - 10x + 25 = 0.$$

On trouve

$$x = 5,$$

c'est-à-dire que l'équation proposée a deux racines égales à 5.

Exemple IV. — Résoudre l'équation

$$\frac{x^2}{(a^2 - b^2)^2} + 1 = \frac{x}{(a - b)^2} + \frac{x}{(a + b)^2}.$$

Je multiplie ses deux membres par $(a^2 - b^2)^2$, et je rassemble tous ses termes dans le premier membre ; l'équation devient

$$x^2 - 2(a^2 + b^2)\, x + (a^2 - b^2)^2 = 0.$$

En la résolvant d'après la formule générale des équations du second degré, je trouve

$$x = a^2 + b^2 \pm \sqrt{(a^2+b^2)^2 - (a^2-b^2)^2},$$

ou

$$x = a^2 + b^2 \pm 2ab.$$

Si je désigne la première racine par x' et la seconde par x'', j'ai

$$x' = a^2 + b^2 + 2ab = (a+b)^2,$$

et

$$x'' = a^2 + b^2 - 2ab = (a-b)^2.$$

On vérifie facilement l'exactitude de ces racines en substituant chacune d'elles dans l'équation proposée.

Remarque. — Si dans la formule

$$x = -\frac{m}{2} \pm \sqrt{\frac{m^2}{4} - n} \qquad (1)$$

je remplace m par $\dfrac{b}{a}$, et n par $\dfrac{c}{a}$, j'aurai

$$x = -\frac{b}{2a} \pm \sqrt{\frac{b^2}{4a^2} - \frac{c}{a}},$$

ou

$$x = \frac{-b \pm \sqrt{b^2 - 4ac}}{2a} \qquad (2)$$

pour la formule des racines de l'équation du second degré

$$ax^2 + bx + c = 0.$$

On ne se sert de la formule (1) que lorsque les coefficients m et n sont des nombres entiers et que m est un nombre pair. Dans tous les autres cas, on emploie de préférence la formule (2) qui donne les racines sous la forme la plus simple, si l'on a eu le soin de ramener les coefficients a, b, c, de l'équation à être des nombres entiers. Il importe de remarquer que la formule (2) est susceptible d'une simplification, lorsque le coefficient b est un nombre pair : soit, en effet,

$$b = 2b';$$

on a, par suite,

$$x = \frac{-2b' \pm \sqrt{4b'^2 - 4ac}}{2a}$$

ou
$$x = \frac{-b' \pm \sqrt{b'^2 - ac}}{a}.$$

pour les racines de l'équation

$$ax^2 + 2b'x + c = 0.$$

Discussion des racines de l'équation du second degré.

Lorsqu'on ne se propose que de reconnaître si les racines d'une équation du second degré que je représente, pour abréger, par x' et x'', sont réelles ou imaginaires, égales ou inégales, positives ou négatives, il n'est pas nécessaire de résoudre l'équation. En effet, en supposant 1° que l'équation donnée soit de la forme

$$x^2 + mx + n = 0,$$

il suffit de former le nombre $\frac{m^2}{4} - n$: 1° *S'il est négatif, les deux racines de l'équation sont imaginaires*; 2° *s'il est égal à zéro, les deux racines sont réelles et égales, et leur valeur est positive ou négative selon que le coefficient m représente un nombre négatif ou positif*; c'est ce que montre la formule

$$x = -\frac{m}{2}.$$

3° *Si* $\frac{m^2}{4} - n$ *est un nombre positif, les deux racines sont réelles et inégales*, comme le prouvent les formules

$$x' = -\frac{m}{2} + \sqrt{\frac{m^2}{4} - n},$$

et
$$x'' = -\frac{m}{2} - \sqrt{\frac{m^2}{4} - n}.$$

Mais, pour reconnaître leurs signes, je distingue deux cas : le nombre n peut être positif ou négatif. S'il est positif, le radical $\sqrt{\dfrac{m^2}{4} - n}$ a une valeur moindre que $\dfrac{m}{2}$, et les quantités x', x'', ont le même signe que $-\dfrac{m}{2}$; c'est-à-dire que, n *étant positif, les deux racines de l'équation du second degré sont à la fois positives ou négatives, selon que le coefficient* m *est un nombre négatif ou positif.*

Au contraire, si le nombre n est négatif, la différence $\dfrac{m^2}{4} - n$ est en réalité une somme dont la racine carrée est plus grande que $\dfrac{m}{2}$; par conséquent les quantités x' et x'' ont le même signe que le radical qu'elles contiennent; c'est-à-dire que, n *étant négatif, les deux racines de l'équation du second degré sont l'une négative et l'autre positive.*

2° Je suppose que l'équation proposée ait la forme suivante :

$$ax^2 + bx + c = 0,$$

a étant un nombre positif. Pour déterminer la nature de ses racines, on forme le nombre $b^2 - 4ac$; *s'il est* 1° *négatif, les deux racines de l'équation sont imaginaires;* 2° *si ce nombre est égal à zéro, les deux racines sont réelles et égales, et leur valeur est positive ou négative, selon que le coefficient* b *représente un nombre négatif ou positif;* c'est ce que montre la formule

$$x = -\frac{b}{2a},$$

puisque a est par hypothèse un nombre positif; 3° si $b^2 - 4ac$ est un nombre positif, les deux racines sont réelles et inégales, comme le prouvent les formules

$$x' = \frac{-b + \sqrt{b^2 - 4ac}}{2a},$$

et

$$x'' = \frac{-b - \sqrt{b^2 - 4ac}}{2a}.$$

Pour reconnaître leurs signes, je distingue deux cas : le nombre c peut être positif ou négatif. S'il est positif, le produit $4ac$ l'est aussi ; par suite $\sqrt{b^2-4ac}$ est un nombre moindre que b, et les numérateurs de x' et x'' ont le même signe que $-b$, c'est-à-dire que, c *étant positif, les deux racines de l'équation sont à la fois positives ou négatives selon que le coefficient* b *est un nombre négatif ou positif.*

Au contraire si le nombre c est négatif, le produit $4ac$ l'est pareillement, de sorte que b^2-4ac est en réalité une somme dont la racine carrée est plus grande que b. Par suite, les numérateurs de x' et x'' ont le même signe que le radical qu'ils contiennent, c'est-à-dire que, c *étant négatif, les deux racines de l'équation du second degré sont l'une positive et l'autre négative.*

D'après cette discussion, on peut voir : 1° que les racines de l'équation

$$x^2-4x+5=0$$

sont imaginaires ;

2° Que les racines de l'équation

$$x^2-6x+9=0$$

sont égales et positives ;

3° Que les racines de l'équation

$$2x^2-3x-1=0$$

sont réelles, inégales, et ont des signes différents.

Cas particuliers. — Je vais examiner maintenant toutes les hypothèses qui rendent incomplète l'équation

$$ax^2+bx+c=0,$$

et montrer que les formules des racines de cette équation donnent encore, dans ces cas particuliers, les valeurs de l'inconnue.

Je suppose 1° $c=0$; les formules des racines deviennent par suite

$$x' = \frac{-b + \sqrt{b^2}}{2a},$$

et
$$x'' = \frac{-b - \sqrt{b^2}}{2a}.$$

Si b est positif, la première racine se réduit à zéro, et la seconde à $-\dfrac{b}{a}$; c'est le contraire lorsque b est négatif. On arrive aux mêmes conséquences par la résolution directe de l'équation

$$ax^2 + bx = 0.$$

2º Je suppose $b = 0$, et les valeurs générales de l'inconnue prennent la forme

$$x = \pm \frac{\sqrt{-4ac}}{2a},$$

ou
$$x = \pm \sqrt{-\frac{c}{a}};$$

c'est ce qu'on trouve par la résolution directe de l'équation

$$ax^2 + c = 0.$$

On voit que les racines sont imaginaires si le nombre c est positif; qu'elles sont égales à zéro lorsque c est nul; enfin qu'elles sont réelles et égales, mais précédées de signes différents, si toutefois le terme c est négatif.

3º Soit $a = 0$; les valeurs générales des inconnues deviennent

$$x' = \frac{-b + \sqrt{b^2}}{0},$$

et
$$x'' = \frac{-b - \sqrt{b^2}}{0}.$$

Si le nombre b est positif, la première racine a la forme $\dfrac{0}{0}$, tandis que la seconde devient $-\dfrac{2b}{0}$; c'est le contraire lorsque b est négatif. Je vais montrer que l'indétermination de l'une des racines n'est qu'apparente ; quant à l'autre, il est évident qu'elle n'existe pas, puisque l'équation proposée est réduite au premier degré par suite de l'hypothèse

$$a = 0.$$

Je suppose b positif et je considère la racine

$$x' = \frac{-b + \sqrt{b^2 - 4ac}}{2a},$$

qui devient $\frac{0}{0}$ lorsque a est nul ; je multiplie par $b + \sqrt{b^2 - 4ac}$ les deux termes de la fraction

$$\frac{-b + \sqrt{b^2 - 4ac}}{2a},$$

et je trouve

$$x' = \frac{(-b + \sqrt{b^2 - 4ac})(b + \sqrt{b^2 - 4ac})}{2a(b + \sqrt{b^2 - 4ac})} = \frac{-4ac}{2a(b + \sqrt{b^2 - 4ac})}.$$

On voit alors que les deux termes de la valeur de x' ont un facteur commun $2a$, qui devient nul par suite de l'hypothèse ; je supprime ce diviseur et je remplace a par zéro dans le résultat

$$x' = \frac{-2c}{b + \sqrt{b^2 - 4ac}} ;$$

ce qui donne

$$x' = \frac{-2c}{b + \sqrt{b^2}} = -\frac{c}{b},$$

comme on le trouverait par la résolution directe de l'équation

$$bx + c = 0.$$

4° Si je suppose à la fois

$$a = 0, \quad b = 0,$$

les deux racines ont l'une et l'autre la forme $\frac{M}{0}$, ce qui est évident puisque l'équation est réduite à l'égalité absurde

$$c = 0.$$

Relations entre les racines et les coefficients d'une équation du second degré.

THÉORÈME.

Lorsqu'une équation du second degré est ramenée à la forme suivante :

$$x^2 + mx + n = 0,$$

la somme de ses racines est égale au coefficient m *et de signe contraire, et leur produit égal au troisième terme* n *de l'équation.*

En effet, soient x' et x'' les deux racines de l'équation proposée ; on a :

$$x' = -\frac{m}{2} + \sqrt{\frac{m^2}{4} - n},$$

et

$$x'' = -\frac{m}{2} - \sqrt{\frac{m^2}{4} - n},$$

En ajoutant d'abord ces égalités, et les multipliant ensuite membre à membre, on trouve :

1° $$x' + x'' = -m,$$

2° $$x' x'' = \frac{m^2}{4} - \left(\frac{m^2}{4} - n\right) = n.$$

Remarque. — Si on remplace m par $-(x' + x'')$, et n par $x'x''$ dans l'équation

$$x^2 + mx + n = 0,$$

elle devient

$$x^2 - (x' + x'') x + x' x'' = 0.$$

On en conclut que *pour écrire une équation du second degré dont les racines aient des valeurs données* x' *et* x'', *en lui donnant la forme suivante :*

$$x^2 + mx + n = 0,$$

il faut prendre 1° pour le coefficient m *du second terme la somme*
$x' + x''$ *des racines, avec un signe contraire; 2° pour le troi-*
sième terme n *le produit* $x'x''$ *des deux racines.*

EXEMPLE I. — Former une équation du second degré dont les
racines soient 2 et — 5.

On a

$$x' + x'' = 2 - 5 = -3,$$
$$x'x'' = 2(-5) = -10;$$

par conséquent l'équation demandée est

$$x^2 + 3x - 10 = 0.$$

EXEMPLE II. — Former l'équation du second degré qui a pour
racines les deux quantités $a + b$ et $a - b$.

On a

$$x' + x'' = (a+b) + (a-b) = 2a,$$
$$x'x'' = (a+b)(a-b) = a^2 - b^2;$$

par conséquent, l'équation demandée est

$$x^2 - 2ax + a^2 - b^2 = 0.$$

Résolution des problèmes du second degré à une seule inconnue.

Les problèmes de ce genre se mettent en équation de la
même manière que ceux qui conduisent à des équations du
premier degré ; il en est de même de leur discussion. Je ferai
seulement remarquer que, si l'on n'a fait aucune hypothèse
sur les grandeurs ou les positions relatives des données et des
inconnues pour écrire l'équation d'un problème, les valeurs
imaginaires de l'inconnue indiquent l'impossibilité de ce problème, comme la notation $\dfrac{M}{0}$. Mais, dans le cas contraire les
hypothèses pouvant être fausses, les valeurs imaginaires de
l'inconnue n'indiquent pas toujours que le problème soit impossible. Je donnerai un exemple de ce cas remarquable.

Problème 1.

Couper la sphère CA *par un plan* BE *perpendiculaire au diamètre* AG, *de manière que la surface totale du segment sphérique* ABE *soit égale à un grand cercle de la sphère.*

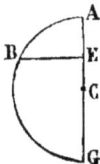

Je désigne par r le rayon de la sphère et par x la hauteur inconnue AE du segment sphérique; la surface de ce segment est composée de la zone AB de même hauteur et de la section circulaire EB, faite dans la sphère par le plan demandé. La zone a pour mesure le produit de la circonférence d'un grand cercle par sa hauteur, c'est-à-dire $2\pi rx$; l'aire de la section est égale à $\pi x(2r - x)$, puisque son rayon EB, perpendiculaire au diamètre AG de la sphère, est moyenne proportionnelle entre les deux segments AE, EG, de ce diamètre. Or, l'aire d'un grand cercle de la sphère est égale à πr^2, donc l'équation du problème est

$$2\pi rx + \pi x(2r - x) = \pi r^2.$$

Je divise ses deux membres par leur facteur commun π; j'effectue les autres réductions possibles, et je trouve l'équation du second degré

$$x^2 - 4rx + r^2 = 0$$

dont les racines sont :

$$x = r(2 \pm \sqrt{3}).$$

Quoique positive, la première doit être rejetée; car elle est plus grande que le diamètre de la sphère, et la hauteur du segment sphérique demandé doit être plus petite que ce diamètre pour que le problème soit possible. Quant à la seconde racine, qui est aussi positive, elle satisfait à la question proposée, puisqu'elle est plus petite que $2r$. On en déduit une construction géométrique de l'inconnue, en remarquant que la quantité $r(2 - \sqrt{3})$ représente l'excès du diamètre $2r$ de la sphère sur le côté $r\sqrt{3}$ du triangle équilatéral, inscrit dans un grand cercle de la sphère. Par conséquent, le problème proposé a toujours une solution et n'en a qu'une seule.

PROBLÈME II.

E   A   D   B   C

Trouver sur la droite AB, *indéfiniment prolongée, un point dont la distance au point A soit moyenne proportionnelle entre sa distance au point* B *et la longueur* AB.

Je suppose 1° le point cherché situé à la droite du point B ; soit C ce point. Je désigne par a la longueur AB et par x la distance inconnue AC ; il en résulte que BC égale $x-a$. Or, on a, par hypothèse,

$$AC^2 = BC \times AB,$$

donc l'équation du problème est

$$x^2 = a\,(x-a),$$

ou

$$x^2 - ax + a^2 = 0.$$

En la résolvant, je trouve

$$x = \frac{a \pm \sqrt{-3a^2}}{2}.$$

Les racines de cette équation étant imaginaires, dois-je en conclure que le problème proposé est impossible ? Non ; car, pour écrire l'équation, j'ai fait une hypothèse fausse. En effet, en plaçant le point C à la droite du point B, j'ai supposé

$$AC > AB ;$$

mais on a aussi

$$AC > BC ;$$

par conséquent le carré de AC est plus grand que le produit AB×BC, tandis qu'il devrait lui être égal d'après l'énoncé du problème.

2° Soit C′ le point demandé, que je suppose situé entre les deux points A et B. Je désigne encore par x sa distance au point A ; le segment BC′ est par suite égal à $a - x$, et le problème a pour équation

$$x^2 = a(a - x)$$

ou
$$x^2 + ax - a^2 = 0.$$

Je résous cette équation, et je trouve :

$$x = \frac{a(-1 \pm \sqrt{5})}{2}.$$

La première de ces racines est positive et plus petite que a, puisque $\sqrt{5} - 1$ est un nombre positif et moindre que 2 ; le point qu'elle détermine est, conformément à l'hypothèse, compris entre les deux points donnés A et B. Quant à la seconde racine, elle est négative, et fait connaître un second point C″, situé à la gauche de l'origine A des distances et satisfaisant à la question ; car, si l'on met ce problème en équation, en supposant que le point demandé soit à la gauche du point A, l'équation

$$x^2 = a(a + x)$$

à laquelle on est conduit n'est autre que celle qu'on obtient en remplaçant x par $-x$ dans l'équation

$$x^2 = a(a - x).$$

Par conséquent, le problème proposé a deux solutions correspondant aux deux racines de l'équation précédente, si l'on convient toutefois d'appliquer à ces racines les règles relatives aux quantités positives et négatives, comptées à partir d'une même origine fixe (Leçon XII).

Construction géométrique. — Soient x' la racine positive et $-x''$ la racine négative de l'équation

$$x^2 + ax - a^2 = 0 ;$$

on a, d'après le théorème III de la leçon précédente,

$$x' - x'' = -a,$$
$$-x'x'' = -a^2,$$

ou, en changeant les signes des deux membres de ces équations,

$$x'' - x' = a,$$
$$x' x'' = a^2.$$

Ces relations entre les valeurs absolues des racines montrent que pour déterminer les points C' et C'', il faut construire* deux lignes dont la différence soit égale à a et le produit égal à a^2, puis porter la plus petite sur la ligne AB, à la **droite du point A**, et la plus grande à sa gauche. Cette construction est identique à celle qu'on trouve dans tous les traités de géométrie**.

Remarque 1.—On peut éviter la solution négative de ce problème en prenant pour origine des distances comptées sur la droite AB, non plus le point A qui se trouve entre les deux points inconnus, mais tout autre point situé d'un même côté de C' et C'', par exemple le point B. En effet, si l'on représente par y la distance BC', la longueur AC' sera exprimée par $a - y$, et l'on aura

$$(a - y)^2 = ay$$

pour l'équation du problème. En résolvant cette équation, mise sous la forme,

$$y^2 - 3ay + a^2 = 0,$$

on trouve

$$x = \frac{a(3 \pm \sqrt{5})}{2}.$$

Ces deux valeurs de l'inconnue sont donc positives; ce qui doit être, puisque les deux points C' et C'' se trouvent d'un même côté du point B, et que l'on compte les valeurs positives de y dans le sens BA.

---

* Voir dans mes *Eléments de Géométrie* le problème VII de la 25ᵉ leçon des *Figures planes*.

** Problème VIII de la 25ᵉ leçon des *Figures planes*.

L'équation

$$x^2 - 3ax + a^2 = 0$$

donne aussi une construction géométrique du problème; en effet, si on désigne ses racines par x' et x'', on a

$$x' + x'' = 3a,$$

et
$$x'x'' = a^2.$$

Donc la détermination des longueurs BC', BC'' servent à construire* deux lignes dont la somme est égale à $3a$, et le produit égal à a^2.

Remarque II.—La méthode que je viens d'exposer pour la construction des racines des deux équations

$$x^2 + ax - a^2 = 0,$$
$$x^2 - 3ax + a^2 = 0,$$

est applicable à toute équation du second degré dont les racines sont réelles.

PROBLÈME III.

A   B   C

Trouver, sur la droite qui joint deux points lumineux A et B, un point également éclairé par eux, en supposant que les intensités de leurs lumières soient données.

Soit d la distance AB qui sépare les deux points lumineux; je désigne par a l'intensité de la lumière envoyée par le point A à l'unité de distance, et par b l'intensité de la lumière de B à la même distance. Je représente par x la distance du point inconnu C au point A, que je prends pour origine. Pour mettre ce problème en équation, j'admets que *l'intensité de la lumière reçue par un corps est en raison inverse du carré de la distance*

---

* Problème VI de la 25° leçon des *Figures planes.*

de ce corps au foyer lumineux. Il résulte de cette loi que, si un point matériel situé à une distance de A égale à l'unité reçoit une quantité de lumière exprimée par a, il n'en recevra plus que la quantité $\frac{a}{x^2}$ lorsqu'il en sera éloigné de x unités. Pareillement, un point dont la distance à B est égale à $x-d$ reçoit de ce point lumineux une quantité de lumière égale à $\frac{b}{(x-d)^2}$; l'équation du problème est donc

$$\frac{a}{x^2} = \frac{b}{(x-d)^2}.$$

Comme ses deux membres sont des carrés, j'en conclus immédiatement

$$\frac{\sqrt{a}}{x} = \pm \frac{\sqrt{a}}{x-d},$$

et par suite

$$x = \frac{d\sqrt{a}}{\sqrt{a} \pm \sqrt{b}};$$

le problème a dès lors deux solutions.

La première racine

$$x = \frac{d\sqrt{a}}{\sqrt{a} + \sqrt{b}}$$

indique qu'il existe un point satisfaisant aux conditions du problème entre les deux lumières A et B, puisque l'on a

$$\frac{d\sqrt{a}}{\sqrt{a} + \sqrt{b}} > \text{ ou } < \frac{d}{2},$$

selon que a est plus grand ou moindre que b. Si $a = b$, ce point est situé au milieu de AB.

La seconde racine

$$x = \frac{d\sqrt{a}}{\sqrt{a} - \sqrt{b}}$$

montre qu'il existe un autre point également éclairé par les deux lumières, et qu'il est situé à la droite de B si l'on a

$$a > b,$$

tandis qu'il se trouve à la gauche de l'origine A lorsque l'on a

$$a < b.$$

Dans le cas singulier qui correspond à

$$a = b,$$

la seconde solution n'existe plus, puisque

$$x = \frac{d\sqrt{a}}{0}.$$

Si je suppose à la fois

$$a = b \quad \text{et} \quad d = 0,$$

la valeur de x devient $\frac{0}{0}$, et le problème est réellement indéterminé, car les deux lumières sont également intenses et occupent le même lieu A : donc tout point de l'espace est également éclairé par ces deux lumières.

Exercices.

1° Partager le nombre 21 en deux parties telles que la somme de leurs cubes égale 331.

(*Rép.* 10 et 11.) — Généraliser et discuter ce problème.

2° Couper une sphère par un plan perpendiculaire à un diamètre donné, de manière que la section soit égale à la différence des deux zones dans lesquelles ce plan partage la surface de la sphère.

(*Rép.* Le plan demandé divise en moyenne et extrême raison le diamètre de la sphère auquel il est perpendiculaire.)

3° Couper une sphère par deux plans perpendiculaires à un diamètre donné, et également éloigné du centre de la sphère, de manière que la somme des deux sections soit égale à la zone comprise entre les deux plans.

(*Rép.* La distance de chacun des plans au centre de la sphère est égale à l'excès du côté du carré inscrit dans un grand cercle sur le rayon de la sphère.)

4° Couper une sphère par un plan perpendiculaire à un rayon donné, de manière qu'il divise en deux parties équivalentes le segment sphérique, ayant pour base la plus petite des deux zones dans lesquelles ce plan décompose la surface de la sphère.

(*Rép.* Le plan demandé divise en moyenne et extrême raison le rayon auquel il est perpendiculaire, de telle sorte que le plus grand segment a l'une de ses extrémités au centre de la sphère.)

5° Trouver sur la droite indéfinie AB un point tel que sa distance au point A soit *moyenne harmonique** entre sa distance au point B et la longueur AB.

$$\overline{\underset{\text{C}}{\bullet} \qquad \underset{\text{A}}{\bullet} \qquad \underset{\text{C}'}{\bullet} \quad \underset{\text{B}}{\bullet}}$$

(*Rép.* Ce problème a deux solutions C et C'; la distance du point C au point A est égale à la diagonale du carré construit sur AB, et la distance du point C' au même point A est égale à l'excès du double de AB sur AC.)

6° Démontrer que la *moyenne harmonique* entre deux quan-

---

* On dit que trois nombres forment une *proportion harmonique,* lorsque *le rapport de l'excès du premier sur le second à l'excès du second sur le troisième est égal au rapport du premier au troisième.* Le second nombre a reçu le nom de *moyenne harmonique.*

La dénomination de proportion harmonique provient de ce que, pour faire rendre à une corde sonore les trois sons *ut, mi, sol,* qui forment l'accord parfait majeur, il faut en faire vibrer trois parties proportionnelles aux nombres 1, $\frac{4}{5}$ et $\frac{2}{3}$, qui donnent lieu à la proportion harmonique

$$\frac{1 - \frac{4}{5}}{\frac{4}{5} - \frac{2}{3}} = \frac{1}{\left(\frac{3}{2}\right)}$$

tités a, b, est une troisième proportionnelle à la moyenne arithmétique $\dfrac{a+b}{2}$ de ces quantités et à leur moyenne géométrique $\sqrt{ab}$.

7° Mener un plan parallèle à la base d'un cylindre droit et circulaire, de manière qu'il divise sa surface convexe en deux parties telles que la base du cylindre soit 1° moyenne proportionnelle, 2° moyenne harmonique entre elles.

(*Rép.* Si on désigne par h et r la hauteur et le rayon du cylindre donné, et par x la hauteur de l'un des cylindres partiels, on a 1° $x = 2(h - \sqrt{h^2 - r^2})$, et 2° $x = 2(h - \sqrt{h(h-r)})$. — Discuter ces formules.)

8° Étant donnés le volume, la hauteur d'un cône circulaire tronqué, à bases parallèles, et le rayon de l'une des bases, calculer le rayon de l'autre base. — Discussion.

(*Rép.* En désignant par r le rayon de la base donnée, par x celui de la base inconnue et par a le rayon du cône qui a la même hauteur h et le même volume v que le cône tronqué, on a $x = r + \sqrt{4a^2 - 3r^2}$.)

9° Calculer la profondeur d'un puits, en connaissant le temps qui s'est écoulé entre l'instant où l'on a laissé tomber une pierre dane ce puits et celui où l'on a entendu le bruit que cette pierre a fait en arrivant au fond. (On négligera la résistance de l'air.)

(*Rép.* Si l'on désigne par g le double de l'espace parcouru par un corps pesant pendant la première seconde de la chute, par t et x le temps donné et le temps inconnu, et par v la vitesse du son dans l'air, on a $x = v\left[\left(t + \dfrac{v}{g} - \sqrt{\dfrac{v}{g}\left(\dfrac{v}{g} + 2t\right)}\right)\right]$.)

DIX-NEUVIÈME LEÇON.

Applications diverses des équations du second degré.

1° Résolution de l'équation bicarrée.

Lorsqu'une équation du 4ᵉ degré, à une seule inconnue, est de la forme

$$ax^4 + bx^2 + c = 0,$$

on l'appelle *équation bicarrée*, parce qu'elle ne contient que le carré de l'inconnue et le carré de ce carré.

On peut résoudre l'équation bicarrée

$$ax^4 + bx^2 + c = 0$$

de la même manière que l'équation du second degré. En effet, si je divise tous ses termes par le coefficient a de x^4, et que je transporte le terme c dans le second membre, cette équation devient

$$x^4 + \frac{b}{a} x^2 = -\frac{c}{a}.$$

J'ajoute alors à ses deux membres le carré de la moitié du coefficient $\frac{b}{a}$ du terme $\frac{b}{a}x$, pour que le premier membre soit le carré du binôme $x^2 + \frac{b}{2a}$; je réduis les termes du second membre au même dénominateur, et je trouve

$$\left(x^2 + \frac{b}{2a}\right)^2 = \frac{b^2 - 4ac}{4a^2}.$$

J'extrais ensuite la racine carrée des deux membres de cette dernière équation, que je remplace par le système équivalent des deux équations du second degré (17, II) :

$$x^2 + \frac{b}{2a} = \pm \frac{\sqrt{b^2 - ac}}{2a};$$

J'en conclus

$$x^2 = \frac{-b \pm \sqrt{b^2 - 4ac}}{2a},$$

et, par suite,

$$x = \pm \sqrt{\frac{-b \pm \sqrt{b^2 - 4ac}}{2a}}.$$

Cette formule montre que les racines de l'équation bicarrée sont au nombre de quatre ; car on peut assembler chacun des signes du radical $\sqrt{b^2 - 4ac}$ avec les deux signes de l'autre radical.

On peut aussi résoudre l'équation bicarrée, en la considérant comme une équation du second degré dont la quantité x^2 serait l'inconnue, puisque x^4 est le carré de x^2. En appliquant alors la règle donnée pour calculer les racines d'une équation du second degré, on trouve immédiatement les valeurs précédentes de x^2 et par suite celles de x.

Discussion.—Si les valeurs de x^2 sont positives, les quatre racines de l'équation bicarrée sont réelles, égales deux à deux, mais l'une est positive et l'autre négative.—Lorsqu'une des valeurs de x^2 est positive et l'autre négative, l'équation bicarrée a deux racines réelles et égales, l'une est positive et l'autre négative ; les deux autres racines sont imaginaires.—Enfin, si les deux valeurs de x^2 sont négatives ou imaginaires, l'équation bicarrée a toutes ses racines imaginaires. L'examen de la nature des racines de l'équation bicarrée se trouve ramené dès lors à reconnaître 1° si les racines d'une équation du second degré sont toutes deux positives ; 2° si l'une est positive et l'autre négative ; 3° si ces racines sont à la fois négatives ou imaginaires. Ces résultats sont compris dans la discussion qu'on a faite sur les racines de l'équation du second degré.

EXEMPLE I.—Résoudre l'équation bicarrée

$$x^4 - 13x^2 + 36 = 0.$$

On trouve

$$x^2 = \frac{13 \pm \sqrt{169 - 144}}{2}$$

ou

$$x^2 = 4 \quad \text{et} \quad x^2 = 9.$$

La première valeur de x^2 donne

$$x = \pm 2,$$

et la seconde

$$x = \pm 3;$$

les quatre racines de l'équation proposée sont donc réelles.

EXEMPLE II.—Résoudre l'équation bicarrée

$$x^4 - 2x^2 - 1 = 0.$$

On trouve

$$x^2 = 1 + \sqrt{2} \quad \text{et} \quad x^2 = 1 - \sqrt{2};$$

par conséquent, on a

$$x = \pm \sqrt{1 + \sqrt{2}} \quad \text{et} \quad x = \pm \sqrt{1 - \sqrt{2}}.$$

L'équation proposée a dès lors deux racines réelles et deux racines imaginaires.

Remarque.—La résolution de l'équation bicarrée conduit à l'extraction de la racine carrée d'une quantité irrationnelle de la forme

$$a \pm \sqrt{b}.$$

Or on a

$$(\sqrt{5} \pm \sqrt{3})^2 = 5 \pm 2\sqrt{15} + 3 = 8 \pm \sqrt{60}$$

et, réciproquement,

$$\sqrt{8 \pm \sqrt{60}} = \sqrt{5} \pm \sqrt{3};$$

par conséquent, une quantité irrationnelle, telle que $a \pm \sqrt{b}$

peut être dans certains cas le carré d'une autre quantité de la forme $\sqrt{c} \pm \sqrt{d}$, c et d étant deux nombres rationnels. Il importe de trouver quelles valeurs de a et b jouissent de cette propriété, afin de calculer alors avec plus de facilité la racine carrée de $a \pm \sqrt{b}$.

Je pose, à cet effet, les deux équations

$$\sqrt{x} + \sqrt{y} = \sqrt{a + \sqrt{b}},$$
$$\sqrt{x} - \sqrt{y} = \sqrt{a - \sqrt{b}},$$

et je vais chercher à quelle condition elles sont satisfaites par des valeurs rationnelles des deux inconnues x et y. Je commence par résoudre ces équations, en y regardant $\sqrt{x}$ et $\sqrt{y}$ comme les inconnues, et je trouve

$$\sqrt{x} = \frac{\sqrt{a + \sqrt{b}} + \sqrt{a - \sqrt{b}}}{2},$$

$$\sqrt{y} = \frac{\sqrt{a + \sqrt{b}} - \sqrt{a - \sqrt{b}}}{2};$$

j'élève ensuite au carré les deux membres de chacune des deux équations précédentes, et j'obtiens

$$x = \frac{2a + 2\sqrt{a^2 - b}}{4} = \frac{a + \sqrt{a^2 - b}}{2},$$

$$y = \frac{2a - 2\sqrt{a^2 - b}}{4} = \frac{a - \sqrt{a^2 - b}}{2}.$$

Ces valeurs de x et y ne sont rationnelles que lorsque la quantité $a^2 - b$ est un carré parfait; telle est la condition cherchée. Soit donc

$$a^2 - b = c^2.$$

J'en conclus que

$$\sqrt{a + \sqrt{b}} = \sqrt{\frac{a + c}{2}} + \sqrt{\frac{a - c}{2}},$$

et

$$\sqrt{a-\sqrt{b}}=\sqrt{\frac{a+c}{2}}-\sqrt{\frac{a-c}{2}}.$$

Ces formules de transformation offrent cet avantage que les radicaux sont séparés, ce qui rend leur réduction en nombres plus facile.

EXEMPLE.—L'équation bicarrée

$$x^4-6x^2+1=0$$

a pour racines les nombres donnés par la formule

$$x=\pm\sqrt{3\pm2\sqrt{2}}.$$

Afin de voir si ces racines sont susceptibles de la transformation précédente, je forme la quantité a^2-b; pour cela, je pose

$$a=3, \quad b=8,$$

et j'en conclus

$$a^2-b=9-8=1.$$

La quantité a^2-b étant un carré parfait, on a $c=1$, et, par suite,

$$x=\pm(\sqrt{2}\pm1).$$

PROBLÈME.

Décrire un cercle concentrique à un cercle donné OA, de manière que l'aire de la couronne déterminée par les circonférences des deux cercles soit moyenne harmonique entre les aires de ces cercles.

Le cercle demandé peut être plus petit ou plus grand que le cercle donné qui a pour rayon la droite OA, ou r. Je le suppose d'abord plus petit; soit OB son rayon que je désigne par x. Les aires des deux cercles OA, OB, étant respectivement égales à πr^2 et πx^2, la couronne circulaire qui est la différence de ces cercles a pour mesure $\pi(r^2-x^2)$, et l'on a, d'après l'énoncé du problème :

$$\frac{\pi r^2 - \pi(r^2 - x^2)}{\pi(r^2 - x^2) - \pi x^2} = \frac{\pi r^2}{\pi x^2},$$

ou
$$\frac{x^2}{r^2 - 2x^2} = \frac{r^2}{x^2},$$

et, enfin,

$$x^4 + 2r^2 x^2 - r^4 = 0.$$

Cette équation dont le dernier terme est négatif a deux racines imaginaires et deux racines réelles dont l'une est négative
et l'autre positive. Cette dernière convient seule à la question,
puisque l'inconnue représente le rayon d'un cercle; en résolvant l'équation, on trouve

$$x = r \sqrt{-1 + \sqrt{2}}$$

pour la valeur de ce rayon. Si l'on remarque qu'on peut mettre
cette valeur sous la forme suivante :

$$x = \sqrt{r \times r(\sqrt{2} - 1)},$$

on voit que le rayon demandé est moyenne proportionnelle
entre celui du cercle donné et l'excès du côté du carré inscrit
dans ce cercle sur son rayon.

Je suppose, en second lieu, le cercle demandé plus grand
que le cercle OA, et je désigne son rayon par x. La couronne
circulaire est alors égale à $\pi(x^2 - r^2)$, et l'on a, pour l'équation
du problème,

$$x^4 - 2r^2 x^2 - r^4 = 0.$$

Cette équation a encore deux racines imaginaires et deux racines réelles dont l'une est négative et l'autre positive. Celle-ci
dont la valeur est

$$x = r \sqrt{1 + \sqrt{2}}$$

satisfait seule à la question; on la construit en prenant une
moyenne proportionnelle entre le rayon r du cercle donné et
le côté du carré inscrit dans ce cercle, augmenté de ce rayon.

2° Résolution d'un système d'équations du second degré à plusieurs inconnues.

Équations à deux inconnues.

Je considère d'abord deux équations dont l'une soit du second degré et l'autre du premier, par exemple les équations

$$ax^2 + bxy + cy^2 + dx + ey + f = 0, \qquad (1)$$

$$mx + ny = p, \qquad (2)$$

qui sont les plus générales du second et du premier degré à deux inconnues.

Pour les résoudre, je prends la valeur de l'une des inconnues, de y par exemple, dans l'équation du premier degré ; je la substitue dans l'autre, et je dis que le système des équations données est équivalent à celui des équations

$$y = \frac{p - mx}{n}, \qquad (3)$$

$$ax^2 + bx\left(\frac{p - mx}{n}\right) + c\left(\frac{p - mx}{n}\right) + dx + e\left(\frac{p - mx}{n}\right) + f = 0, \quad (4)$$

dont la dernière est du second degré, mais ne contient qu'une inconnue.

En effet, 1° si les nombres

$$x = 2, \qquad y = 5,$$

satisfont aux équations données, je remarque qu'il suffit de démontrer qu'ils satisfont aussi à l'équation (4) du second système, puisque l'équation (3) fait partie du premier. Cela posé, comme les nombres 2 et 5 satisfont à l'équation

$$y = \frac{p - mx}{n},$$

j'ai l'identité

$$5 = \frac{p - m \times 2}{n};$$

par conséquent, la substitution des nombres 2 et 5 à x et y dans les termes

$$bxy, \quad cy^2, \quad ey,$$

de l'équation (1) donne les mêmes résultats que la substitution du nombre 2 à x dans les termes

$$bx\left(\frac{p-mx}{n}\right), \quad c\left(\frac{p-mx}{n}\right)^2, \quad e\left(\frac{p-mx}{n}\right),$$

de l'équation (4). Or ces deux équations ont les autres termes identiques, donc le nombre

$$x = 2$$

satisfait à l'équation (4), puisque les nombres

$$x = 2, \quad y = 5,$$

sont des racines de l'équation (1).

Je prouverais par un raisonnement analogue que, *réciproquement*, les racines du second système satisfont aux équations du premier ; donc les deux groupes d'équations sont équivalents. Pour trouver leurs racines communes, je résous l'équation (4) qui ne contient que x, et je substitue dans l'équation (3) chacune des valeurs de cette inconnue, ce qui fait connaître la valeur correspondante de y. Je conclus de là que le système des équations données n'a pas plus de deux solutions, puisque je n'obtiens qu'une valeur de y pour chaque valeur de x.

Remarque. — Dans le cas particulier où les équations données sont

$$x + y = a,$$
$$xy = b^2,$$

on peut calculer les inconnues en les considérant comme les racines d'une seule équation du second degré dont la somme et le produit sont connus. Cette équation dont je désigne l'inconnue par z n'est autre que la suivante :

$$z^2 - az + b^2 = 0.$$

Donc les valeurs des inconnues des deux équations données sont

$$x = \frac{a + \sqrt{a^2 - 4b^2}}{2}$$

et
$$y = \frac{a - \sqrt{a^2 - 4b^2}}{2},$$

On doit toujours suivre cette méthode pour trouver deux nombres dont la somme et le produit sont donnés. C'est à ce problème qu'on ramène souvent la résolution d'un système de deux équations à deux inconnues. En voici des exemples :

I. — Résoudre les équations
$$x^2 + y^2 = a^2,$$
$$x + y = b.$$

J'élève au carré les deux membres de la seconde, et j'ai
$$x^2 + y^2 + 2xy = b^2 ;$$

je retranche ensuite membre à membre cette dernière équation et la première, ce qui donne
$$2xy = b^2 - a^2.$$

J'en conclus que le système des deux équations données peut être remplacé par le suivant :
$$x + y = b,$$
$$xy = \frac{b^2 - a^2}{2},$$

qui fait connaître la somme et le produit des deux inconnues ; j'achèverais la résolution de ces équations par la méthode précédente.

II. — Résoudre les équations
$$x - y = a,$$
$$xy = b^2.$$

Je vais encore calculer la somme $x + y$ des deux inconnues ; pour cela, je fais remarquer que
$$(x + y)^2 = (x - y)^2 + 4xy,$$

et j'en conclus que

$$x + y = \pm \sqrt{a^2 + 4b^2}.$$

Je puis alors remplacer le système des équations données 1° par les équations

$$x + y = \pm \sqrt{a^2 + 4b^2},$$
$$xy = b^2;$$

2° par les équations

$$x + y = \pm \sqrt{a^2 + 4b^2},$$
$$x - y = a.$$

Mais le dernier système doit être préféré, parce qu'on sait calculer immédiatement deux nombres dont la somme et la différence sont données.

On peut résoudre de la même manière les systèmes d'équations suivants :

$$1. \qquad x^2 - y^2 = a^2,$$
$$x \pm y = b;$$
$$2. \qquad x^2 + xy + y^2 = a^2,$$
$$xy = b^2;$$
$$3. \qquad x^2 + xy + y^2 = a^2,$$
$$x \pm y = b;$$
$$4. \qquad x^n \pm y^n = a^n,$$
$$xy = b^2 :$$
$$5. \qquad x^3 - y^3 = a^3,$$
$$x - y = b.$$

Je considère, en second lieu, deux équations du second degré à deux inconnues, par exemple les équations

$$ax^2 + bxy + cy^2 + dx + ey + f = 0,$$
$$a'x^2 + b'xy + c'y^2 + d'x + e'y + f' = 0.$$

Je vais ramener leur résolution au cas précédent, en remplaçant l'une de ces équations par une autre qui ne soit que du premier degré par rapport à l'une des inconnues, par exemple y. Pour la former, je multiplie la première des équations données par c' et la seconde par c, puis je retranche membre à membre ces deux équations; le terme $cc'y^2$ disparaît du résultat qui est de la forme

$$A x^2 + B x y + D x + E y + F = 0.$$

Je résous alors cette équation par rapport à y, et j'ai

$$y = - \frac{A x^2 + D x + F}{B x + E};$$

je substitue ensuite cette valeur de y dans la première des équations données, et je trouve une équation du 4e degré

$$M x^4 + N x^3 + P x^2 + Q x + R = 0,$$

qui forme avec la précédente un système équivalent à celui des équations proposées.

Pour achever la solution du problème, il faut résoudre l'équation du 4e degré qui ne contient que l'inconnue x, et substituer chacune des valeurs de x dans l'autre équation, afin d'en déduire les valeurs correspondantes de l'autre inconnue y. Il ne sera possible de trouver les valeurs de x et y, au moyen des méthodes précédemment exposées, que lorsque l'équation du quatrième degré sera bicarrée, ou qu'elle se réduira à une équation du second degré.

Remarque. — Dans des exemples particuliers on arrive quelquefois à éviter l'équation du quatrième degré en cherchant immédiatement, non plus les valeurs des inconnues, mais leur somme et leur différence, ou leur produit.

EXEMPLE I. — Soit à résoudre les équations

$$x^2 + y^2 = a^2,$$
$$x y = b^2.$$

Je multiplie la seconde par 2 et je l'ajoute membre à membre à la première : je trouve ainsi

$$x^2 + 2 x y + y^2 = a^2 + 2 b^2;$$

d'où je tire

$$x + y = \pm \sqrt{a^2 + 2 b^2}.$$

Je pourrais maintenant former une équation du second degré qui aurait pour racines les inconnues x et y, mais il est plus simple de calculer leur différence, comme j'ai calculé leur somme. En effet, je trouve

$$x - y = \pm \sqrt{a^2 - 2b^2},$$

et j'en conclus

$$x = \pm \frac{1}{2} \sqrt{a^2 + 2b^2} \pm \frac{1}{2} \sqrt{a^2 - 2b^2},$$

$$y = \pm \frac{1}{2} \sqrt{a^2 + 2b^2} \mp \frac{1}{2} \sqrt{a^2 - 2b^2},$$

EXEMPLE II. — Soient proposées les deux équations

$$x^2 + y^2 + 2a(x+y) - b^2 = 0,$$

$$xy - c(x+y) = 0.$$

Je multiplie la seconde par 2 et je l'ajoute membre à membre à la première; j'obtiens ainsi la nouvelle équation

$$(x+y)^2 + 2(a-c)(x+y) - b^2 = 0,$$

que je résous en y regardant $x+y$ comme l'inconnue, ce qui donne

$$x + y = c - a \pm \sqrt{(c-a)^2 + b^2},$$

et, par suite,

$$xy = c(c-a) \pm c\sqrt{(c-a)^2 + b^2}.$$

La somme et le produit de x et y étant connus, je calculerai par la méthode ordinaire les valeurs de ces deux quantités.

Équations qui ont un nombre quelconque d'inconnues.

Je n'examinerai que quelques cas particuliers, et je ferai remarquer que, dans ce genre de questions, on doit éviter, s'il est possible, la résolution d'équations de degré supérieur au second, en cherchant à déduire des équations proposées la somme, la différence, le produit ou le rapport de deux inconnues.

Exemple I. — Soit à résoudre les équations

$$\frac{x}{a} = \frac{y}{b} = \frac{z}{c},$$

$$x^2 + y^2 + z^2 = d^2.$$

En appliquant le théorème II de la sixième leçon aux fractions

égales $\frac{x}{a}$, $\frac{y}{b}$, $\frac{z}{c}$, je trouve

$$\frac{x}{a} = \frac{y}{b} = \frac{z}{c} = \frac{\sqrt{x^2 + y^2 + z^2}}{\sqrt{a^2 + b^2 + c^2}};$$

donc

$$\frac{x}{a} = \frac{y}{b} = \frac{z}{c} = \sqrt{\frac{d^2}{a^2 + b^2 + c^2}},$$

et, par suite,

$$x = a\sqrt{\frac{d^2}{a^2 + b^2 + c^2}}.$$

. . . .

Exemple II. — Soient proposées les équations

$$x^2 + y^2 + z^2 = a^2,$$

$$x + y + z = b,$$

$$xy = cz.$$

Si la valeur de z était connue, les deux dernières équations feraient connaître la somme $x+y$ et le produit xy des deux autres inconnues; aussi je vais commencer par calculer z. Pour cela, je multiplie la troisième équation par 2, et je l'ajoute membre à membre à la première : je trouve alors

$$(x + y)^2 + z^2 = a^2 + 2cz;$$

or la seconde équation donne

$$x + y = b - z;$$

donc

$$(b - z)^2 + z^2 = a^2 + 2cz.$$

La résolution de cette équation conduit à la valeur de z; je calcule ensuite x et y au moyen des deux équations

$$x + y = b - z,$$

$$xy = cz.$$

On peut résoudre par la même méthode les systèmes d'équations qui suivent :

1.
$$x^2 + y^2 + z^2 + u^2 = a^2,$$
$$x + u = b,$$
$$y + z = c,$$
$$yz = ux;$$

2.
$$(x + y + z)^2 = 5y^2 + 8(x + z),$$
$$x^2 = y + z,$$
$$z^2 = x^2 + y^2;$$

3.
$$x^2 + y^2 - (z^2 + u^2) = a^2,$$
$$x + y + z + u = b,$$
$$y^2 = xz,$$
$$zy = ux.$$

3° **Problèmes du second degré à plusieurs inconnues.**

PROBLÈME I.

Calculer les côtés d'un triangle rectangle ABC, *en connais-*

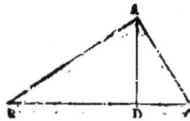

sant la différence d *des deux côtés de l'angle droit* A, *et la différence* δ *des deux segments* BD, CD, *que détermine sur l'hypoténuse* BC *la perpendiculaire* AD *abaissée du sommet de l'angle droit sur ce côté.*

Soient x, y et z les longueurs inconnues de l'hypoténuse et des deux autres côtés AB, AC, du triangle ; comme le côté AB est, d'après un théorème connu, moyenne proportionnelle entre l'hypoténuse et le segment BD qui lui est adjacent, il en résulte que

$$BD = \frac{AB^2}{BC} = \frac{y^2}{x};$$

on a pareillement

$$CD = \frac{z^2}{x};$$

par conséquent les équations du problème sont :

$$y^2 + z^2 = x^2,$$
$$y - z = d,$$
$$\frac{y^2 - z^2}{x} = \delta.$$

Pour les résoudre, je divise membre à membre la troisième par la seconde, et je trouve

$$y + z = \frac{\delta x}{d} \; ;$$

cette équation et la suivante

$$y - z = d$$

faisant connaître la somme et la différence des deux inconnues y et z en fonction de la troisième x, j'ai

$$y = \frac{\delta x + d^2}{2d}$$

et

$$z = \frac{\delta x - d^2}{2d}.$$

Je substitue ces valeurs de y et z dans la première équation qui devient par suite

$$\left(\frac{\delta x + d^2}{2d}\right)^2 + \left(\frac{\delta x - d^2}{2d}\right)^2 = x^2,$$

ou
$$\delta^2 x^2 + d^4 = 2d^2 x^2 \; ;$$
et j'en déduis

$$x = \frac{d^2}{\sqrt{2d^2 - \delta^2}}.$$

Je remplace ensuite x par sa valeur dans les expressions précédentes de y et z ; il en résulte que

$$y = \frac{d\,(\delta + \sqrt{2d^2 - \delta^2})}{2\,\sqrt{2d^2 - \delta^2}}$$

et

$$z = \frac{d\,(\delta - \sqrt{2d^2 - \delta^2})}{2\,\sqrt{2d^2 - \delta^2}}.$$

Pour que le problème proposé soit possible, il faut non-seulement que les valeurs des inconnues x, y et z soient réelles, c'est-à-dire qu'on ait

$$\delta^2 < 2d^2,$$

ou

$$\delta < d\sqrt{2},$$

mais encore que ces valeurs soient positives, ce qui n'a lieu qu'autant qu'on a

$$\delta > \sqrt{2d^2 - \delta^2}$$

ou

$$\delta^2 > 2d^2 - \delta^2,$$

et, par suite, $\delta > d$.

Ainsi la différence δ des deux segments de l'hypoténuse doit être plus grande que la différence d des deux côtés de l'angle droit, et plus petite que la diagonale du carré construit sur la longueur d. On vérifie facilement par la géométrie ces conditions de possibilité du problème, en construisant le triangle rectangle avec les données.

Application numérique.—En supposant

$$\delta = 10, \quad \text{et } d = 14,$$

on trouve successivement

$$x = 50, \quad y = 40 \quad \text{et } z = 30.$$

PROBLÈME II.

Calculer les rayons des bases d'un cône tronqué dont la hauteur et le volume sont donnés, et qui est inscrit dans une sphère donnée.

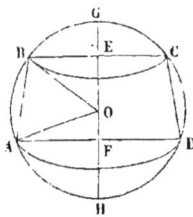

Je mène par le diamètre GH de la sphère donnée un plan qui coupe la sphère suivant le grand cercle OG, et le tronc de cône suivant le trapèze ABCD, inscrit dans ce cercle. Je désigne par r le rayon de la sphère, par h la hauteur connue EF du cône tronqué, et par x et y les rayons FA, EB, de ses bases; son volume égale dès lors $\frac{1}{3}\pi h\,(x^2+y^2+xy)$. Comme ce volume a une grandeur donnée, je le représente, pour simplifier, par celui d'un cône de même hauteur h que le cône tronqué et dont le rayon de la base soit une ligne donnée a; j'ai par suite l'équation

$$\frac{1}{3}\pi h\,(x^2+y^2+xy)=\frac{1}{3}\pi h\,a^2$$

ou $$x^2+y^2+xy=a^2. \tag{1}$$

Pour avoir une seconde équation, je remarquerai que la hauteur EF, ou h du cône tronqué est égale à la somme ou à à la différence des deux segments OF, OE, du diamètre GH de la sphère, suivant que le centre O de la sphère est à l'intérieur ou à l'extérieur du tronc de cône. Or, les triangles OBE, OAF, étant rectangles, on a

$$OE=\sqrt{OB^2-BE^2}=\sqrt{r^2-y^2}$$

et $$OF=\sqrt{OA^2-AF^2}=\sqrt{r^2-x^2};$$

par conséquent, la seconde équation du problème est

$$\sqrt{r^2-y^2}\pm\sqrt{r^2-x^2}=h. \tag{2}$$

Afin de faciliter la résolution des deux équations précédentes, je prends une inconnue auxiliaire qui n'est autre que le produit xy des deux rayons, et je la représente par z^2, de sorte que j'ai

$$xy=z^2. \tag{3}$$

Cela posé, j'ajoute d'abord membre à membre les équations (1) et (3); ce qui donne

$$x^2+y^2+2xy=a^2+z^2,$$

et, par conséquent,

$$x+y=\sqrt{a^2+z^2}. \tag{4}$$

Je multiplie ensuite par 3 les deux membres de l'équation (3), et je la retranche de l'équation (1); je trouve ainsi

$$x^2+y^2-2xy=a^2-3z^2,$$

et j'en déduis

$$x - y = \sqrt{a^2 - 3z^2} \qquad (5)$$

en supposant toutefois le rayon x plus grand que l'autre rayon y; les équations (4) et (5) font donc connaître la somme et la différence des inconnues x et y en fonction de l'inconnue auxiliaire z^2. Pour calculer la valeur de cette dernière quantité, j'élève au carré les deux membres de l'équation (2), et j'ai

$$2r^2 - x^2 - y^2 \pm 2\sqrt{r^4 - r^2(x^2 + y^2) + x^2 y^2} = h^2;$$

j'isole ensuite le radical et j'élève au carré les deux membres de la nouvelle équation, ce qui donne

$$4r^4 + 4x^2 y^2 - (x^2 + y^2)^2 - 2h^2(x^2 + y^2) - (h^2 - 2r^2)^2 = 0,$$

quel que soit le signe du radical. Mais on a

$$xy = z^2, \quad \text{et } x^2 + y^2 = a^2 - z^2;$$

par conséquent, si j'élimine x et y de l'équation précédente, j'aurai

$$4r^4 + 4z^4 - (a^2 - z^2)^2 - 2h^2(a^2 - z^2) - (h^2 - 2r^2)^2 = 0$$

ou $\qquad 3z^4 + 2(a^2 + h^2)z^2 + 4h^2 r^2 - (a^2 + h^2)^2 = 0.$

Comme la valeur de z^2 doit être positive, et que la somme des racines de la dernière équation qui détermine cette inconnue auxiliaire est négative, il faut que leur produit soit négatif, pour qu'une de ces racines soit positive. L'une des conditions de possibilité du problème est donc exprimée par l'inégalité

$$(a^2 + h^2)^2 > 4h^2 r^2,$$

de laquelle je déduis une limite inférieure de a^2, savoir :

$$a^2 > h(2r - h).$$

Pour avoir la valeur de z^2, je résous maintenant l'équation bicarrée, et je trouve

$$z^2 = \frac{-(a^2 + h^2) + 2\sqrt{(a^2 + h^2)^2 - 3h^2 r^2}}{3};$$

Cette valeur de z^2 est évidemment réelle d'après l'inégalité précédente; en la substituant dans les équations (4) et (5), j'aurais celles des quantités $x+y$, $x-y$, et, par suite, les inconnues x et y. Mais il suffit de remarquer que $x-y$ n'est réelle qu'autant que l'on a

$$3z^2 \leqslant a^2,$$

ce qui donne l'inégalité de condition

$$-(a^2+h^2)+2\sqrt{(a^2+h^2)^2-3r^2h^2} \leqslant a^2$$

qu'on peut mettre sous la forme suivante :

$$2\sqrt{(a^2+h^2)^2-3r^2h^2} \leqslant 2a^2+h^2.$$

J'élève ensuite au carré ses deux membres qui sont positifs, et je trouve, toute réduction faite,

$$a^2 \leqslant \frac{3}{4}(4r^2-h^2).$$

Cette nouvelle inégalité fait connaître une limite supérieure de la quantité a^2; on vérifie facilement que cette limite est plus grande que la précédente. Par conséquent, si on prend à volonté les valeurs de r et h, h étant toutefois moindre que $2r$, on devra choisir la valeur de a de telle sorte qu'elle soit comprise entre $\sqrt{h(2r-h)}$ et $\dfrac{\sqrt{3(4r^2-h^2)}}{2}$, pour que le problème soit possible.

Cas particuliers : 1° si on suppose a égale à sa limite inférieure, ou

$$a^2 = h(2r-h),$$

la valeur de z^2 est nulle, et l'on a

$$x = a, \quad y = 0,$$

c'est-à-dire que le tronc de cône devient un cône ; ce qui exige que le rayon de sa base soit égal à a.

2° Lorsque a est égale à sa limite inférieure, on a

$$3z^2 = a^2,$$

et, par suite,

$$x = y;$$

par conséquent, le cône tronqué se change en un cylindre dont le rayon x de la base est égal à

$$\frac{1}{2}\sqrt{\frac{4a^2}{3}}, \quad \text{ou} \quad \frac{a}{\sqrt{3}}.$$

Exercices.

1º Trouver deux nombres qui soient dans le rapport de 3 à 4, et dont les carrés diffèrent de 112 unités.

(*Rép.* 12 et 16).

Généraliser et discuter ce problème.

2º Trouver deux nombres dont la somme soit 20 et dont le produit, multiplié par la somme de leurs carrés, égale 18750.

(*Rép.* 5 et 15.)

Généraliser et discuter ce problème.

3º Un marchand a deux quantités inégales de sucres de prix différents. Le poids de la première qualité et celui de la seconde sont dans le rapport de 4 à 3. Le kilogramme de la première coûte autant de centimes qu'elle pèse de kilogrammes; et la seconde coûte 6 centimes de moins que la première par kilogramme. Le prix de tout ce sucre est 440 fr. 80. Quel est le poids du sucre de chaque qualité?

(*Rép.* 160 kil. et 120 kil.)

4º Trouver deux nombres tels que leur différence, augmentée de celle de leurs carrés, égale 22, et que leur somme, ajoutée à celle de leurs carrés, égale 242.

(*Rép.* 11 et 10.)

Généraliser et discuter ce problème.

5º Déterminer les dimensions d'un parallélipipède rectangle dont on connaît la diagonale, la surface totale, et dont l'une des arêtes égale la moitié de la somme des deux autres.

On appliquera les formules trouvées au cas particulier dans lequel la diagonale égale $2\sqrt{29}$ mètres et la surface 208 mètres carrés.

6º Déterminer les dimensions d'un parallélipipède rectangle équivalent à un cube donné, sachant que les trois arêtes ont une somme donnée, et que l'une est moyenne géométrique entre les deux autres.

On supposera ensuite le côté du cube donné égal à 1 mètre et la somme des trois arêtes égale à 3 mètres.

7° Calculer les côtés d'un triangle rectangle de périmètre donné, de manière que la différence des surfaces totales des deux cônes qu'on obtient en faisant tourner le triangle successivement sur chaque côté de l'angle droit soit égale à un cercle donné.

8° Calculer les côtés de l'angle droit d'un triangle rectangle dont la surface et le rayon du cercle inscrit sont donnés.

9° Calculer les côtés d'un trapèze inscrit dans un cercle donné, en supposant données sa hauteur et la somme des carrés de ses côtés.

10. Calculer le rayon et l'apothème d'un cône circonscrit à une sphère donnée, en supposant sa surface totale égale à un cercle donné.

11. Calculer les rayons des bases d'un tronc de cône circulaire, en supposant sa surface totale et son volume donnés, et son apothème égal à la somme des rayons de ses bases.

12. Calculer les côtés d'un trapèze isocèle dont la hauteur, l'aire et le périmètre sont donnés.

13. Une malle a la forme d'un parallélipipède rectangle, recouvert par un demi cylindre. On donne la hauteur de la malle, sa longueur et son volume et l'on propose de calculer le rayon du cylindre.

14. Un sablier est formé de deux troncs de cônes égaux, qui sont réunis par un cylindre et terminés chacun par une demisphère. On donne la surface totale du sablier et sa longueur, et l'on demande de calculer les rayons des deux bases de chaque tronc de cône, en supposant la hauteur du cylindre égale au diamètre de sa base.

15. Par un point donné dans un cercle, tracer deux cordes perpendiculaires l'une à l'autre, de manière que la surface du quadrilatère inscrit dans le cercle et ayant ces cordes pour diagonales soit égale à un carré donné.

16. Circonscrire à une sphère donnée un cône tronqué dont la surface totale ait un rapport donné avec celle de la sphère.

On supposera ensuite que le rapport donné soit égal à 2.

17. Calculer le rayon et la hauteur d'un cylindre inscrit dans une sphère donnée, en supposant que sa surface totale ait un rapport donné avec celle d'un grand cercle de la sphère.

On examinera ensuite le cas particulier dans lequel le rapport donné égale 2.

18. Calculer les côtés d'un triangle rectangle dont on connaît le périmètre et la surface du volume engendré par ce triangle tournant sur son hypoténuse comme axe.

19.

$$\overline{\qquad \underset{A}{\bullet} \qquad \underset{B}{\bullet} \qquad \underset{B'}{\bullet} \qquad \underset{A'}{\bullet} \qquad}$$

Deux points A et A' d'une ligne droite étant donnés, on demande d'en trouver deux autres B et B', tels que l'on ait

$$AB \times AB' = m^2,$$
$$A'B \times A'B' = n^2,$$

m et n étant deux lignes données.

20.

$$\overline{\qquad \underset{A}{\bullet} \quad \underset{A'}{\bullet} \quad \underset{B}{\bullet} \quad \underset{B'}{\bullet} \quad \underset{M}{\bullet} \qquad}$$

Quatre points A, A', B, B', d'une ligne droite, étant donnés, en trouver un cinquième M, tel que l'on ait

$$\frac{MA \times MA'}{MB \times MB'} = \lambda,$$

λ étant un nombre donné.

On examinera les cas particuliers correspondants à

$$\lambda = 1 \quad \text{et} \quad \lambda = -1.$$

(Cette question est connue sous le nom de *problème de la section déterminée*. Voir la solution géométrique dans la *Géométrie supérieure* de M. Chasles.)

21. Une personne, chargée de faire un ouvrage, tombe malade avant de l'avoir commencé. Elle prend alors un aide qui

travaille pendant les $\frac{3}{5}$ du temps qu'elle aurait mis à faire l'ouvrage entier; elle se rétablit au bout de ce temps et achève seule cet ouvrage.

Si cette personne et son aide eussent travaillé ensemble, l'ouvrage eut été achevé 6 heures plus tôt, et l'aide n'aurait fait que les $\frac{2}{3}$ de ce qu'il a laissé à faire dans le premier cas. On demande combien de temps ces deux personnes auraient mis à faire séparément cet ouvrage.

(*Rép.* Il aurait fallu 10 heures à la première, et 15 heures à la seconde.)

VINGTIÈME ET VINGT ET UNIÈME LEÇON.

PROGRAMME : Décomposition du trinôme $ax^2 + bx + c$ en facteurs du premier degré.

Des questions de maximum et minimum qui peuvent se résoudre par les équations du second degré.

1° Propriétés du trinôme du second degré

$$ax^2 + bx + c.$$

THÉORÈME I.

Tout trinôme du second degré, tel que $ax^2 + bx + c$, *peut être décomposé en facteurs réels ou imaginaires du premier degré par rapport à* x.

En effet, je commence par mettre le coefficient a du premier terme en facteur commun, et j'ai

$$ax^2 + bx + c = a\left(x^2 + \frac{b}{a}x + \frac{c}{a}\right);$$

je complète ensuite le carré dont les deux premiers termes sont x^2 et $\frac{b}{a}x$, en augmentant et diminuant simultanément le trinôme $x^2 + \frac{b}{a}x + \frac{c}{a}$ du carré $\frac{b^2}{4a^2}$ de la moitié du coefficient $\frac{b}{a}$, ce qui ne change pas la valeur de ce binôme. L'égalité précédente devient par suite

$$ax^2 + bx + c = a\left[\left(x + \frac{b}{2a}\right)^2 - \frac{b^2 - 4ac}{4a^2}\right].$$

Je considère maintenant le nombre $\dfrac{b^2-4ac}{4a^2}$ comme le carré du

radical $\dfrac{\sqrt{b^2-4ac}}{2a}$ qui est réel ou imaginaire selon que la quan-

tité b^2-4ac est positive ou négative, et je décompose la diffé-

rence des deux carrés $\left(x+\dfrac{b}{2a}\right)^2$, $\left(\dfrac{\sqrt{b^2-4ac}}{2a}\right)^2$, en un produit

de deux facteurs; je trouve ainsi :

$$ax^2+bx+c = a\left(x+\dfrac{b-\sqrt{b^2-4ac}}{2a}\right)\left(x+\dfrac{b+\sqrt{b^2-4ac}}{2a}\right);$$

mais les fractions $\dfrac{b-\sqrt{b^2-4ac}}{2a}$, $\dfrac{b+\sqrt{b^2-4ac}}{2a}$, sont égales

et de signes contraires aux racines de l'équation du second

degré

$$ax^2+bx+c=0;$$

par conséquent, si je désigne ces deux racines par x' et x'',

j'aurai

$$ax^2+bx+c = a(x-x')(x-x'').$$

Cette égalité montre que *le trinôme du second degré* ax²+bx+c
est le produit de trois facteurs dont l'un égale le coefficient a *de*
x², *et les deux autres sont des binômes du premier degré par*
rapport à x, *qu'on forme en retranchant successivement de* x
chacune des racines x', x'', *du trinôme* ax²+bx+c, *égalé à zéro.*

Remarque. — Il importe de remarquer que cette décomposition du trinôme ax^2+bx+c ne se fait que *par convention*
lorsque les racines de ce trinôme sont imaginaires, car le
binôme

$$\left(x+\dfrac{b}{2a}\right)^2 - \dfrac{b^2-4ac}{4a^2}$$

n'est réellement la différence de deux carrés que lorsqu'on a

$$b^2-4ac > 0,$$

c'est-à-dire lorsque les racines du trinôme sont réelles.

EXEMPLE I. — Décomposer le trinôme

$$2x^2 - 3x + 1$$

en facteurs du premier degré.

J'égale ce trinôme à zéro, et je résous l'équation

$$2x^2 - 3x + 1 = 0 ;$$

je trouve 1 et $\dfrac{1}{2}$ pour ses racines, il en résulte qu'on a

$$2x^2 - 3x + 1 = 2(x-1)\left(x - \frac{1}{2}\right).$$

EXEMPLE II. — Décomposer le trinôme

$$-x^2 + 2x + 1$$

en facteurs du premier degré.

Les racines de l'équation

$$x^2 - 2x - 1 = 0$$

étant égales à $1 + \sqrt{2}$ et $1 - \sqrt{2}$, j'en conclus que

$$-x^2 + 2x + 1 = -(x - 1 - \sqrt{2})(x - 1 + \sqrt{2}).$$

EXEMPLE III. — Décomposer le trinôme

$$2x^2 - 4ax + 4a^2$$

en facteurs du premier degré.

Les racines de l'équation

$$2x^2 - 4ax + 4a^2 = 0$$

étant $a(1 + \sqrt{-1})$ et $a(1 - \sqrt{-1})$, il en résulte que

$$2x^2 - 4ax + 4a^2 = 2\,[x - a(1 + \sqrt{-1})]\,[x - a(1 - \sqrt{-1})].$$

THÉORÈME II.

1º *Si le trinôme* $ax^2 + bx + c$ *a ses racines réelles et inégales, et qu'on donne à* x *une valeur quelconque* d, *positive ou négative, la valeur correspondante du trinôme a le même signe que le coefficient* a *du premier terme, lorsque la quantité* d *est plus petite que la plus petite des deux racines ou plus grande que la plus grande; mais elle a un signe contraire, lorsque* d *est comprise entre les deux racines.*

2º *Si les racines du trinôme sont réelles et égales, ou imaginaires, sa valeur a constamment le même signe que le coefficient* a.

1º Je suppose que les racines du trinôme $ax^2 + bx + c$ soient réelles et inégales, c'est-à-dire qu'on ait :

$$b^2 - 4ac > 0 ;$$

je désigne la plus petite par x' et la plus grande par x'', et je décompose le trinôme en facteurs du premier degré; j'ai, par conséquent,

$$ax^2 + bx + c = a(x - x')(x - x'').$$

Cela posé, je donne d'abord à x une valeur d plus petite que la plus petite racine x'; les deux nombres $d - x'$, $d - x''$, sont négatifs, et leur produit $(d - x')(d - x'')$ est par suite positif. En multipliant ce produit par a, j'aurai dès lors un résultat de même signe que a pour la valeur du trinôme $ax^2 + bx + c$, correspondante à $x = d$. Pareillement, si le nombre d est plus grand que la plus grande racine x'', les deux nombres $d - x'$, $d - x''$, sont positifs; donc leur produit l'est aussi. En multipliant ce produit par a, je trouverai encore un résultat de même signe que a pour la valeur du trinôme $ax^2 + bx + c$, correspondante à $x = d$.

Si d est un nombre plus grand que x' et moindre que x'', le premier des deux nombres $d - x'$, $d - x''$, est positif et le second négatif; donc leur produit $(d — x')(d — x'')$ est néga-tif. Si je multiplie ce produit par a, j'aurai dès lors un résultat de signe contraire à celui de a pour la valeur du trinôme $ax^2 + bx + c$, correspondante à $x = d$.

2° Je suppose maintenant que les deux racines x' et x'' soient égales, c'est-à-dire qu'on ait

$$b^2 — 4ac = 0;$$

il en résulte que

$$ax^2 + bx + c = a(x — x')^2.$$

Si je remplace x par un nombre quelconque d dans le trinôme $ax^2 + bx + c$, ou dans le produit $a(x—x')^2$, le résultat de la substitution sera de même signe que a, puisque le facteur $(d — x')^2$ est toujours positif.

Enfin, si les racines x' et x'' sont imaginaires, c'est-à-dire si l'on a :

$$b^2 — 4ac < 0,$$

ces racines sont de la forme $m \pm n \sqrt{—1}$, de sorte qu'on a

$$ax^2 + bx + c = a(x — m — n\sqrt{—1})(x — m + n\sqrt{—1}) = a[(x—m)^2 + n^2].$$

En remplaçant x par un nombre quelconque d dans le tri-nôme $ax^2 + bx + c$, ou dans $a[(x—m)^2 + n^2]$, je trouverai un résultat de même signe que a; car le nombre $(d — m)^2 + n^2$ est positif, puisqu'il est la somme de deux carrés.

EXEMPLE I. — *Entre quelles limites faut-il faire varier* x *pour que le trinôme* 2x² — 5x + 3 *soit constamment positif, ou con-stamment négatif?*

Je cherche les racines de ce trinôme et je les trouve égales aux nombres 1 et $\frac{3}{2}$. Il résulte du théorème précédent que le trinôme proposé reste positif lorsqu'on fait varier x depuis $— \infty$ jusqu'à 1, et depuis $\frac{3}{2}$ jusqu'à $— \infty$; au contraire, il est constamment négatif, lorsque x varie depuis 1 jusqu'à $\frac{3}{2}$.

EXEMPLE II. — Le trinôme $-2x^2 + x - 5$ peut-il être positif ?
Les racines de l'équation

$$2x^2 - x + 5 = 0$$

étant imaginaires, le trinôme proposé a constamment le même signe que son premier terme, c'est-à-dire qu'il est toujours négatif ; il ne peut donc devenir positif pour aucune valeur de x.

2° Questions de maximum et minimum qu'on peut résoudre par les équations du second degré.

On désigne sous le nom de *variable* toute quantité qui, dans une question donnée, peut recevoir successivement différentes valeurs.

Une variable est *indépendante* lorsque ses valeurs sont entièrement arbitraires ; elle est *dépendante* ou *fonction* d'autres quantités lorsque les valeurs qu'elle prend sont déterminées par celles de ces quantités. C'est ainsi que l'aire d'un triangle est fonction de sa base et de sa hauteur, qui sont des variables indépendantes ; de même, la fraction algébrique

$$\frac{x^2 - x + 1}{x^2 - 1}$$

est fonction de la variable indépendante x.

Si une quantité variable, d'abord croissante, cesse d'augmenter pour diminuer ensuite, on dit que sa valeur est *maximum*. —Au contraire, si cette quantité d'abord décroissante, cesse de diminuer pour augmenter ensuite, sa valeur est alors *minimum*.

Pour donner un exemple d'une quantité variable, devenant successivement *maximum* et *minimum*, je considère un mobile M parcourant la circonférence CA et je vais chercher comment varie sa distance Mm à la droite PR qui n'a aucun point commun avec cette circonférence. Je suppose que le point M parte de l'extrémité

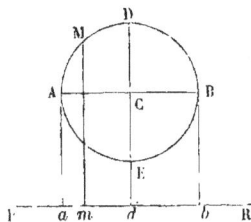

A du diamètre AB parallèle à PR et se meuve dans le sens AM;

sa distance à la droite PR est d'abord égale à Aa, elle croît ensuite jusqu'à ce que M arrive à l'extrémité supérieure D du diamètre DE perpendiculaire à PR, puis elle diminue lorsque M dépasse le point D; donc Dd est une valeur maximum de la distance variable Mm. A mesure que le point M s'éloigne du point D, et se rapproche de l'extrémité inférieure E du diamètre DE, la distance de ce point à la droite PR diminue sans cesse mais elle recommence à croître lorsque M dépasse le point E; donc la longueur Ed est une valeur minimum de la distance variable Mm. En continuant son mouvement, le point M repasse par les positions précédentes, de sorte que sa distance à la droite PR n'a qu'un maximum et un minimum.

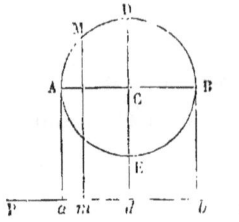

Une quantité variable peut avoir plusieurs maximums et plusieurs minimums; mais deux maximums sont toujours séparés par un minimum, et réciproquement deux minimums comprennent toujours entre eux un maximum. Un minimum est évidemment moindre que chacun des deux maximums qui le comprennent, mais il peut être plus grand que tout autre maximum. On vérifie facilement ces résultats en remplaçant dans l'exemple précédent la circonférence du cercle par une courbe sinueuse.

Pour trouver le maximum d'une fonction d'une seule variable, par exemple de $\dfrac{ax^m + bx^{m-1} + \ldots + tx + u}{a'x^n + b'x^{n-1} + \ldots + t'x + u'}$, on la suppose égale à un nombre quelconque k, et l'on cherche la valeur correspondante de la variable x, en résolvant l'équation

$$\frac{ax^m + bx^{m-1} + \ldots + tx + u}{a'x^n + b'x^{n-1} + \ldots + t'x + u'} = k. \qquad (1)$$

le problème proposé sera possible lorsque cette équation aura une racine réelle; il sera impossible, au contraire, si les racines sont imaginaires. Par conséquent la discussion de l'équation précédente indiquera dans quelles limites on doit prendre le nombre k pour que le problème soit possible, et ces limites représenteront la plus grande valeur de la fonction considérée, c'est-à-dire son *maximum*, et sa plus petite valeur, c'est-à-dire son *minimum*.

Lorsque l'équation (1) sera du second degré ou du quatrième, pourvu qu'elle soit alors bi-carrée, on pourra la résoudre au moyen des règles précédentes, sinon la question proposée dépendra de l'algèbre supérieure.

EXEMPLE I. — *Le trinôme du second degré* $ax^2 + bx + c$ *est-il susceptible d'un maximum ou d'un minimum?*

Je donne une valeur quelconque m au trinôme proposé, et je vais chercher la valeur correspondante de la variable x. J'écris l'équation

$$ax^2 + bx + c = m,$$

que je résous par rapport à x : je trouve ainsi

$$x = \frac{-b \pm \sqrt{b^2 - 4ac + 4am}}{2a};$$

il existe donc deux valeurs de x pour lesquelles le trinôme précédent est égal à m, pourvu qu'on ait

$$b^2 - 4ac + 4am > 0.$$

Ces valeurs se réduisent à une seule si l'on a

$$b^2 - 4ac + 4am = 0;$$

enfin le problème est impossible lorsqu'on suppose

$$b^2 - 4ac + 4am < 0.$$

Pour résoudre la première de ces inégalités par rapport à m, dont elle fait connaître une limite, je distingue deux cas : 1° $a > 0$; 2° $a < 0$.

Dans le premier cas, j'ai

$$m > \frac{4ac - b^2}{4a},$$

c'est-à-dire que la valeur m du trinôme peut croître depuis

$\dfrac{4ac-b^2}{4a}$ jusqu'à $+\infty$, sans que la valeur correspondante de x cesse d'être réelle. *Le trinôme*

$$ax^2+bx+c,$$

dont le coefficient a est positif, a donc un minimum fini *qui égale* $\dfrac{4ac-b^2}{4a}$, *et un* maximum *qui est* $+\infty$.

Dans le second cas, c'est-à-dire lorsque je suppose $a<0$, la résolution de la première inégalité donne

$$m<\dfrac{4ac-b^2}{4a};$$

par conséquent la valeur m du trinôme peut décroître depuis $\dfrac{4ac-b^2}{4a}$ jusqu'à $-\infty$, sans que la valeur correspondante de x cesse d'être réelle. *Le trinôme*

$$ax^2+bx+c,$$

dont le coefficient a est négatif, a dès lors un maximum fini *qui égale*

$$\dfrac{4ac-b^2}{4a},$$

et un minimum *qui est* $-\infty$.

Remarque.—Si la quantité dont on cherche le maximum ou le minimum est, comme dans l'exemple précédent, un polynôme entier du second degré, il est plus simple de ramener ce polynôme à la forme

$$ay^2+k,$$

y étant une quantité variable et k une constante quelconque; la constante k est alors le maximum ou le minimum du polynôme, selon que le coefficient a de y^2 est négatif ou positif.

En effet, je mets le coefficient a en facteur dans le trinôme ax^2+bx+c, j'ajoute ensuite à $x^2+\dfrac{b}{a}x+\dfrac{c}{a}$, et j'en retranche simultanément le carré $\frac{b^2}{4a^2}$ de la moitié du coefficient $\frac{b}{a}$, pour compléter le carré de $x+\frac{b}{2a}$, sans changer la valeur du trinôme; j'ai, par suite,

$$ax^2+bx+c=a\left[\left(x+\frac{b}{2a}\right)^2+\frac{4ac-b^2}{4a^2}\right]$$

ou

$$ax^2+bx+c=a\left(x+\frac{b}{2a}\right)^2+\frac{4ac-b^2}{4a}.$$

Cela posé, je remarque qu'en donnant à x la valeur $-\frac{b}{2a}$, le trinôme se réduit à $\frac{4ac-b^2}{4a}$; si je donne ensuite à x des valeurs croissantes ou décroissantes, à partir de $-\frac{b}{2a}$, c'est-à-dire si je prends

$$x=-\frac{b}{2a}\pm y,$$

j'aurai

$$\frac{4ac-b^2}{4a}+ay^2$$

pour la valeur correspondante du trinôme ax^2+bx+c. Cette formule montre qu'il faut augmenter ou diminuer constamment la valeur initiale $\frac{4ac-b^2}{4a}$ de ce trinôme de la quantité ay^2, selon que le coefficient a est positif ou négatif, pour avoir sa valeur correspondante à une valeur quelconque de x, autre que $-\frac{b}{2a}$. Par conséquent, la fraction $\frac{4ac-b^2}{4a}$ est le minimum du trinôme ax^2+bx+c, lorsque le coefficient a est positif, c'est au contraire le maximum lorsque le coefficient a est négatif.

Ce second mode de démonstration prouve aussi que *le tri-*

nôme $ax^2 + bx + c$ *prend des valeurs égales pour deux valeurs quelconques de* x, *dont l'une est plus petite et l'autre plus grande que la demi-somme* $-\dfrac{b}{2a}$ *des racines du trinôme, de la même quantité* y. Car la substitution des deux nombres $-\dfrac{b}{2a} - y$, $-\dfrac{b}{2a} + y$, à la place de x dans ce trinôme donne le même résultat $\dfrac{4ac - b^2}{4a} + ay^2$.

EXEMPLE II.—*Partager un nombre en deux parties dont le produit soit égal à un nombre donné* b. *Le produit a-t-il un maximum ou un minimum?*

Soient x et y les deux parties du nombre a; d'après l'énoncé du problème, j'ai

$$x + y = a,$$
$$xy = b.$$

Par conséquent, x et y sont les racines de l'équation du second degré

$$z^2 - az + b = 0,$$

qui, résolue, donne

$$z = \frac{a \pm \sqrt{a^2 - 4b}}{2}.$$

Ces valeurs de z montrent que le problème n'est possible que si l'on a

$$b < \frac{a^2}{4},$$

ou, au plus,

$$b = \frac{a^2}{4}.$$

Le produit b peut donc croître depuis zéro jusqu'au nombre $\dfrac{a^2}{4}$ qu'il ne peut dépasser, c'est-à-dire que ce produit a un *maxi-*

mum fini qui égale $\dfrac{a^2}{4}$; par suite, ses deux facteurs sont égaux à

$\dfrac{a}{2}$, ou à la moitié du nombre donné.

COROLLAIRE. — Ce théorème peut être étendu à un nombre quelconque de quantités positives x_1, x_2, x_3,... x_n, qui varient de grandeur à volonté, mais dont la somme est constante.

Soit

$$x_1 + x_2 + x_3 ..... + x_n = a;$$

je dis que le produit $x_1 x_2 ... x_n$ est maximum lorsque tous ses facteurs sont égaux.

En effet, si le produit $x_1 x_2 x_3 ..... x_n$, supposé maximum, avait deux facteurs inégaux, par exemple x_1 et x_2, on pourrait remplacer chacun d'eux par leur demi-somme $\dfrac{x_1 + x_2}{2}$ dans le produit, sans changer la somme a des n facteurs du produit. Or, d'après le théorème précédent, on a l'inégalité

$$x_1 x_2 < \left(\dfrac{x_1 + x_2}{2}\right)\left(\dfrac{x_1 + x_2}{2}\right);$$

en multipliant ses deux membres par $x_3 ..... x_n$, on en déduit la nouvelle inégalité

$$x_1 x_2 x_3 .... x_n < \left(\dfrac{x_1 + x_2}{2}\right)\left(\dfrac{x_1 + x_2}{2}\right) x_3 .... x_n ,$$

qui montre qu'on pourrait décomposer le nombre a en n parties dont le produit serait plus grand que $x_1 x_2 x_3 ... x_n$; ce qui contredit l'hypothèse. Il faut donc que les facteurs variables x_1, x_2, x_3,.... x_n, aient des valeurs égales pour que leur produit soit maximum.

EXEMPLE. — *Parmi tous les parallélipipèdes rectangles de même surface, trouver celui dont le volume est maximum.*

Soient x, y et z les trois arêtes d'un parallélipipède rectangle dont la surface totale est égale à $6c^2$; cette surface est composée de six rectangles, parmi lesquels deux ont pour dimensions x et y; deux autres ont pour dimensions y et z; enfin, les dimensions des deux derniers sont z et x. L'aire de la surface totale du parallélipipède considéré est dès lors égale à $2xy + 2yz + 2zx$, et son volume égal à xyz, de sorte qu'il s'agit de trouver le maximum du produit xyz, ou de son carré $x^2y^2z^2$, en supposant x, y et z liées entre elles par l'équation

$$xy + yz + zx = 3c^2. \qquad (1)$$

Or les trois quantités variables xy, yz et zx, dont la somme est constante et égale à $3c^2$, ont pour produit $x^2y^2z^2$; donc ce produit sera maximum si ses trois facteurs sont égaux, c'est-à-dire si l'on a

$$xy = yz = zx.$$

Ces deux équations, jointes à l'équation (1), donnent

$$x = y = z = c;$$

par conséquent, de tous les parallélipipèdes rectangles, ayant même surface, le *cube* est celui qui a le plus grand volume.

Remarque.—En appliquant le théorème précédent, il importe de ne pas oublier que les quantités variables x_1, x_2,... x_n n'ont entre elles aucune autre dépendance que celle d'avoir une somme constante; car, lorsqu'on leur impose des liaisons quelconques, par exemple lorsqu'on suppose que toutes ces quantités, ou seulement quelques-unes d'entre elles, sont fonctions d'une même variable, ou lorsqu'on les assujettit à satisfaire à d'autres équations que l'équation

$$x_1 + x_2 + x_3 ... + x_n = a,$$

le théorème, en général, n'est plus vrai. On peut vérifier ce fait sur les deux exemples suivants :

1° *Inscrire dans une sphère le cône dont la surface totale est maximum.*

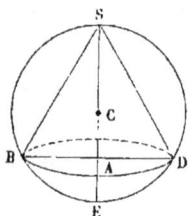

Soient SA la hauteur, SB l'apothème d'un cône SAB inscrit dans la sphère CS, et AB le rayon de sa base; je désigne CS par r et SB par x; comme la corde SB est moyenne proportionnelle entre le diamètre SE et sa projection SA sur ce diamètre, il en résulte qu'on a

$$SA = \frac{x^2}{2r},$$

et, par suite,

$$AB^2 = SB^2 - SA^2 = \frac{x^2 \left(4r^2 - x^2\right)}{4r^2}.$$

Or la surface totale du cône que je représente par S a pour mesure $\pi AB \times SB + \pi AB^2$, donc

$$S = \pi \frac{x^2\left(2r \sqrt{4r^2 - x^2} + 4r^2 - x^2\right)}{4r^2}.$$

Pour ramener la valeur de S à être rationnelle, je pose

$$\sqrt{4r^2 - x^2} = y,$$

et j'en déduis

$$x^2 = 4r^2 - y^2;$$

je substitue ensuite ces valeurs de $\sqrt{4r^2 - x^2}$ et x^2 dans l'expression de S, et je trouve

$$S = \frac{\pi y \left(2r - y\right)\left(2r + y\right)^2}{4r^2}. \tag{1}$$

En multipliant les deux termes du second membre par 3, il est facile de reconnaître que les quatre facteurs variables

$$y, \quad 6r - 3y, \quad 2r + y, \quad 2r + y,$$

que le numérateur contient, ont une somme constante et égale à $10r$; mais on ne peut leur appliquer le théorème précédent pour trouver le maximum de leur produit, parce qu'étant fonctions d'une même variable y, ils sont tous déterminés en même temps qu'elle, et ne varient pas de grandeur d'une manière indépendante. On reconnaît, en effet, que ces facteurs ne peuvent être égaux pour aucune valeur de y.

Pour trouver le maximum de S, j'ai recours au procédé suivant qu'on peut appliquer à un grand nombre de questions du même genre que la précédente. Je divise et je multiplie simultanément les facteurs variables du produit S par des constantes arbitraires que je représente par les lettres α, β, γ,... de sorte que j'ai

$$S = \frac{\pi \alpha \beta \gamma^2}{4r^2} \frac{y}{\alpha} \left(\frac{2r-y}{\beta} \right) \left(\frac{2r+y}{\gamma} \right)^2.$$

Profitant de l'indétermination des trois constantes α, β, γ, je vais chercher s'il est possible de les déterminer de manière que les facteurs du produit $\frac{y}{\alpha} \left(\frac{2r-y}{\beta} \right) \left(\frac{2r+y}{\gamma} \right)^2$ soient égaux et que leur somme $\left(\frac{1}{\alpha} - \frac{1}{\beta} + \frac{2}{\gamma} \right) y + \frac{2r}{\beta} + \frac{4r}{\gamma}$ soit constante; ce que j'exprime par les trois équations

$$\frac{y}{\alpha} = \frac{2r-y}{\beta} = \frac{2r+y}{\gamma},$$

et

$$\frac{1}{\alpha} - \frac{1}{\beta} + \frac{2}{\gamma} = 0.$$

Les valeurs des quatre inconnues α, β, γ et y, qui satisfont à ces équations jouissent évidemment de la propriété de rendre le produit précédent et S, par suite, maximums. Cela posé, je vais résoudre ces équations qui ne contiennent en réalité que trois inconnues y, $\frac{\beta}{\alpha}$, $\frac{\gamma}{\alpha}$; comme α, β, γ sont proportionnelles aux quantités y, $2r-y$, $2r+y$, il suffit de remplacer α par y, β par $2r-y$ et γ par $2r+y$ dans la troisième équation pour éliminer α, β, γ, entre ces équations; je trouve ainsi l'équation

$$\frac{1}{y} - \frac{1}{2r-y} + \frac{2}{2r+y} = 0,$$

qui est du second degré par rapport à y, car on la ramène à la forme suivante :

$$2y^2 - ry - 2r^2 = 0,$$

en faisant disparaître les dénominateurs de tous ses termes.

Cette équation a deux racines réelles, l'une positive et l'autre négative, puisque le dernier terme du premier membre est négatif; la racine positive, savoir :

$$y = \frac{r\left(1 + \sqrt{17}\right)}{4},$$

est donc la valeur de y, correspondante au maximum de S. On en déduirait facilement les valeurs des rapports $\frac{\beta}{\alpha}$, $\frac{\gamma}{\alpha}$; mais elles sont inutiles. Pour avoir l'apothème x du cône maximum, je remplace y par sa valeur dans l'équation

$$x = \sqrt{4r^2 - y^2},$$

et j'ai

$$x = \frac{r\sqrt{46 - 2\sqrt{17}}}{4}.$$

L'inconnue auxiliaire y a une représentation géométrique remarquable : c'est la corde de l'arc BE ; comme sa valeur est plus simple que celle de x, on la construira de préférence pour avoir le point B et, par suite, l'apothème SB.

2° *Parmi les parallélipipèdes rectangles dont la somme des arêtes est constante, ainsi que la surface totale, trouver celui dont le volume est maximum.*

Soient x, y et z les dimensions d'un parallélipipède rectangle dont la somme des douze arêtes est égale à $4a$, et la surface totale égale à $4b^2$; comme la somme de ses arêtes est aussi représentée par $4x + 4y + 4z$, sa surface totale par $2xy + 2yz + 2zx$, et son volume par xyz, il s'agit de trouver le maximum du produit xyz, en supposant qu'on ait

$$x + y + z = a$$

et

$$xy + yz + zx = 2b^2.$$

Si les inconnues x, y et z, que je suppose positives, n'étaient assujetties qu'à satisfaire à la première équation, leur produit xyz serait maximum lorsque chacune d'elles égalerait le tiers $\frac{a}{3}$ de leur somme. Mais, comme il ne faut considérer, parmi les systèmes de valeurs de x, y et z, qui satisfont à la première équation, que ceux qui satisfont aussi à la seconde, il n'est plus possible, en général, de supposer ces inconnues égales à $\frac{a}{3}$; car, si l'on introduit cette hypothèse dans les deux équations, elle conduit à une équation de condition

$$a^2 = 6b^2$$

entre les données de la question.

Lorsque cette équation de condition sera satisfaite, le maximum du parallélipipède rectangle sera le cube dont le côté est égal à $\frac{a}{3}$; dans le cas contraire, ce maximum sera moindre que le cube $\frac{a^3}{27}$, puisque les valeurs de x, y et z qui satisfont aux deux équations simultanées

$$x + y + z = a,$$
$$xy + yz + xz = 2b^2,$$

se trouvent toutes parmi celles qui satisfont seulement à la première. Pour trouver alors ce maximum, je donne au produit xyz une valeur particulière c^3 et, d'après le procédé général, je suis conduit à résoudre les trois équations

$$x + y + z = a,$$
$$xy + yz + xz = 2b^2,$$
$$xyz = c^3.$$

L'élimination de deux quelconques des inconnues donne une équation du troisième degré pour déterminer la troisième inconnue, de sorte qu'il faut avoir recours à l'algèbre supérieure pour achever la résolution de la question proposée.

Exemple III.—*Partager le nombre* a *en deux parties* x *et* y, *telles que le produit* $x^m y^n$ *soit maximum,* m *étant un nombre entier positif.*

Je suppose les inconnues x et y positives, car si l'une était positive et l'autre négative, elles pourraient croître indéfiniment ainsi que le produit $x^m y^n$, sans cesser de satisfaire à la condition

$$x + y = a.$$

Cela posé, je divise le produit $x^m y^n$ par la quantité constante $m^m n^n$, et je remarque ensuite que le maximum de $x^m y^n$ est donné par les mêmes valeurs des inconnues x et y que le maximum de $\dfrac{x^m y^n}{m^m n^n}$, ou $\left(\dfrac{x}{m}\right)^m \left(\dfrac{y}{n}\right)^n$. Or la somme des $m+n$ facteurs de ce dernier produit est constante, puisqu'elle égale m fois $\dfrac{x}{m}$ plus n fois $\dfrac{y}{n}$, c'est-à-dire $x + y$, ou a; donc ce produit est maximum lorsque ses facteurs sont tous égaux, ce qui exige qu'on ait :

$$\frac{x}{m} = \frac{y}{n}.$$

Il faut dès lors partager le nombre a en deux parties proportionnelles aux exposants m et n du produit $x^m y^n$; on trouve ainsi :

$$x = \frac{am}{m + n}, \quad \text{et} \quad y = \frac{an}{m + n}.$$

Remarque.—Ce problème donne la solution d'un grand nombre de questions de maximum relatives à la géométrie. Voici quelques exemples :

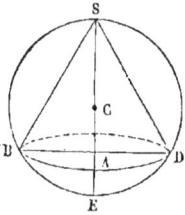

1° *Inscrire dans une sphère donnée le cône de volume maximum.*

Soient SA la hauteur et AB le rayon de la base d'un cône inscrit dans la sphère CS; je suppose que le plan de la base du cône se meuve parallèlement à lui-même, et je le considère d'abord lorsqu'il est tangent au point S de la sphère. Dans cette position, le cône est nul, puisque sa base est nulle; le volume du cône croît ensuite à mesure que sa base s'éloigne du point S; puis il diminue, car il redevient nul lorsque le plan de sa base est tangent à l'autre extrémité E du diamètre SE; ce volume passe donc par un maximum. Pour le trouver, je désigne par r le rayon de la sphère, par y et V la hauteur SA et le volume du cône SAB, de sorte que j'ai

$$V = \frac{1}{3}\,\pi AB^2 \times SA.$$

Or AB est moyenne proportionnelle entre les deux segments AS, AE, du diamètre, c'est-à-dire entre y et $2r - y$; par conséquent,

$$V = \frac{1}{3}\pi y^2 (2r - y).$$

Comme le facteur $\frac{1}{3}\pi$ est constant, il suffit de trouver le maximum du produit $y^2 (2r - y)$; mais la somme des deux quantités y et $2r - y$ est constante et égale à $2r$, donc il faut partager la somme $2r$ en deux parties proportionnelles aux exposants 2 et 1 des quantités y et $2r - y$, ce qui donne

$$\frac{y}{2} = \frac{2r - y}{1}.$$

Il en résulte qu'on a

$$\frac{y}{2} = \frac{2r}{3},$$

et, par suite,

$$y = \frac{4r}{3}.$$

On prouverait de même que la surface convexe de ce cône de volume maximum est aussi maximum.

2º *Inscrire dans une sphère le cylindre de volume maximum.*

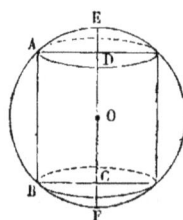

Soient r le rayon OE de la sphère, $2x$ et V la hauteur CD et le volume d'un cylindre ABCD inscrit dans cette sphère; en faisant varier la position de sa base depuis le centre jusqu'à l'extrémité E du diamètre EF qui est perpendiculaire à son plan, on reconnaît facilement que le volume de ce cylindre a un maximum. Cela posé, on a :

$$V = \pi AD^2 \times CD,$$

ou

$$V = \pi (r^2 - x^2) \times 2x.$$

Comme la quantité V et son carré sont simultanément maximums, j'élève au carré les deux membres de l'égalité précédente, ce qui donne :

$$V^2 = 4\pi^2 x^2 (r^2 - x^2)^2,$$

et je cherche ensuite la valeur de x qui rend maximum le produit $x^2(r^2 - x^2)^2$. Or les deux quantités x^2 et $r^2 - x^2$ ont une somme constante, donc il faut qu'on ait :

$$\frac{x^2}{1} = \frac{r^2 - x^2}{2};$$

je déduis de cette équation

$$x^2 = \frac{r^2}{3},$$

et, par suite,

$$x = \frac{r\sqrt{3}}{3}.$$

3° *Circonscrire à un cylindre donné le cône de volume minimum.*

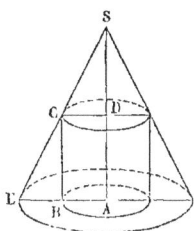

Soient SA la hauteur et AE le rayon de la base d'un cône circonscrit au cylindre ABCD ; on reconnaît facilement que le volume de ce cône est susceptible d'un minimum en faisant glisser son sommet sur le prolongement DS de la hauteur du cylindre, à partir du point D. En effet, lorsque le point S est très-près du point D, la base du cône et son volume, par suite, sont infiniment grands ; puis, ce volume diminue lorsque le point S s'éloigne du point D ; mais il recommence à croître, car il redevient infiniment grand, lorsque sa hauteur SA devient elle-même infiniment grande. Le volume du cône circonscrit au cylindre ABCD est donc susceptible d'un minimum. Pour le trouver, je désigne par r et h le rayon AB et la hauteur AD du cylindre, par V et x le volume et la hauteur SA du cône circonscrit, et j'ai

$$V = \frac{1}{3}\pi AE^2 \times x.$$

Or, les triangles rectangles SAE, SCD, sont semblables, et donnent :

$$\frac{AE}{r} = \frac{x}{x-h} \, ;$$

on a, par conséquent,

$$AE = \frac{rx}{x-h}$$

et

$$V = \frac{\pi r^2 x^3}{3 (x-h)^2} \cdot$$

Cela posé, je multiplie les deux termes du second membre par h, et je les divise ensuite par x^3 ; il en résulte que

$$V = \frac{\dfrac{1}{3} \pi r^2 h}{\dfrac{h}{x} \left(1 - \dfrac{h}{x}\right)^2} \cdot$$

Pour avoir le minimum de V dont le dénominateur seul est variable, je vais chercher le maximum de ce dénominateur ; or, la somme des deux facteurs $\dfrac{h}{x}$, $1 - \dfrac{h}{x}$, est constante, donc le produit $\dfrac{h}{x} \left(1 - \dfrac{h}{x}\right)^2$ sera maximum, si l'on a

$$\frac{\dfrac{h}{x}}{1} = \frac{1 - \dfrac{h}{x}}{2} \cdot$$

Je déduis de cette équation

$$\frac{h}{x} = \frac{1}{3},$$

et, par suite, $x = 3h$. La hauteur du cône minimum, circonscrit au cylindre ABCD, est donc le triple de celle du cylindre.

EXEMPLE IV.—*Décomposer un nombre en deux facteurs dont la somme soit égale à un nombre donné* b. *Cette somme a-t-elle un minimum?*

Soient x et y les deux facteurs du nombre a; j'ai les équations

$$xy = a,$$
$$x + y = b,$$

et je considère x et y comme les racines de l'équation

$$z^2 - bz + a = 0.$$

Or les valeurs de z sont

$$z = \frac{b \pm \sqrt{b^2 - 4a}}{2};$$

par conséquent le problème n'est possible que si b^2 est plus grand que $4a$, ou au moins égal à ce nombre. La somme b peut dès lors décroître depuis ∞ jusqu'au nombre $2\sqrt{a}$, qui est son *minimum*.

COROLLAIRE.—Ce théorème est susceptible de généralisation. Ainsi, *lorsqu'on a*

$$x_1 x_2 x_3 \ldots x_n = a,$$

la somme $x_1 + x_2 + x_3 \ldots + x_n$ *des* n *facteurs du produit* a *est minimum si les facteurs sont égaux.*

En effet, si la somme $x_1 + x_2 \ldots + x_n$ supposée minimum avait deux parties inégales, par exemple x_1 et x_2, je pourrais remplacer dans cette somme chacune d'elles par la racine carrée de leur produit sans changer la valeur de a. Or, d'après le théorème qui précède, j'ai

$$x_1 + x_2 > \sqrt{x_1 x_2} + \sqrt{x_1 x_2},$$

et j'en déduis

$$x_1 + x_2 + x_3 \ldots + x_n > \sqrt{x_1 x_2} + \sqrt{x_1 x_2} + x_3 \ldots + x_n,$$

c'est-à-dire que je pourrais décomposer le nombre a en n facteurs dont la somme serait plus petite que $x_1 + x_2 + \ldots + x_n$, ce qui est contraire à l'hypothèse. Il faut donc que les facteurs soient égaux, pour que leur somme soit minimum.

La remarque que j'ai faite sur le problème III est aussi applicable à celui-ci.

EXEMPLE V. — *Trouver le minimum et le maximum de la fraction*

$$\frac{x^2 - x + 1}{x^2 + 1}.$$

Je suppose cette fraction égale à un nombre donné m, et je vais chercher la valeur correspondante de x. Pour cela, je résous l'équation

$$\frac{x^2 - x + 1}{x^2 + 1} = m,$$

ou

$$(1 - m)x^2 - x + 1 - m = 0,$$

et je trouve

$$x = \frac{1 \pm \sqrt{1 - 4(1 - m)^2}}{2(1 - m)}.$$

Ces valeurs de x seront réelles, si l'on a

$$1 - 4(1 - m)^2 > 0;$$

or, le premier membre de cette inégalité est un polynôme entier et du second degré par rapport à m, et le coefficient de m^2 est égal à — 4, c'est-à-dire qu'il est négatif; par conséquent, on ne peut donner à m que des valeurs qui soient comprises entre les racines de ce trinôme (20e leçon). Je cherche dès lors ces racines en résolvant l'équation

$$4(1 - m)^2 = 1,$$

ou le système équivalent

$$2(1 - m) = \pm 1;$$

j'en déduis successivement

$$m = \frac{1}{2}, \quad \text{et} \quad m = \frac{3}{2}.$$

La valeur m de la fraction proposée peut donc varier depuis $\frac{1}{2}$ jusqu'à $\frac{3}{2}$; j'en conclus qu'elle a un *minimum* égal à $\frac{1}{2}$ et un *maximum* égal à $\frac{3}{2}$.

Pour avoir les valeurs de m correspondantes au minimum et

au maximum de la fraction, je remplace successivement m par $\frac{1}{2}$ et $\frac{3}{2}$ dans la formule

$$x = \frac{1 \pm \sqrt{1 - 4(1-m)^2}}{2(1-m)}$$

réduite à son premier terme :

$$x = \frac{1}{2(1-m)},$$

parce que les nombres $\frac{1}{2}$ et $\frac{3}{2}$, qui sont les racines du polynôme $1 - 4(1-m)^2$, rendent nul le radical $\sqrt{1 - 4(1-m)^2}$. Je trouve ainsi

$$x = 1, \quad \text{et} \quad x = -1.$$

Voyons maintenant comment la fraction proposée varie lorsqu'on y fait croître x depuis $-\infty$ jusqu'à $+\infty$. Je cherche d'abord sa valeur pour $x = +\infty$: cette fraction prend alors la forme indéterminée $\frac{\infty}{\infty}$; pour en trouver la vraie valeur, je divise ses deux termes par x^2, et elle devient :

$$\frac{1 - \frac{1}{x} + \frac{1}{x^2}}{1 + \frac{1}{x^2}}.$$

Si je donne maintenant à x des valeurs positives de plus en plus grandes, les rapports $\frac{1}{x}$, $\frac{1}{x^2}$, diminuent indéfiniment, et la fraction proposée se réduit à $\frac{1}{1}$, ou 1, pour $x = +\infty$. Je prouverais de la même manière que cette fraction est encore égale à l'unité pour $x = -\infty$. De là je conclus que lorsqu'on fait croître x, depuis $-\infty$ jusqu'à $+\infty$, la fraction

$$\frac{x^2 - x + 1}{x^2 + 1}$$

croît d'abord depuis $+1$ jusqu'à son maximum $\frac{3}{2}$; elle décroît ensuite jusqu'à son minimum $\frac{1}{2}$, puis elle croît jusqu'à $+1$.

EXEMPLE VI.—*Calculer le maximum et le minimum de la fraction* $\frac{x^2+1}{2x-1}$.

Je suppose cette fraction égale à un nombre donné m, et je vais chercher la valeur correspondante de x. Pour cela, je résous l'équation

$$\frac{x^2+1}{2x-1}=m,$$

ou $x^2-2mx+m+1=0,$

et je trouve

$$x=m\pm\sqrt{m^2-4m-4}.$$

Ces valeurs de x ne sont réelles que si l'on a

$$m^2-4m-4>0;$$

or le polynôme m^2-4m-4 a ses racines $2\pm2\sqrt{2}$ réelles et inégales; de plus le coefficient de son premier terme m^2 est positif; par conséquent, pour rendre ce polynôme positif, on ne peut donner à m, c'est-à-dire à la fraction proposée, que des valeurs plus petites que la plus petite racine $2-2\sqrt{2}$, ou plus grandes que la plus grande $2+2\sqrt{2}$.

Les valeurs de cette fraction forment donc deux groupes distincts; l'un comprend les nombres croissants depuis $-\infty$ jusqu'à $2-2\sqrt{2}$, et l'autre les nombres croissants depuis $2+2\sqrt{2}$ jusqu'à $+\infty$. Par conséquent, le nombre $2-2\sqrt{2}$ est le *maximum* des valeurs de la fraction, comprises dans le premier groupe, et le nombre $2+2\sqrt{2}$ est le *minimum* de ses valeurs qui forment le second groupe.

La valeur de x, correspondante au maximum de la fraction est $2-2\sqrt{2}$, et celle qui correspond au minimum est $2+2\sqrt{2}$.

Si l'on cherche, par le procédé précédemment indiqué, les

valeurs de la fraction pour $x=-\infty$ et pour $x=+\infty$, on les trouve respectivement égales à $-\infty$ et $+\infty$. En remarquant aussi que cette fraction tend vers $-\infty$ lorsqu'on donne à x des valeurs croissantes, mais moindres que l'unité, et qu'elle tend au contraire vers $+\infty$ pour des valeurs décroissantes de x, mais plus grandes que l'unité, on reconnaît facilement qu'en faisant croître x dans cette fraction depuis $-\infty$ jusqu'à $+1$, et ensuite depuis $+1$ jusqu'à $+\infty$, la fraction proposée croît d'abord depuis $-\infty$ jusqu'à $2-2\sqrt{2}$, et décroît ensuite jusqu'à $-\infty$. Elle présente alors une solution de continuité, et passe de $-\infty$ à $+\infty$ sans aucun intermédiaire; à partir de cet instant, elle décroît jusqu'à $2+2\sqrt{2}$ et recommence à croître jusqu'à $+\infty$.

PROBLÈME VII.—Trouver le minimum et le maximum de la fraction $\dfrac{ax^2+bx+c}{a'x^2+b'x+c'}$.

Pour résoudre cette question dont les deux précédentes ne sont que des cas particuliers, je remarque d'abord que les deux termes de la fraction proposée peuvent avoir deux racines communes, ou une seule, ou bien aucune. Dans le premier cas, cette fraction a une valeur constante; en effet, les deux équations

$$ax^2+bx+c=0,$$
$$a'x^2+b'x+c'=0,$$

ayant deux racines communes, il en résulte qu'on a

$$\frac{b}{a}=\frac{b'}{a'}, \quad \frac{c}{a}=\frac{c'}{a'},$$

et, par suite,

$$\frac{ax^2+bx+c}{a'x^2+b'x+c'}=\frac{a\left(x^2+\dfrac{b}{a}x+\dfrac{c}{a}\right)}{a'\left(x^2+\dfrac{b'}{a'}x+\dfrac{c'}{a'}\right)}=\frac{a}{a'}.$$

J'écarte dès lors ce cas dans lequel la fraction proposée ne peut avoir de minimum ni de maximum ; on le reconnaît facilement à ce que les coefficients a, a', de x^2 sont proportionnels aux coefficients b, b', de x et aux termes constants c, c'.

Je suppose, en second lieu, que les deux équations

$$ax^2 + bx + c = 0,$$
$$a'x^2 + b'x + c' = 0,$$

n'aient qu'une racine commune que je désigne par α ; les deux termes de la fraction proposée sont alors divisibles par $x - \alpha$; cette fraction, réduite à sa plus simple expression, prend la forme suivante

$$\frac{ax + m}{a'x + m'},$$

et je dis qu'elle n'a pas de minimum, ni de maximum finis, c'est-à-dire qu'elle peut passer par tous les états de grandeur possibles. En effet, si j'égale cette fraction à un nombre quelconque K, je déduis de l'équation

$$\frac{ax + m}{a'x + m'} = K$$

une valeur déterminée de x, savoir :

$$x = \frac{Km' - m}{a - Ka'};$$

car on ne peut avoir

$$K = \frac{m}{m'} = \frac{a}{a'},$$

puisque, la fraction proposée $\dfrac{ax^2 + bx + c}{a'x^2 + b'x + c'}$ n'étant pas constante par hypothèse, la fraction $\dfrac{ax + m}{a'x + m'}$ qui lui est équivalente ne peut avoir ses coefficients a, a' et m, m', proportionnels.

J'écarterai encore ce cas particulier dans lequel la fraction proposée n'a pas de minimum ni de maximum finis, et je ferai seulement remarquer que, pour le reconnaître, il n'est pas nécessaire de résoudre les deux équations

$$ax^2 + bx + c = 0,$$
$$a'x^2 + b'x + c' = 0.$$

En effet, si je multiplie la première par a', la seconde par a et que je retranche ensuite ces équations l'une de l'autre, je pourrai remplacer l'une d'entre elles par l'équation du premier degré

$$(ab' - ba')x + ac' - ca' = 0,$$

et déterminer leur racine commune (en supposant qu'elles en aient une) par cette dernière équation qui donne

$$x = \frac{ca' - ac'}{ab' - ba'};$$

il suffit dès lors de substituer cette valeur de x dans l'une des deux équations du second degré. Si cette équation est satisfaite, les deux termes de la fraction proposée seront divisibles par le binôme $x - \frac{ca' - ac'}{ab' - ba'}$, et la fraction n'aura pas de minimum ni de maximum finis; dans le cas contraire, la fraction sera irréductible, et on cherchera son maximum et son minimum de la manière suivante :

Je donne à cette fraction une certaine valeur m, et je résous l'équation

$$\frac{ax^2 + bx + c}{a'x^2 + b'x + c'} = m$$

ou $\qquad (a - a'm)x^2 + (b - b'm)x + c - c'm = 0,$

pour avoir la valeur correspondante de la variable x. Je trouve ainsi :

$$x = \frac{b'm - b \pm \sqrt{(b'm - b)^2 - 4(a - a'm)(c - c'm)}}{2(a - a'm)}$$

ou

$$x = \frac{b'm - b \pm \sqrt{Am^2 - 2Bm + C}}{2(a - a'm)},$$

en posant, pour abréger,

$$A = b'^2 - 4a'c',$$
$$B = bb' - 2(ac' + ca'),$$
$$C = b^2 - 4ac.$$

Lorsque, dans la formule précédente, on donne à m une valeur quelconque, les valeurs correspondantes de x ne sont réelles que si valeur de m rend le trinôme $Am^2 - 2Bm + C$ positif. Comme le signe de ce trinôme du second degré, par rapport à m, dépend particulièrement de celui du coefficient A de son premier terme, je supposerai successivement A positif, négatif ou nul. Soit 1° $A > 0$. Dans cette hypothèse, les racines du trinôme $Am^2 - 2Bm + C$, égalé à zéro, peuvent être réelles et inégales, réelles et égales ou imaginaires; si elles sont réelles et inégales et que je désigne la plus petite par m' et la plus grande par m'', le trinôme ne sera positif qu'autant que les valeurs attribuées à m ne seront pas comprises entre m' et m''; la racine m' est le *maximum* des valeurs de m qui composent le premier groupe, et la racine m'' est le *minimum* des valeurs de m qui forment le second groupe.

Si les racines du trinôme $Am^2 - 2Bm + C$ sont réelles et égales ou imaginaires, ce trinôme est de même signe que son premier terme, c'est-à-dire positif, pour toute valeur de m, de sorte que la fraction proposée peut croître depuis $-\infty$ jusqu'à $+\infty$ sans que x cesse d'être réelle; dans les deux hypothèses précédentes, cette fraction n'a donc ni minimum, ni maximum finis.

2° Je suppose $A \leqslant 0$; dans ce cas, les racines m' et m'' du trinôme $Am^2 - 2Bm + C$ sont toujours réelles et inégales, car si elles étaient réelles et égales ou imaginaires, le trinôme serait négatif, et, par suite, x imaginaire pour toute valeur de m; ce qui est absurde, puisqu'on peut donner à x des valeurs réelles quelconques à chacune desquelles correspond une valeur aussi réelle de m. Au reste, on peut vérifier directement que la quantité $B^2 - AC$ n'est pas nulle ni négative lorsque le coefficient A est négatif; il suffit de former cette quantité pour le reconnaître.

Les racines m' et m'' étant dès-lors réelles et inégales, le trinôme $Am^2-2Bm+C$ ne peut être positif que si l'on donne à m des valeurs comprises entre m' et m''; la fraction proposée n'a donc qu'une série de valeurs croissant depuis m' qui est son *minimum* jusqu'à m'' qui est son *maximum*.

3° Soit $A=0$, il en résulte que

$$x = \frac{b'm - b \pm \sqrt{-2Bm+C}}{2(a-a'm)}.$$

Pour que cette valeur de x soit réelle, il faut qu'on ait

$$-2Bm+C > 0;$$

or le coefficient B peut être positif, négatif ou nul : s'il est positif, on déduit de l'inégalité précédente

$$m < \frac{C}{2B};$$

dans cette hypothèse la fraction proposée peut donc croître depuis $-\infty$ jusqu'à $\frac{C}{2B}$, qui est dès lors son *maximum*.

En supposant, au contraire, B négatif, l'inégalité

$$-2Bm+C > 0$$

donne $\qquad\qquad m > \frac{C}{2B};$

par conséquent la fraction proposée peut croître depuis $\frac{C}{2B}$

jusqu'à $+\infty$, de sorte que sa valeur *minimum* égale $\frac{C}{2B}$.

Enfin, si B est nul, la valeur de x devient

$$x = \frac{b'm - b \pm \sqrt{C}}{2(a-a'm)}.$$

Je remarque qu'alors C n'est pas nul, ni négatif ; car, en éliminant b' entre les équations de condition

$$A=0, \text{ et } B=0,$$

c'est-à-dire $\quad b'^2 - 4a'c' = 0, \text{ et } bb' - 2(ac'+ca') = 0,$

on trouve que $b^2 - 4ac$, ou C, égale $\dfrac{(ac' - ca')^2}{a'c'}$, quantité évidemment positive, puisque $a'c'$ est positif d'après l'équation $A = 0$; de plus, cette quantité ne peut être nulle, parce que les coefficients des deux termes de la fraction $\dfrac{ax^2 + bx + c}{a'x^2 + b'x + c'}$ ne sont pas proportionnels. Par conséquent C est toujours positif, et x réel pour toutes les valeurs attribuées à m, qui n'a dès lors ni minimum ni maximum finis.

Remarque. — Lorsque les deux termes de la fraction $\dfrac{ax^2 + bx + c}{a'x^2 + b'x + c'}$ ont une racine commune α, et qu'on cherche le maximum et le minimum de cette fraction sans la réduire à sa plus simple expression, l'équation

$$(a - a'm)x^2 + (b - b'm)x + c - c'm = 0$$

admet la racine α; il en résulte que l'autre racine est égale à $\dfrac{c - c'm}{(a - a'm)\alpha}$. Par conséquent, les deux valeurs de x, données par la résolution de cette équation du second degré, sont rationnelles par rapport à m; ce qui exige que le trinôme

$$Am^2 - 2Bm + C$$

soit un carré parfait, c'est-à-dire qu'on ait

$$A > 0 \text{ et } B^2 - AC = 0.$$

La réciproque est vraie; on peut, en effet, vérifier que l'équation

$$B^2 - AC = 0$$

exprime que les deux équations du second degré

$$ax^2 + bx + c = 0,$$
$$a'x^2 + b'x + c' = 0,$$

ont une racine commune, égale à $\dfrac{ca' - ac'}{ab' - ba'}$.

EXEMPLE VII. — *Parmi tous les triangles rectangles de même surface, quel est celui dans lequel l'excès de l'hypoténuse sur la hauteur correspondante à ce côté est minimum?*

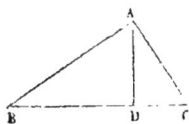

Je désigne par x et y les côtés AB, AC, de l'angle droit du triangle rectangle ABC, par z son hypoténuse BC et par c^2 l'aire de ce triangle; j'ai par suite

$$x^2 + y^2 = z^2$$

et
$$xy = 2c^2.$$

J'abaisse du sommet de l'angle droit la perpendiculaire AD sur l'hypoténuse, et je remarque qu'on a

$$AD \times BC = 2c^2,$$

puisque l'aire du triangle est égale à la moitié du produit $AD \times BC$; de là je tire

$$AD = \frac{2c^2}{z},$$

et, par suite,
$$BC - AD = \frac{z^2 - 2c^2}{z}.$$

Il s'agit maintenant de trouver le minimum de la fraction

$$\frac{z^2 - 2c^2}{z}$$

qui est positive, car on a successivement

$$AD < AB < BC;$$

cette condition fait connaître une limite inférieure de z, puisqu'il faut qu'on ait

$$z > c\sqrt{2}.$$

Cela posé, je donne à la différence BC—AD une valeur quelconque m, et je vais chercher les valeurs correspondantes de x, y et z, qui sont déterminées par les trois équations

$$x^2 + y^2 = z^2,$$
$$xy = 2c^2,$$

et
$$z^2 - 2c^2 = mz.$$

La troisième détermine l'hypoténuse z, car on en déduit

$$z = \frac{m \pm \sqrt{m^2 + 8c^2}}{2}.$$

La première de ces racines convient seule à la question, puisqu'elle est positive et plus grande que $c\sqrt{2}$, tandis que la seconde est négative.

Pour calculer les valeurs des deux autres inconnues x et y, j'ajoute le double de la seconde équation à la première et j'extrais les racines carrées des deux membres de l'équation résultante ; ce qui donne

$$x + y = \sqrt{z^2 + 4c^2};$$

je trouverais de même

$$x - y = \sqrt{z^2 - 4c^2},$$

en supposant que x soit le plus grand des deux côtés x et y. Ces dernières équations faisant connaître la somme et la différence des deux inconnues x et y, j'en déduis successivement

$$x = \frac{\sqrt{z^2 + 4c^2} + \sqrt{z^2 - 4c^2}}{2},$$

et

$$y = \frac{\sqrt{z^2 + 4c^2} - \sqrt{z^2 - 4c^2}}{2}.$$

Pour la réalité de x et y, il faut évidemment qu'on ait

$$z^2 > 4c^2,$$

ou

$$z > 2c.$$

Mais on a trouvé

$$z = \frac{m + \sqrt{m^2 + 8c^2}}{2};$$

il en résulte que la quantité m doit satisfaire à l'inégalité

$$\frac{m + \sqrt{m^2 + 8c^2}}{2} > 2c.$$

Afin de résoudre cette inégalité par rapport à m, je multiplie ses deux membres par 2, et je transporte le terme m dans le second membre; j'ai par suite

$$\sqrt{m^2 + 8c^2} > 4c - m.$$

Cette nouvelle inégalité est satisfaite lorsqu'on donne à m une valeur quelconque plus grande que $4c$, ou au plus égale à $4c$; car le second membre est négatif ou nul et, par conséquent, moindre que le premier qui est positif. Je supposerai dès lors la quantité m plus petite que $4c$, et j'élèverai au carré les deux membres de l'inégalité précédente, qui sont alors positifs; je trouve ainsi

$$m^2 + 8c^2 > 16c^2 - 8cm + m^2,$$

ou

$$8cm > 8c^2,$$

et, enfin,

$$m > c.$$

Par conséquent le minimum de m est égal à c; pour cette valeur de m, l'hypoténuse est égale à $2c$ et les côtés de l'angle droit sont égaux à $c\sqrt{2}$, de sorte que le triangle rectangle demandé est isocèle.

Exercices.

1. Partager un nombre en deux parties telles que la somme de leurs carrés ou de leurs cubes soit maximum.

(*Rép.* Divisez ce nombre en deux parties égales.)

2. Décomposer un nombre en deux parties telles que la somme des quotients qu'on obtient en divisant chacune de ces parties par l'autre soit minimum.

(*Rép.* Divisez ce nombre en deux parties égales.)

3. Parmi tous les rectangles qui ont une surface donnée, trouver celui dont le périmètre est minimum.

(*Rép.* C'est le carré.)

4. Parmi tous les rectangles de même périmètre, trouver celui dont l'aire est maximum.

(*Rép.* C'est le carré.)

5. Inscrire dans un cercle donné un rectangle d'aire donnée. — Maximum de ce rectangle.

(*Rép.* Le rectangle maximum est le carré inscrit.)

6. Inscrire dans un cercle donné un triangle isocèle dont la somme de la base et de la hauteur soit donnée. — Cette somme a-t-elle un maximum et un minimum?

7. Inscrire dans un carré donné un rectangle de surface donnée. — Maximum et minimum de ce rectangle.

8. Parmi tous les trapèzes isocèles qui ont la même base inférieure et les mêmes côtés égaux, trouver celui dont la surface est maximum.

9. Inscrire dans un cône droit un cylindre dont la surface *latérale* ou *totale* soit maximum.

10. Circonscrire à une sphère un cône dont la surface totale, ou le volume, soit minimum.

11. Parmi tous les triangles rectangles dont le périmètre est constant, trouver celui dont la somme des deux côtés de l'angle droit et de la perpendiculaire abaissée du sommet de cet angle sur l'hypoténuse soit maximum.

12. Une chaudière a la forme d'un cylindre, terminé par une demi-sphère de même diamètre; on donne sa hauteur et l'on demande de calculer les dimensions du cylindre de manière que la capacité de la chaudière soit maximum.

13. Deux droites parallèles et une sécante sont données; sur l'une des parallèles on prend un point par lequel on propose de mener une sécante qui forme avec les trois droites données deux triangles dont la somme soit minimum.

14. Par un point donné dans un cercle, tracer deux droites rectangulaires de manière qu'elles interceptent un arc dont la corde soit donnée. — Minimum et maximum de cette corde.

15. Mener une parallèle à l'un des côtés d'un triangle de

manière que la somme des carrés des côtés du trapèze intercepté soit minimum.

16. Parmi tous les parallélipipèdes rectangles qui ont la même surface totale et dont l'une des arêtes est moyenne harmonique entre les deux autres, trouver celui qui a la plus petite diagonale.

17. Inscrire dans un cercle donné un trapèze dont les côtés non parallèles soient donnés et dont la surface soit maximum..

18. Quel est le minimum de la fraction

$$\frac{(x-a)\,(x-b)}{x}\,?$$

19. Parmi tous les cylindres, ou tous les cônes, qui ont la même surface totale, trouver celui dont le volume est maximum. — Réciproque.

20. Calculer les rayons et l'apothème d'un cône tronqué, à bases circulaires et parallèles, dont on donne la hauteur, le volume et le rapport de la surface convexe à la différence de ses bases. — Minimum de ce rapport.

VINGT-DEUXIÈME LEÇON.

Programme : Principales propriétés des progressions arithmétiques et des progressions géométriques.

1° Progressions arithmétiques.

On appelle *progression arithmétique*, ou *progression par différence*, une suite de nombres tels que la différence de chacun d'eux au précédent soit constante. Cette différence constante se nomme *raison* de la progression.

Les nombres

$$5, 8, 11, 14, 17, 20, 23, 26,...$$

sont les termes d'une progression arithmétique dont la raison est égale à 3, puisqu'il faut augmenter chaque terme de 3 unités pour former le suivant. Comme ses termes vont en croissant, on dit que la progression est *croissante*.

Les nombres

$$70, 65, 60, 55, 50, 45, 40, 35,...$$

sont aussi les termes d'une progression arithmétique, car on forme chacun d'eux en diminuant le précédent de 5 unités. Mais cette progression est *décroissante*, parce que ses termes vont en décroissant.

Lorsqu'une progression arithmétique est décroissante, il suffit de renverser l'ordre de ses termes pour la transformer en une progression croissante ayant la même raison.

Problème I.

Etant donnés le premier terme a *d'une progression arithmétique, la raison* r, *calculer la valeur du* $n^{ième}$ *terme.*

1° Si la progression est croissante, le second terme égale $a+r$, le troisième $a+r+r$ ou $a+2r$, le quatrième $a+2r+r$ ou $a+3r$, le cinquième $a+4r$, et, par analogie, le $n^{ième}$ égale $a+(n-1)r$; en le représentant par l, on a la formule

$$l = a + (n-1)r.$$

2° Lorsque la progression est décroissante, le second est égal à $a-r$, le troisième égal à $a-2r$, le quatrième égal à $a-3r$, le cinquième égal à $a-4r$, et, par analogie, le $n^{ième}$ égal à $a-(n-1)r$; de sorte qu'on a

$$l = a - (n-1)r.$$

On peut se servir de la première formule dans les deux cas, à la condition qu'on regardera la raison r comme positive ou négative, selon que la progression sera croissante ou décroissante. Nous adopterons désormais cette convention et nous dirons qu'*un terme quelconque d'une progression arithmétique est égal au premier terme, augmenté d'autant de fois la raison qu'il y a de termes avant lui.*

EXEMPLE I. — Calculer le 20e terme de la progression croissante dont le premier terme est égal à 5 et la raison égale à 3.

Ce terme est égal à $5+3\times19$ ou à 62.

EXEMPLE II. — Calculer le 10e terme de la progression décroissante dont le premier terme est égal à 100 et la raison égale à — 5.

Ce terme est égal à $100-5\times9$ ou à 55.

COROLLAIRE. — *Les termes d'une progression arithmétique dont la raison est positive croissent indéfiniment,* c'est-à-dire qu'à partir d'un certain terme ils surpassent tout nombre donné M, quelque grand qu'il soit.

Soient a et r le premier terme et la raison d'une progression arithmétique croissante ; son $n^{\text{ième}}$ terme qui est égal à $a + (n-1)r$ sera plus grand que le nombre donné M, si l'on peut choisir n de manière qu'il satisfasse à l'inégalité

$$a + (n-1)r > M.$$

Comme, en résolvant cette inégalité par rapport à n, on trouve

$$n > 1 + \frac{M-a}{r},$$

il en résulte que si l'on représente par k le plus grand nombre entier contenu dans $1 + \dfrac{M-a}{r}$, et qu'on donne à n la valeur $k+1$, le terme correspondant de la progression proposée sera plus grand que M, ainsi que les termes suivants, puisque la progression est croissante.

Ainsi, tous les termes de la progression arithmétique croissante

$$5, \ 8, \ 11, \ 14, \dots.$$

à partir du 3333e, sont plus grands que 10000.

PROBLÈME II.

Étant donnés deux termes a, b, *d'une progression arithmétique et le nombre* m *des termes qui les séparent, calculer la raison* r *de la progression et les termes compris entre* a *et* b.

Comme b est le $(m+2)^{\text{ième}}$ terme de la progression, à partir de a, on a

$$b = a + (m+1)r,$$

et l'on en déduit

$$r = \frac{b-a}{m+1}.$$

La raison r étant connue, on peut former les termes de la progression, compris entre a et b ; ces termes sont :

$$a+r, \ a+2r, \dots. \ a+mr.$$

On leur a donné le nom de *moyens arithmétiques insérés entre* a *et* b. De là résulte cet autre énoncé du problème précédent : *Insérer* m *moyens arithmétiques entre les nombres donnés* a *et* b.

COROLLAIRE I. — *Si l'on insère entre les termes consécutifs d'une progression arithmétique le même nombre de moyens arithmétiques, ces moyens forment une seule progression arithmétique avec les termes de la progression donnée.*

Soient

$$a, \; b, \; c, \; d, \; e, \ldots$$

les termes d'une progression arithmétique ; si j'insère m moyens entre a et b, la raison de la progression formée par ces moyens sera $\dfrac{b-a}{m+1}$. En insérant ensuite m moyens arithmétiques entre b et c, puis entre c et d, etc., je trouve $\dfrac{c-b}{m+1}$, $\dfrac{d-c}{m+1}$, pour les raisons de ces nouvelles progressions. Or les rapports

$$\frac{b-a}{m+1}, \qquad \frac{c-b}{m+1}, \qquad \frac{d-c}{m+1},$$

sont égaux, puisqu'ils ont le même dénominateur, et que chacun de leurs numérateurs est égal à la raison de la progression donnée ; je remarque, en outre, que la seconde progression partielle qui commence à b est la continuation de la première qui se termine par b, puisqu'elles ont un terme commun b et la même raison ; je prouverais de même que la troisième progression partielle qui commence par c est la continuation de la seconde et par suite de la première, etc. Tous les moyens insérés entre les termes consécutifs de la progression arithmétique

$$a, \; b, \; c, \; d, \ldots$$

forment donc avec ces termes une seule progression arithmétique.

COROLLAIRE II. — Pour insérer $mm'-1$ moyens arithmétiques entre deux nombres a et b, on peut insérer d'abord $m—1$ moyens arithmétiques entre a et b, puis $m'—1$ moyens arithmétiques entre les termes de la progression précédente.

En effet, si l'on insère $m—1$ moyens entre a et b, on forme une progression dont la raison est égale à $\dfrac{b—a}{m+1}$; en insérant ensuite $m'—1$ moyens arithmétiques entre les termes de cette progression, on aura $\dfrac{\left(\dfrac{b—a}{m}\right)}{m'}$ ou $\dfrac{b—a}{mm'}$ pour la raison de la nouvelle progression. Or ce nombre est évidemment la raison de la progression arithmétique qu'on obtient en insérant $mm'—1$ moyens arithmétiques entre a et b; donc, etc.

Ce théorème est général; au lieu d'insérer, par exemple, $mm'm''—1$ moyens entre a et b, on peut insérer d'abord $m—1$ moyens entre a et b, puis $m'—1$ moyens entre les termes de la progression ainsi formée, et enfin $m''—1$ moyens entre les termes de la seconde progression.

THÉORÈME I.

Dans toute progression arithmétique, composée d'un nombre fini de termes, la somme de deux termes également éloignés des extrémes est constante.

Soient a le premier terme de la progression, l le dernier et r la raison; je désigne par x le $n^{\text{ième}}$ terme qui suit a, par y le $n^{\text{ième}}$ terme qui précède l, et j'ai

$$x = a + (n—1)\,r,$$
$$y = l — (n—1)\,r.$$

En additionnant ces deux égalités membre à membre, je trouve

$$x + y = a + l;$$

ce qui démontre le théorème énoncé.

Remarque. — Si la progression considérée contient un nombre impair de termes, par exemple $2n + 1$, le $(n+1)^{ième}$ terme est également éloigné des deux extrêmes et, par suite, égal à la moitié de leur somme ; car, si l'on suppose y égal à x dans l'égalité précédente, on a

$$x = \frac{a+l}{2}.$$

THÉORÈME II.

La somme des n *premiers termes d'une progression arithmétique est égale au produit de la demi-somme des deux termes extrêmes par le nombre* n *de tous ces termes.*

Soient a, b, c,.... h, k, l, les n premiers termes d'une progression arithmétique et S leur somme ; on a dès lors

$$S = a+b+c+\ldots+h+k+l,$$

et, en renversant l'ordre des termes de la progression

$$S = l+k+h+\ldots+c+b+a.$$

Si l'on ajoute membre à membre les deux égalités précédentes, on trouve

$$2S = (a+l)+(b+k)+(c+h)+\ldots+(h+c)+(k+b)+(l+a);$$

or les deux termes, compris dans chacune des n parenthèses, sont également éloignés des extrêmes, donc leur somme est égale à $a+l$, et l'on a

$$2S = (a+l)n,$$

et

$$S = \frac{(a+l)n}{2}.$$

EXEMPLE 1. — Calculer la somme des 100 premiers termes de la progression arithmétique

$$2,\ 5,\ 8,\ 11,\ldots$$

Je calcule d'abord la valeur du 100ième terme de cette progression, et je le trouve égal à $2+3 \times 99$ ou à 299 ; j'applique ensuite la formule précédente, et j'ai $\dfrac{(2+299)100}{2}$ ou 15050 pour la somme demandée.

EXEMPLE II. — Calculer la somme des n premiers termes de la progression arithmétique, formée par les nombres impairs

$$1, \ 3, \ 5, \ 7, \ldots$$

Je calcule d'abord la valeur du $n^{\text{ième}}$ terme de cette progression, et je le trouve égal à $1+2(n-1)$, ou à $2n-1$; j'en déduis $\dfrac{(1+2n-1)n}{2}$ ou n^2 pour la somme des n premiers nombres impairs, résultat remarquable.

Remarque générale. — Les deux formules précédemment démontrées

$$l = a + (n-1)\, r,$$

$$S = \frac{(a+l)\, n}{2},$$

comprennent cinq quantités différentes a, r, n, l et S, de sorte qu'on peut calculer deux d'entre elles, lorsque les trois autres sont données. On est ainsi conduit à *dix* problèmes différents, comme l'indique le tableau suivant :

	INCONNUES.	DONNÉES.
1°	$n, a, \ldots\ldots\ldots$	$l, r, S,$
2°	$n, l, \ldots\ldots\ldots$	$a, r, S,$
3°	$n, r, \ldots\ldots\ldots$	$a, l, S,$
4°	$n, S, \ldots\ldots\ldots$	$a, l, r,$
5°	$r, a, \ldots\ldots\ldots$	$l, n, S,$
6°	$r, l, \ldots\ldots\ldots$	$a, n, S,$
7°	$r, S, \ldots\ldots\ldots$	$a, l, n,$
8°	$S, a, \ldots\ldots\ldots$	$l, n, r,$
9°	$S, l, \ldots\ldots\ldots$	$a, n, r,$
10°	$a, l, \ldots\ldots\ldots$	$n, r, S.$

Les huit derniers problèmes ne dépendent que d'équations du premier degré; mais les deux autres conduisent à des équations du second degré. Dans tous les cas, lorsque n est l'une des inconnues, le problème n'est possible que si la valeur de cette inconnue, déduite des deux équations précédentes, est entière et positive.

<h3>2° Progressions géométriques.</h3>

On appelle *progression géométrique,* ou *progression par quotient,* une suite de nombres tels que le rapport de chacun d'eux au précédent soit constant. Ce rapport constant se nomme la *raison* de la progression.

Ainsi les nombres

$$2, 10, 50, 250, 1250,\ldots$$

forment une progression géométrique dont la raison est égale à 5, puisqu'on obtient chaque terme, en multipliant le précédent par le nombre constant 5. Dans cet exemple, la raison étant plus grande que l'unité, les termes vont en croissant et l'on dit que la progression est *croissante.*

De même, les nombres

$$1, \quad \frac{2}{3}, \quad \frac{4}{9}, \quad \frac{8}{27}, \quad \frac{16}{81}, \ldots$$

sont les termes d'une progression dont la raison est égale à $\frac{2}{3}$; car on forme chacun d'eux en multipliant le précédent par le même nombre $\frac{2}{3}$. Comme la raison est plus petite que l'unité, les termes vont en décroissant, et la progression est dite *décroissante.*

Lorsqu'une progression est décroissante, il suffit de renverser l'ordre de ses termes pour la rendre croissante; mais la raison de la seconde progression est l'inverse de la raison de la première. En effet, si l'on renverse l'ordre des termes de la progression précédente, on voit que pour former le terme $\dfrac{8}{27}$

de la nouvelle progression au moyen du terme précédent $\dfrac{16}{81}$,

il faut diviser $\dfrac{16}{81}$ par $\dfrac{2}{3}$, ou le multiplier par $\dfrac{3}{2}$ qui est l'in-

verse de $\dfrac{2}{3}$.

Problème 1.

Étant donnés le premier terme a, *la raison* q *et le rang* n *d'un terme quelconque d'une progression par quotient, calculer la valeur de ce terme.*

Il résulte de la définition de la progression par quotient que le second terme égale le produit du premier par la raison, c'est-à-dire aq; le troisième égale de même $aq \times q$ ou aq^2; le quatrième égale $aq^2 \times q$ ou aq^3, et, par analogie, le $n^{\text{ième}}$ égale aq^{n-1}. En désignant par l ce dernier terme, on a la formule

$$l = aq^{n-1}$$

qui montre qu'*un terme quelconque d'une progression par quotient est égal au produit du premier terme par une puissance de la raison, ayant pour exposant le nombre des termes qui le précèdent.*

Ainsi le dixième terme de la progression par quotient dont le premier terme est 5, et la raison 2, égale 5×2^9 ou 2560.

Corollaire I. — *Les termes d'une progression par quotient dont la raison est plus grande que l'unité croissent indéfiniment,* c'est-à-dire qu'à partir d'un certain rang ils surpassent tout nombre donné, quelque grand qu'il soit.

Soient

$$a, \ b, \ c, \ d, \dots . h, \ k, \ l,$$

les n premiers termes d'une progression par quotient dont la raison q est plus grande que l'unité; je remarque d'abord que la différence de deux termes consécutifs, par exemple d et c, st plus grande que celle des deux termes précédents c et b. En effet, on a

$$d = cq,$$
$$c = bq,$$

et, par conséquent,

$$d - c = (c - b)q.$$

Or la raison q est plus grande que l'unité, donc la différence $d - c$ est plus grande que la différence $c - b$.

Cela posé, si je désigne par δ l'excès du second terme b de la progression par quotient sur le premier a, j'aurai successivement

$$b - a = \delta,$$
$$c - b > \delta,$$
$$d - c > \delta,$$
$$\cdots\cdots\cdots$$
$$\cdots\cdots\cdots$$
$$k - h > \delta,$$

et

$$l - k > \delta.$$

J'ajoute ensuite ces $n - 1$ inégalités membre à membre et, en remarquant que la somme de leurs premiers membres se réduit à la différence $l - a$ des deux termes extrêmes de la progression, je trouve

$$l - a > (n - 1)\delta,$$

ou

$$l > a + (n - 1)\delta.$$

Cette dernière inégalité montre qu'*un terme quelconque* l *de la progression par quotient est plus grand que le terme de même rang d'une progression par différence dont les deux premiers termes sont* a *et* a + δ, *ou* b, c'est-à-dire *les mêmes que ceux de la progression par quotient*. Or la progression arithmétique est croissante, puisque le second terme b est plus grand par hypothèse que le premier a, par conséquent ses termes croissent indéfiniment; il en est dès lors de même, *à fortiori*, des termes de la progression par quotient.

COROLLAIRE II. — *Les termes d'une progression par quotient dont la raison est moindre que l'unité décroissent indéfiniment, c'est-à-dire qu'à partir d'un certain rang ils sont moindres que tout nombre donné, quelque petit qu'il soit.*

Soient a le premier terme de la progression et q sa raison que je suppose plus petite que l'unité; je dis qu'on peut choisir le nombre entier n assez grand pour que le terme aq^n de la progression soit moindre qu'un nombre donné k, aussi petit qu'on voudra.

En effet, si je forme la progression par quotient dont le premier terme est $\dfrac{1}{a}$ et la raison $\dfrac{1}{q}$, je pourrai trouver dans cette progression croissante un terme $\dfrac{1}{a}\left(\dfrac{1}{q}\right)^n$ qui soit plus grand que le nombre $\dfrac{1}{k}$. J'aurai donc

$$\frac{1}{k} < \frac{1}{aq^n},$$

et, par suite,

$$aq^n < k;$$

ce qu'il fallait démontrer.

PROBLÈME II.

Étant donnés deux termes a, b, *d'une progression par quotient, et le nombre* m *des termes qui les séparent, calculer la raison* q *de la progression et les termes compris entre* a *et* b.

Le terme b étant le $(m+2)^{\text{ième}}$ terme après a, j'ai l'équation

$$b = aq^{m+1};$$

de laquelle je déduis successivement

$$q^{m+1} = \frac{b}{a}$$

et

$$q = \sqrt[m+1]{\frac{b}{a}}.$$

La raison étant connue, je calculerai les termes compris entre a et b, et j'aurai

$$aq, \ aq^2, \ldots aq^m, \ aq^{m+1} \text{ ou } b.$$

On dit que ces termes sont des *moyens géométriques, ou par quotient, insérés entre* a *et* b; de là résulte ce nouvel énoncé du problème précédent : *Insérer* m *moyens par quotient entre les deux nombres* a *et* b.

COROLLAIRE. — *Si l'on insère entre les termes consécutifs d'une progression par quotient le même nombre de moyens géométriques, ces moyens forment une progression par quotient avec les termes de la progression donnée.*

Soient

$$a, \ b, \ c, \ d, \ \ldots$$

les termes d'une progression par quotient ; si j'insère m moyens géométriques entre a et b, la raison de la progression sera $\sqrt[m+1]{\dfrac{b}{a}}$.

En insérant aussi m moyens géométriques entre b et c, puis entre c et d, etc., j'aurai de même $\sqrt[m+1]{\dfrac{c}{b}}, \ \sqrt[m+1]{\dfrac{d}{c}}, \ \ldots$ pour les raisons de ces nouvelles progressions par quotient. Or les nombres $\dfrac{b}{a}, \dfrac{c}{b}, \dfrac{d}{c}, \ldots$ sont égaux, car chacun d'eux représente la raison de la progression donnée ; donc leurs racines $(m+1)^{ièmes}$ sont égales. Cela posé, je fais remarquer que la seconde progression partielle qui commence par b est la continuation de la première qui se termine par b, puisqu'elles ont la même raison, la troisième progression qui commence par c est pareillement la continuation de la seconde qui se termine par c, et par suite celle de la première ; et ainsi de suite.

COROLLAIRE. — *Lorsqu'on veut insérer* mn — 1 *moyens géométriques entre deux nombres donnés* a *et* b, *on peut commencer par insérer* m—1 *moyens entre* a *et* b, *puis insérer* n—1 *moyens entre les termes de la progression précédente.*

En effet, si j'insère *m*—1 moyens par quotient entre *a* et *b*, la raison de la progression géométrique sera égale à $\sqrt[m]{\dfrac{b}{a}}$.

En insérant ensuite *n*—1 moyens par quotient entre les termes consécutifs de cette progression, je forme une nouvelle progression géométrique dont la raison égale $\sqrt[n]{\sqrt[m]{\dfrac{b}{a}}}$.

Mais, si j'élève ce nombre d'abord à la puissance $n^{ième}$, puis à la puissance $m^{ième}$, ou bien à la puissance $(mn)^{ième}$, je trouve *b* pour résultat; par conséquent la raison $\sqrt[n]{\sqrt[m]{\dfrac{b}{a}}}$ est égale à $\sqrt[mn]{\dfrac{b}{a}}$, ou à la raison de la progression qu'on obtient en insérant *mn*—1 moyens par quotient entre *a* et *b*.

Ce théorème peut être généralisé, comme celui qui lui correspond dans les progressions par différence.

THÉORÈME.

Pour calculer la somme des termes d'une progression par quotient, on multiplie le dernier terme par la raison, on retranche ensuite du produit le premier terme de la progression, puis on divise le reste par l'excès de la raison sur l'unité.

Soient
$$a, b, c, \ldots \ldots h, k, l,$$
les *n* premiers termes d'une progression par quotient, S leur somme et *q* la raison; on a
$$S = a + b + c + \ldots \ldots + h + k + l$$
et, par conséquent,
$$Sq = aq + bq + \ldots \ldots + hq + kq + lq,$$
ou
$$Sq = b + c + \ldots \ldots + k + l + lq.$$

Je suppose d'abord la raison q plus grande que l'unité, et je retranche la première égalité de la troisième ; j'ai par suite

$$S(q-1) = lq - a,$$

et j'en déduis la formule,

$$S = \frac{lq - a}{q - 1},$$

qui est conforme à l'énoncé du théorème.

En supposant, en second lieu, la raison q moindre que l'unité, je soustrais la troisième égalité de la première et je trouve

$$S(1-q) = a - lq ;$$

d'où je tire

$$S = \frac{a - lq}{1 - q}.$$

Cette valeur de S et la précédente sont identiques, si l'on admet l'usage des quantités négatives, puisque les deux termes de la première sont respectivement égaux à ceux de la seconde et de signes contraires. Par conséquent, on peut n'employer que la première formule dans les deux cas ; il en résulte que *pour faire la somme des termes d'une progression par quotient, on multiplie son dernier terme l par la raison q ; on retranche ensuite du produit lq le premier terme a de la progression, puis on divise le reste lq—a par l'excès q—1 de la raison sur l'unité.*

EXEMPLE.—Faire la somme des 15 premiers termes de la progression par quotient dont le premier terme est 5 et la raison 3.

Je commence par calculer la valeur du 15e terme ; elle est égale à 5×3^{14} ou à 23914845. Je cherche ensuite, au moyen de la règle précédente, la somme des 15 premiers termes de la progression, et je trouve pour cette somme $\dfrac{23914845 \times 3 - 5}{3 - 1}$,

ou 35872265.

Remarque.— Si dans la formule

$$S = \frac{a - lq}{1 - q},$$

qui fait connaître la somme des *n* premiers termes d'une progression géométrique décroissante, je remplace *l* par sa valeur aq^{n-1}, cette formule devient

$$S = \frac{a - aq^n}{1 - q},$$

ou
$$S = \frac{a}{1 - q} - \frac{aq^n}{1 - q}.$$

Si on suppose que le nombre *n* des termes dont on fait la somme croisse indéfiniment, le terme $\frac{aq^n}{1 - q}$ de cette somme varie seul et diminue indéfiniment à mesure que *n* augmente, car on peut le considérer comme un terme d'une progression géométrique décroissante dont le premier terme serait égal à $\frac{a}{1 - q}$ et la raison égale à *q*. Par conséquent la valeur de S tend vers une limite déterminée et finie qui n'est autre que son premier terme $\frac{a}{1 - q}$. De là résulte ce théorème : *La limite de la somme des termes d'une progression géométrique décroissante, indéfiniment prolongée, est égale au quotient de la division de son premier terme par l'excès de l'unité sur la raison.*

EXEMPLE 1. — La fraction décimale, périodique simple, 0,36363636. . . . . n'est autre chose que la limite de la somme des termes d'une progression géométrique indéfiniment décroissante, dont le premier terme est égal à 0,36 et la raison égale à 0,01 ; car on peut l'écrire de la manière suivante :

0,36+0,0036+0,000036+0,00000036+ etc.

En cherchant la limite de cette somme, au moyen de la règle

précédente, on la trouve égale à $\dfrac{0{,}36}{1-0{,}01}$ ou à $\dfrac{36}{99}$; par conséquent *une fraction décimale périodique simple a pour limite
une fraction ordinaire dont le numérateur est égal à la période
et le dénominateur égal à un nombre entier, composé d'autant de 9 qu'il y a de chiffres dans la période.* Cette règle de
transformation est la même que celle qu'on donne dans l'a-
rithmétique.

Exemple II. — *Si l'on construit le carré qui a pour sommets les
milieux des côtés d'un carré donné, et qu'on répète la même
construction sur le second carré, puis sur le troisième, et ainsi
de suite, quelle sera la somme des aires de tous les carrés inscrits
successivement les uns dans les autres?*

Chaque carré est évidemment la moitié du carré dans lequel
il est inscrit; par conséquent, si je prends le carré donné pour
unité de surface, les aires des carrés inscrits seront représentées par les nombres

$$\frac{1}{2}, \quad \frac{1}{4}, \quad \frac{1}{8}, \quad \frac{1}{16}, \quad \text{etc.}$$

qui forment une progression par quotient, indéfiniment décroissante; comme le premier terme de cette progression est

égal à $\dfrac{1}{2}$ ainsi que sa raison, on a $\dfrac{\frac{1}{2}}{1-\frac{1}{2}}$ ou 1 pour la limite

de la somme de ses termes; donc la somme des carrés inscrits
dans le carré donné est égale à ce carré.

Remarque. — Les formules

$$l = aq^{n-1}$$
$$S = \frac{lq - a}{q - 1},$$

qui contiennent les cinq quantités a, q, n, l et S, servent à calculer deux d'entre elles, lorsque les trois autres sont connues;

elles donnent lieu à *dix* problèmes différents, comme l'indique le tableau suivant :

	INCONNUES.	DONNÉES.
1°	n, a, ...	l, q, S,
2°	n, l, ...	a, q, S,
3°	n, q, ...	a, l, S,
4°	n, S, ...	a, l, q,
5°	q, a, ...	l, n, S,
6°	q, l, ...	a, n, S,
7°	q, S, ...	a, l, n,
8°	S, a, ...	l, n, q,
9°	S, l, ...	a, n, q,
10°	a, l, ...	n, q, S.

Les quatre derniers problèmes ne dépendent que d'équations du premier degré; mais il faut résoudre des équations de degré $n-1$ pour les deux problèmes précédents. Les quatre premiers conduisent à un nouveau genre d'équations qu'on appelle *équations exponentielles*, parce qu'elles contiennent l'inconnue n en exposant; la résolution de ces équations exige la connaissance des logarithmes.

Exercices.

1. Une personne qui prend un domestique, lui donne 360 francs pour la première année et augmente son salaire de 20 francs au commencement de chacune des années suivantes. Quelle somme ce domestique aura-t-il gagnée au bout de 15 ans ?

(*Rép.* 7500.)

2. Démontrer que si les nombres a, b, c, d, ... g, h, k, l, sont les termes d'une progression arithmétique dont la raison est r, la somme des fractions $\dfrac{1}{ab}$, $\dfrac{1}{bc}$, $\dfrac{1}{cd}$, ... $\dfrac{1}{gh}$, $\dfrac{1}{hk}$, $\dfrac{1}{kl}$, égale $\dfrac{l-a}{alr}$.

3. Un voyageur parcourt chaque jour 2 kilomètres de plus que la veille, et l'on demande après combien de jours il aura parcouru 800 kilomètres, en sachant qu'il n'a parcouru que 16 kilomètres pendant le premier jour de son voyage.

(*Rép.* 20.)

4. Deux personnes qui suivent la même route AB dans le même sens, partent l'un du point A avec une vitesse constante de 6 kilomètres à l'heure, et l'autre du point B avec une vitesse variable. On demande après combien d'heures elles se rencontreront, en sachant que la distance AB est de 16 kilomètres et que la seconde personne parcourt 1 kilomètre dans la première heure et 2 kilomètres de plus d'heure en heure.

(*Rép.* 8 heures.) — Généraliser et discuter ce problème.

5. La somme des six premiers termes d'une progression géométrique composée de sept termes est égale à 157, 5 ; la somme des six derniers est égale à 315. Quels sont ces termes ?

(*Rép.* 2 $\frac{1}{2}$, 5, 10, 20, 40, 80 et 160.)

6. Dans une progression géométrique de 5 termes, on connaît la somme des termes de rang pair, et celle des termes de rang impair. Calculer les cinq termes de cette progression.

Remarque. — On calculera d'abord le terme moyen et l'on exprimera les autres en fonction de celui-ci.

7. Dans une progression géométrique de six termes, on connaît la somme des deux termes moyens et celle des deux termes extrêmes. Trouver cette progression.

Remarque. — On cherchera d'abord le produit des deux termes moyens, puis ces termes eux-mêmes. La raison de la progression sera par suite déterminée, ainsi que les différents termes.

8. Dans une progression géométrique de quatre termes, la somme des termes est égale à a, et la somme de leurs carrés égale à b? Calculer ces différents termes.

On prendra pour inconnues la demi-somme et la demi-différence des deux termes moyens.

9. Dans une progression géométrique de quatre termes, l'excès de la somme des termes extrêmes sur celle des termes moyens est égale à a, et l'excès de la somme des carrés des termes extrêmes sur celle des carrés des termes moyens est égale à b. Calculer les termes de cette progression.

On prendra encore pour inconnues la demi-somme et la demi-différence des deux termes extrêmes.

10. Dans une progression géométrique de quatre termes, la somme des deux termes moyens est égale à a, celle des deux termes extrêmes égale à b. Calculer les termes de cette progression.

On cherchera d'abord la raison de la progression puis le premier terme.

VINGT-TROISIÈME ET VINGT-QUATRIÈME LEÇON.

PROGRAMME. Des logarithmes. — Chaque terme d'une progression arithmétique commençant par zéro, $0, r, 2r, 3r, 4r, \ldots$ est dit le logarithme
du terme qui occupe le même rang dans une progression géométrique
commençant par l'unité, $1, q, q^2, q^3, q^4, \ldots$.

Si l'on conçoit que l'excès de la raison q sur l'unité diminue de plus en
plus, les termes de la progression géométrique croîtront par degrés
aussi rapprochés qu'on voudra. Étant donné un nombre plus grand que
1, il existera toujours un terme de la progression géométrique dont la
différence avec ce nombre sera moindre que toute quantité donnée.

Le logarithme d'un produit de plusieurs facteurs est égal à la somme des
logarithmes de ces facteurs.—Corollaires relatifs à la division, à l'élé-
vation aux puissances et à l'extraction des racines.

DÉFINITION.

1. Si on compare la progression géométrique

$$1, q, q^2, q^3, q^4, \ldots \qquad (1)$$

qui commence par l'*unité* à la progression arithmétique

$$0, r, 2r, 3r, 4r, \ldots$$

dont le premier terme est *zéro*, on donne à chaque terme de la
progression arithmétique le nom de *logarithme* du terme
qui occupe le même rang dans la progression géométrique,
et l'ensemble des deux progressions constitue un *système de
logarithmes*.

Ainsi, dans tout système de logarithmes, l'unité a zéro pour
logarithme; et dans le système précédent, le logarithme du
nombre q est égal à r, celui de q^2 égal à $2r$, etc. On prend en

général la raison q de la progression géométrique plus grande que l'unité et la raison r de la progression arithmétique positive; il en résulte que les nombres et leurs logarithmes croissent simultanément. On désigne le logarithme d'un nombre quelconque a par la notation abrégée : log. a.

2. Si l'on insère $m-1$ moyens par quotient entre les termes consécutifs de la progression géométrique précédente et le même nombre de moyens par différence entre les termes de la progression arithmétique, on trouve $\sqrt[m]{q}$ et $\dfrac{r}{m}$ pour les raisons des deux nouvelles progressions (22ᵉ leçon), qui sont :

$$1, \ \sqrt[m]{q}, \ \sqrt[m]{q^2}, \ \sqrt[m]{q^3}, \ \sqrt[m]{q^4}, \ldots.$$

$$0, \ \frac{r}{m}, \ \frac{2r}{m}, \ \frac{3r}{m}, \ \frac{4r}{m}, \ldots \qquad (2)$$

et l'on appelle encore chaque moyen par différence le *logarithme* du moyen par quotient qui lui correspond dans la progression géométrique. Ainsi $\dfrac{r}{m}$ est le logarithme de $\sqrt[m]{q}$, $\dfrac{2r}{m}$ celui de $\sqrt[m]{q^2}$, etc.

En insérant un autre nombre $n-1$ de moyens entre les termes consécutifs des deux premières progressions, on aura deux nouvelles progressions

$$1, \ \sqrt[n]{q}, \ \sqrt[n]{q^2}, \ \sqrt[n]{q^3}, \ \sqrt[n]{q^4}, \ldots$$

$$0, \ \frac{r}{n}, \ \frac{2r}{n}, \ \frac{3r}{n}, \ \frac{4r}{n}, \ldots \qquad (3)$$

dans lesquelles les moyens par différence seront aussi les logarithmes des moyens par quotient qui leur correspondent.

Cela posé, je remarque d'abord que les deux systèmes de logarithmes (2) et (3) font partie d'un même système qu'on forme en insérant $mn-1$ moyens entre les termes consécutifs de chacune des progressions primitives. En effet, on peut obtenir ce dernier système en insérant $n-1$ moyens entre les

termes consécutifs des progressions qui composent le système (2), ou bien $m-1$ moyens entre ceux des progressions
du système (3).

Je remarque ensuite que si un même nombre fait partie des
deux progressions géométriques (2) et (3), il a le même loga
rithme dans les deux systèmes de logarithmes correspondants;
car, chacun des deux logarithmes de ce nombre dans les systèmes (2) et (3) est égal à celui que le même nombre a dans le
système de logarithmes qu'on forme en insérant $mn-1$ moyens
entre les termes consécutifs des deux progressions données.

Il résulte des deux remarques précédentes que tout nombre
qu'on obtient en insérant des moyens par quotient dans la
progression géométrique du système de logarithmes

$$1, \; q, \; q^2, \; q^3, \; q^4, \ldots$$
$$0, \; r, \; 2r, \; 3r, \; 4r, \ldots$$

n'a qu'un seul logarithme, quel que soit le nombre des moyens
insérés; ce qui justifie l'extension qu'on vient donner au
mot : *logarithme.*

Propriétés fondamentales des logarithmes.

Les propriétés des logarithmes sont des conséquences évidentes des trois remarques suivantes :

1o Chaque terme de la progression géométrique

$$1, \; q, \; q^2, \; q^3, \; q^4, \ldots$$

est une puissance de la raison q, puisque le premier terme est
égal à l'unité; *réciproquement,* toute puissance de la raison, q^n
par exemple, fait partie de cette progression : c'est le $(n+1)^{ième}$
terme.

2o Chaque terme de la progression arithmétique

$$0, \; r, \; 2r, \; 3r, \; 4r, \ldots$$

est un multiple de la raison r, puisque le premier terme est
égal à zéro. *Réciproquement,* tout multiple de la raison, nr par
exemple, fait partie de cette progression : c'est le $(n+1)^{ième}$
terme.

3° Si l'on considère les termes de même rang dans les deux progressions précédentes, on voit que l'exposant de la raison q dans le terme de la progression par quotient est constamment égal au coefficient de la raison r dans le terme correspondant de la progression par différence; ce qui résulte évidemment de ce que ces deux termes sont précédés du même nombre de termes dans les deux progressions.

Ainsi nr est le logarithme de q^n, n étant un nombre entier et positif.

THÉORÈME I.

Le logarithme du produit de deux nombres est égal à la somme des logarithmes de ces nombres.

Considérons le système de logarithmes défini par les deux progressions croissantes et indéfiniment prolongées :

$$1, q, q^2, q^3, \ldots q^m, \ldots q^n, \ldots$$
$$0, r, 2r, 3r, \ldots mr, \ldots nr, \ldots$$

je dis que le produit de deux termes quelconques q^m, q^n, de la progression géométrique a pour logarithme la somme des logarithmes mr, nr, de ces termes.

En effet, le produit $q^m \times q^n$ qui égale q^{m+n} est le $(m+n+1)^{\text{ième}}$ terme de la progression géométrique ; la somme $mr+nr$ qui égale $(m+n)r$ est aussi le $(m+n+1)^{\text{ième}}$ terme de la progression arithmétique, c'est-à-dire le logarithme du produit $q^m \times q^n$. On a, par conséquent,

$$\log. (q^m \times q^n) = \log. q^m + \log. q^n.$$

COROLLAIRE. — *Le logarithme du produit de plusieurs nombres est égal à la somme des logarithmes de ces nombres.*

Soient, par exemple, cinq nombres quelconques a, b, c, d, e, faisant partie de la progression géométrique; il résulte du théorème précédent que

$$\log. abcde = \log. abcd + \log. e;$$

on a pareillement

$$\log. abcd = \log. abc + \log. d,$$
$$\log. abc = \log. ab + \log. c,$$

et, enfin, $\qquad \log. ab = \log. a + \log. b.$

Si l'on ajoute ces égalités membre à membre et qu'on supprime les quantités log. abcd, log. abc, log. ab, qui sont communes aux deux membres de la nouvelle égalité, on trouve :

$$\log. abcde = \log. a + \log. b + \log. c + \log. d + \log. e;$$

ce qui démontre le théorème énoncé.

THÉORÈME II.

Le logarithme du quotient de la division de deux nombres est égal à l'excès du logarithme du dividende sur celui du diviseur, en supposant le dividende plus grand que le diviseur.

Soient a et b deux termes de la progression géométrique ; je suppose le premier plus petit que le second, et je divise b par a. Le quotient $\dfrac{b}{a}$ est aussi un terme de la progression, puisqu'en divisant deux puissances d'une même quantité l'une par l'autre, on trouve pour quotient une puissance de cette quantité (5ᵉ leçon). Or, on a

$$b = a \times \frac{b}{a} \; ;$$

donc

$$\log. b = \log. a + \log. \frac{b}{a},$$

et, par conséquent,

$$\log. \frac{a}{b} = \log. a - \log. b.$$

THÉORÈME III.

Le logarithme d'une puissance d'un nombre est égal au produit du logarithme de ce nombre par le degré de la puissance.

En effet, considérons, par exemple, la cinquième puissance du nombre a que je suppose être un terme de la progression géométrique; cette puissance étant le produit de cinq facteurs égaux à a, son logarithme égale la somme des logarithmes des cinq facteurs (théor. I), c'est-à-dire cinq fois le logarithme de a. C'est ce que j'exprime par l'égalité suivante :

$$\log. a^5 = 5 \log. a.$$

THÉORÈME IV.

Le logarithme d'une racine d'un nombre est égal au quotient de la division du logarithme de ce nombre par l'indice de la racine.

Soit a un terme de la progression géométrique, je dis qu'on a

$$\log. \sqrt[n]{a} = \frac{\log. a}{n}.$$

Je suppose que a soit égal à q^m et que l'exposant m de ce terme soit 1° divisible par l'indice n de la racine : dans cette hypothèse $\sqrt[n]{a}$ ou $q^{\frac{m}{n}}$ est un terme de la progression géométrique dont a est la n^{ième} puissance exacte ; j'ai dès lors (Théor. III) :

$$n \log. \sqrt[n]{a} = \log. a.$$

et, par suite,

$$\log. \sqrt[n]{a} = \frac{\log. a}{n}.$$

2° Si l'exposant m n'est pas divisible par n, le nombre $\sqrt[n]{q^m}$ on $\sqrt[n]{a}$ n'est plus un terme de la progression géométrique ; mais le théorème est encore vrai. Pour le démontrer, j'insère $n-1$ moyens par quotient entre les termes de cette progression et $n-1$ moyens par différence entre ceux de la progression arithmétique ; la raison de la nouvelle progression géométrique est alors égale à $\sqrt[n]{q}$, et celle de la nouvelle progression arithmétique égale à $\frac{r}{n}$. Cela posé, je considère le système de logarithmes

$$1,\ \sqrt[n]{q},\ \sqrt[n]{q^2},\ \sqrt[n]{q^3},\ \sqrt[n]{q^4},\ \dots$$

$$0,\ \frac{r}{n},\ \frac{2r}{n},\ \frac{3r}{n},\ \frac{4r}{n},\ \dots$$

qui comprend le système proposé, et je trouve que $\sqrt[n]{q^m}$ ou $\sqrt[n]{a}$ est le $(m+1)^{ième}$ terme de la progression géométrique et qu'il a pour logarithme $\frac{mr}{n}$, c'est-à-dire la $n^{ième}$ partie de mr ou du logarithme de a dans le premier système de logarithmes. On a donc encore log. $\sqrt[n]{a} = \frac{\log. a}{n}$.

Remarque.— Les quatre théorèmes précédents permettent d'abréger les calculs numériques, lorsque les nombres sur lesquels on opère font partie d'une même progression géométrique.

En effet, considérons le système de logarithmes suivant:

$$1, 2, 4, 8, 16, 32, 64, 128, 256, 512, 1024, 2048, 4096, \dots$$
$$0, 5, 10, 15, 20, 25, 30, 35, 40, 45, 50, 55, 60, \dots$$

et supposons : 1° qu'on ait à multiplier les deux nombres 16 et 128 qui sont deux termes de la progression géométrique. Au lieu de faire cette multiplication, j'additionne les logarithmes 20 et 35 de 16 et 128, et leur somme 55 est, d'après le théorème I, le logarithme du produit demandé; ce produit est donc égal à 2048.

Cet exemple montre qu'au moyen des logarithmes on peut remplacer la multiplication par l'addition qui est une opération plus simple et plus facile.

2° Soit à diviser 1024 par 64; au lieu de faire cette division, je soustrais le logarithme du diviseur 64 de celui du dividende 1024, c'est-à-dire 30 de 50, et le reste 20 que je trouve est, d'après le théorème II, le logarithme du quotient demandé; ce quotient est donc égal à 16.

On voit par cet exemple qu'au moyen des logarithmes on remplace la division par la soustraction.

3º Pour élever 16 à la troisième puissance, je multiplie le logarithme de 16 par l'exposant de la puissance, c'est-à-dire 20 par 3, et le produit 60 est, d'après le théorème III, le logarithme de la puissance demandée; cette puissance est donc égale à 4096.

L'emploi des logarithmes permet dès-lors de remplacer la formation des puissances par une seule multiplication.

4º Enfin, soit à extraire la racine carrée de 4096 ; au lieu de faire cette opération, je divise le logarithme de 4096 par l'indice de la racine, c'est-à-dire 60 par 2, et le quotient 30 de cette division est, d'après le théorème IV, le logarithme de la racine demandée ; cette racine est donc égale à 64.

Je conclus de là qu'au moyen des logarithmes on peut remplacer l'extraction des racines par la division.

En résumé, l'emploi des logarithmes permet de substituer *l'addition* à la *multiplication*, la *soustraction* à la *division*, la *multiplication* à la *formation des puissances*, et la *division* à *l'extraction des racines ;* de sorte que les six opérations de l'arithmétique se trouvent réduites aux quatre premières qui sont les plus simples.

Généralisation des propriétés des logarithmes.

Quelque remarquables qu'elles soient, les propriétés des logarithmes que je viens d'exposer seraient sans aucune utilité, s'il n'était possible de les appliquer qu'aux nombres, faisant partie d'une même progression géométrique ; voyons donc comment on peut les généraliser, c'est-à-dire les étendre à tous les nombres.

THÉORÈME V.

On peut prendre pour la raison q *d'une progression géomé-*

trique croissante un nombre qui surpasse l'unité d'une quantité assez petite pour que les termes de cette progression croissent par degrés aussi rapprochés qu'on voudra.

Je remarque d'abord que la raison q étant plus grande que l'unité, les termes de la progression croissent indéfiniment (21e leçon) ; je dis ensuite qu'ils croîtront par degrés aussi rapprochés qu'on voudra, si l'on prend l'excès de la raison sur l'unité suffisamment petit.

En effet, soient q^m, q^{m-1}, deux termes consécutifs quelconques de cette progression et α un nombre donné, aussi petit qu'on voudra ; pour déterminer l'excès $q-1$ de la raison q sur l'unité de manière qu'on ait

$$q^m - q^{m-1} < \alpha,$$

ou
$$q^{m-1}(q-1) < \alpha,$$

je tire de cette inégalité

$$q - 1 < \frac{\alpha}{q^{m-1}} ;$$

et je remarque ensuite que la différence $q-1$ devant être plus petite que l'unité, il faut que la raison q soit moindre que 2 ; par conséquent si l'on prend

$$q - 1 < \frac{\alpha}{2^{m-1}},$$

ou
$$q < 1 + \frac{\alpha}{2^{m-1}},$$

les m premiers termes de la progression géométrique proposée croîtront par degrés, tels que la différence de deux termes consécutifs quelconques sera constamment plus petite que α, m étant un nombre entier, aussi grand qu'on voudra ; ce qui démontre le théorème énoncé.

COROLLAIRE. — *Une progression géométrique croissante*

$$1, q, q^2, q^3, q^4, \ldots$$

étant donnée, on peut insérer entre ses termes un nombre assez grand de moyens par quotient, pour que ces moyens croissent par degrés aussi rapprochés qu'on voudra.

D'après le théorème qui précède, il suffit évidemment de démontrer qu'on peut insérer, entre les termes consécutifs de la progression donnée, un nombre $n-1$ de moyens géométriques assez grand pour que la raison $\sqrt[n]{q}$ de la nouvelle progression surpasse l'unité d'une quantité δ, aussi petite qu'on voudra ; puisque les termes de cette progression croîtront alors par degrés insensibles. Je dis donc qu'on peut déterminer le nombre n de manière qu'on ait

$$\sqrt[n]{q} < 1 + \delta,$$

ou
$$q < (1 + \delta)^n.$$

Comme je ne puis résoudre cette inégalité par rapport à l'exposant n qui est l'inconnue de la question, je remplace le terme $(1+\delta)^n$ par la quantité $1+n\delta$ qui est moindre que ce terme, d'après une propriété connue des progressions géométriques croissants (20e leçon) ; je résous ensuite l'inégalité du premier degré

$$q < 1 + n\delta,$$

et je trouve

$$n > \frac{q-1}{\delta}.$$

Par conséquent, en donnant à n une valeur entière plus grande que $\frac{q-1}{\delta}$, on satisfait non-seulement à la dernière inégalité, mais encore, *à fortiori*, à la précédente, puisque $1+n\delta$ est moindre que $(1+\delta)^n$; ce qui démontre le théorème énoncé.

Remarque I.—Soit le système de logarithmes

$$1, \quad q, \quad q^2, \quad q^3, \quad q^4, \quad q^5, \dots$$
$$0, \quad r, \quad 2r, \quad 3r, \quad 4r, \quad 5r, \dots$$

dans lequel la raison q de la progression géométrique est un nombre quelconque plus grand que l'unité, et la raison r de la progression arithmétique, un nombre positif quelconque, j'insère entre les termes de la première progression un nombre $n-1$ de moyens géométriques assez grand, pour que la différence de deux moyens consécutifs soit moindre qu'une quantité donnée δ, aussi petite qu'on voudra, et j'insère ensuite le même nombre de moyens arithmétiques entre les termes de la seconde progression; le système de logarithmes proposé se trouve remplacé par le suivant

$$1, \quad \sqrt[n]{q}, \quad \sqrt[n]{q^2}, \quad \sqrt[n]{q^3}, \quad \sqrt[n]{q^4}, \ldots$$

$$0, \quad \frac{r}{n}, \quad \frac{2r}{n}, \quad \frac{3r}{n}, \quad \frac{4r}{n}, \ldots$$

Cela posé, cherchons le logarithme d'un nombre quelconque k, plus grand que l'unité : si ce nombre est l'un des termes de la progression géométrique précédente, il a pour logarithme le terme qui lui correspond dans la progression arithmétique. Mais s'il ne fait pas partie de la progression géométrique, il est alors compris entre deux termes consécutifs $\sqrt[n]{q^m}$, $\sqrt[n]{q^{m+1}}$ de cette progression, et ne diffère de chacun d'eux que d'une quantité moindre que δ; on prend approximativement pour son logarithme l'un ou l'autre des logarithmes de ces deux termes, c'est-à-dire $\frac{mr}{n}$ ou $\frac{(m+1)r}{n}$, et l'erreur commise est moindre que $\frac{r}{n}$ quantité aussi petite qu'on veut, en donnant à n une valeur suffisamment grande.

Des différents systèmes de logarithmes.

Pour définir un système de logarithmes, il suffit de connaître le logarithme d'un nombre donné, ou inversement, le nombre qui a un logarithme donné. En effet, si je suppose que le logarithme de 5 soit égal à $\frac{4}{7}$ dans un certain système de logarithmes, ce système sera déterminé par les deux progressions

$$1, \quad 5, \quad 5^2, \quad 5^3, \quad 5^4, \ldots$$

$$0, \quad \frac{4}{7}, \quad \frac{4}{7} \times 2, \quad \frac{4}{7} \times 3, \quad \frac{4}{7} \times 4, \ldots$$

On donne ordinairement le nombre qui a l'unité pour logarithme, et l'on appelle ce nombre *base* du système de logarithmes.

Lorsque la base d'un système de logarithmes n'est pas connue, pour la trouver, on insère entre les termes consécutifs de chacune des deux progressions un nombre de moyens tels que l'un des moyens arithmétiques soit égal à l'unité ; le moyen géométrique correspondant est la base cherchée. Soit, par exemple, le système de logarithmes défini par les deux progressions

$$1, \, 5, \, 5^2, \, 5^3, \, 5^4, \ldots$$

$$0, \, r, \, 2r, \, 3r, \, 4r, \ldots$$

dans lequel je suppose qu'aucun terme de la progression arithmétique ne soit égal à l'unité. Pour calculer sa base, je distingue deux cas : la raison r de cette dernière progression peut être un nombre entier ou un nombre fractionnaire.

1° Si c'est le nombre entier 3, j'insère 3—1 ou 2 moyens par différence entre les termes consécutifs de la progression arithmétique et le même nombre de moyens par quotient entre les termes de l'autre progression ; je trouve ainsi le nouveau système de logarithmes

$$1, \quad \sqrt[3]{5}, \quad \sqrt[3]{5^2}, \quad 5, \quad 5\sqrt[3]{5}, \ldots$$

$$0, \quad 1, \quad 2, \quad 3, \quad 4, \ldots$$

dont la base est $\sqrt[3]{5}$, puisque ce nombre a l'unité pour logarithme.

2° Je suppose la raison r égale à un nombre fractionnaire, tel que $\frac{4}{7}$; la base du système est alors comprise entre les nombres 5, 5^2 qui ont $\frac{4}{7}$ et $\frac{8}{7}$ pour logarithmes ; je la calcule en insérant 4—1 ou 3 moyens par différence entre $\frac{4}{7}$ et $\frac{8}{7}$, puis le même nombre de moyens par quotient entre 5 et 5^2. Le troisième moyen par différence est égal à $\frac{7}{7}$ ou 1, et le troisième moyen par quotient égal à $5\sqrt[4]{5^3}$; par conséquent le nombre $5\sqrt[4]{5^3}$ est la base cherchée.

Les logarithmes d'un même nombre, calculés dans deux systèmes différents, sont liés par le théorème suivant :

THÉORÈME.

Dans deux systèmes de logarithmes donnés, le rapport des deux logarithmes d'un nombre quelconque est constant.

Soient le système de logarithmes, défini par les deux progressions

$$1, \ q, \ q^2, \ q^3, \ q^4, \dots$$
$$0, \ r, \ 2r, \ 3r, \ 4r, \dots$$

et celui des deux progressions suivantes :

$$1, \ q, \ q^2, \ q^3, \ q^4 \dots$$
$$0, \ r', \ 2r', \ 3r', \ 4r' \dots$$

Je désigne par log. a et log'. a les logarithmes d'un même nombre a dans ces deux systèmes, et je dis que le rapport $\frac{\log. \ a}{\log'. \ a}$ est constant.

Pour le démontrer, j'insère $m-1$ moyens par quotient entre les termes consécutifs de la progression géométrique et le même nombre de moyens par différence entre ceux de chacune des deux progressions arithmétiques. Le nombre a est l'un des termes de la nouvelle progression géométrique, ou bien il ne fait pas partie de cette progression : dans le premier cas, je le suppose égal à $\sqrt[n]{q^m}$; il en résulte qu'on a

$$\log. a = \frac{mr}{n},$$

$$\log'. a = \frac{mr'}{n},$$

et, par conséquent,

$$\frac{\log. a}{\log'. a} = \frac{r}{r'},$$

le rapport $\dfrac{\log. a}{\log'. a}$ est donc constant.

Au contraire, si le nombre a ne fait pas partie de la nouvelle progression géométrique, il est compris entre deux moyens consécutifs, par exemple $\sqrt[n]{q^m}$, $\sqrt[n]{q^{m+1}}$; j'en conclus que son logarithme est plus grand que $\dfrac{mr}{n}$ et plus petit que $\dfrac{(m+1)r}{n}$, de sorte qu'on a

$$\frac{m}{n} < \frac{\log. a}{r} < \frac{m+1}{n}.$$

Je prouverais pareillement que le rapport $\dfrac{\log'. a}{r'}$ est compris entre les mêmes limites $\dfrac{m}{n}$, $\dfrac{m+1}{n}$, qui diffèrent entre elles de la quantité $\dfrac{1}{n}$; or, on peut rendre cette quantité aussi petite qu'on veut en prenant pour n un nombre suffisamment grand, donc il faut que les deux rapports $\dfrac{\log. a}{r}$, $\dfrac{\log'. a}{r'}$ soient égaux. On a dès lors

$$\frac{\log. a}{r} = \frac{\log'. a}{r'}.$$

et, par suite,

$$\frac{\log. a}{\log'. a} = \frac{r}{r'} ;$$

ce qui démontre le théorème énoncé.

COROLLAIRE.— *Les logarithmes de deux nombres* a *et* b, *pris dans deux systèmes quelconques de logarithmes , sont proportionnels.*

Soient log.a, log.b, les logarithmes des nombres a et b, pris dans le premier des deux systèmes de logarithmes précédents, et log'.a, log'.b leurs logarithmes dans le second système; on a

$$\frac{\log. a}{\log'. a} = \frac{r}{r'}$$

et

$$\frac{\log. b}{\log'. b} = \frac{r}{r'} ;$$

par conséquent

$$\frac{\log. a}{\log'. a} = \frac{\log. b}{\log'. b}.$$

Remarque.— De l'égalité

$$\frac{\log. a}{\log'. a} = \frac{r}{r'}$$

je déduis la suivante :

$$\log'. a = \left(\frac{r'}{r}\right) \log. a ,$$

qui montre que *lorsqu'on a un système de logarithmes et qu'on veut en former un autre, il suffit de multiplier tous les logarithmes du premier système par un nombre constant* $\frac{r'}{r}$. Ce nombre constant est appelé le *module* du second système de logarithmes par rapport au premier. Si je prends le nombre q pour la base du second système, son logarithme r' est égal à l'unité et *le module* se réduit à $\frac{1}{r}$ ou $\frac{1}{\log. q}$, c'est-à-dire qu'*il est égal à l'inverse du logarithme de la nouvelle base, pris dans le premier système de logarithmes.*

VINGT-CINQUIÈME, VINGT-SIXIÈME ET VINGT-SEPTIÈME LEÇON.

Programme : Logarithmes dont la base est 10. — Règle des parties proportionnelles. — De la caractéristique. — Changement qu'elle éprouve quand on multiplie ou quand on divise un nombre par une puissance de 10.

Logarithmes vulgaires.

L'invention des logarithmes remonte à l'année 1614; c'est à un baron écossais, nommé *Néper*, qu'on doit cette importante découverte qui est d'une si grande utilité dans l'astronomie, la navigation, etc., et, en général, dans toutes les applications des mathématiques. Ces applications n'exigent pas la connaissance des logarithmes de tous les nombres plus grands que l'unité; car tout nombre fractionnaire, ordinaire ou décimal, peut être ramené à la forme $\frac{a}{b}$, a et b étant des nombres entiers, et l'on a, en supposant a plus grand que b,

$$\log. \left(\frac{a}{b}\right) = \log. a - \log. b.$$

On peut donc déduire le logarithme du nombre fractionnaire $\frac{a}{b}$ de ceux des nombres entiers a et b; par conséquent, il suffit de connaître les logarithmes des nombres entiers, pour effectuer un calcul quelconque par logarithmes.

Si l'on écrit sur deux lignes verticales la suite des nombres entiers, en commençant par l'unité, et celle des logarithmes de ces nombres dans un système quelconque, on aura formé une *table de logarithmes* ; cette table est nécessairement limitée.

La table de logarithmes, publiée par Néper, a pour base un nombre irrationnel qu'on représente ordinairement par la lettre e et qui est égal à 2,718281828459.....; Briggs, contemporain de Néper, a composé une autre table de logarithmes avec une base égale au nombre 10, qui sert aussi de base à la numération décimale ; ce sont ces derniers logarithmes qu'on appelle *logarithmes vulgaires*. Les deux progressions qui définissent ce système sont dès lors

$$1, \ 10, \ 10^2, \ 10^3, \ 10^4, \ 10^5, \dots$$
$$0, \ 1, \ 2, \ 3, \ 4, \ 5, \dots$$

THÉORÈME I.

Les diverses puissances de 10 sont les seuls nombres entiers dont les logarithmes vulgaires soient commensurables.

En effet, soit proposé de trouver le nombre qui a pour logarithme le rapport commensurable $\dfrac{m}{n}$ des deux nombres entiers m et n ; j'insère $n-1$ moyens entre les termes consécutifs de chacune des deux progressions précédentes qui deviennent

$$1, \ \sqrt[n]{10}, \ \sqrt[n]{10^2}, \dots \ \sqrt[n]{10^m}, \dots$$
$$0, \ \frac{1}{n}, \ \frac{2}{n}, \ \dots \ \frac{m}{n}, \ \dots$$

Or la fraction $\dfrac{m}{n}$ est le $(m+1)^{ième}$ terme de la progression arithmétique, donc le terme $\sqrt[n]{10^m}$ qui occupe le même rang dans l'autre progression est le nombre demandé que je désigne par x. Je dis maintenant que ce nombre n'est rationnel que pour les valeurs entières du rapport $\dfrac{m}{n}$.

Pour le démontrer, je remarque qu'on a

$$x = \sqrt[n]{10^m},$$

et, par suite,

$$x^n = 2^m \times 5^m;$$

cette dernière égalité montre que x est un nombre entier dont les facteurs premiers ne sont autres que 2 et 5, de sorte qu'on peut poser

$$x = 2^\alpha \, 5^\beta,$$

α et β étant des nombres entiers positifs. Je remplace ensuite x par cette valeur dans l'égalité précédente, et je trouve

$$2^{\alpha n} \times 5^{\beta n} = 2^m \times 5^m,$$

ce qui exige qu'on ait :

$$\alpha n = \beta n = m$$

et, par conséquent,

$$\alpha = \beta = \frac{m}{n}.$$

Le rapport $\dfrac{m}{n}$ est donc un nombre entier, et le nombre x une puissance de 10 ; ce qui démontre le théorème énoncé.

Remarque. — Il résulte de ce théorème que les logarithmes vulgaires des nombres entiers, autres que les puissances de 10, sont incommensurables. Sans entrer dans tous les détails de la construction des tables vulgaires, question réservée au cours d'algèbre supérieure, il est bon de savoir comment on peut trouver par un procédé élémentaire les logarithmes des nombres entiers, d'autant plus que ce procédé est celui qui a été appliqué par Briggs et son continuateur Wlacq.

PROBLÈME.

Trouver le logarithme vulgaire d'un nombre entier.

Soit proposé de calculer le logarithme de 5 à un dix-millionième près ;

Le nombre 5 étant compris entre 1 et 10, son logarithme est plus grand que zéro, et moindre que l'unité; pour en approcher davantage, j'insère un moyen géométrique entre 1 et 10, et un moyen arithmétique entre 0 et 1 ; je trouve 3,162277 pour le premier de ces moyens et 0, 5 pour le second. Le nombre 5 est alors compris entre les deux termes 3, 162277 et 10 de la progression géométrique, de sorte que son logarithme est plus grand que 0, 5 mais plus petit que 10. J'insère ensuite un moyen géométrique entre 3, 162277 et 10, et un moyen arithmétique entre 0, 5 et 1 ; je trouve 5, 623413 pour le premier de ces moyens et 0, 75 pour le second ; par conséquent le logarithme de 5 est compris entre 0, 5 et 0, 75. En continuant ainsi les insertions de moyens, je formerai le tableau suivant qui représente tous les calculs nécessaires pour avoir le logarithme de 5 à un dix-millionième près.

$$a = 1{,}000000, \quad \log. a = 0{,}0000000, \qquad \text{soit :}$$
$$b = 10{,}000000, \quad \log. b = 1{,}0000000, \quad c = \sqrt{ab},$$
$$c = 3{,}162277, \quad \log. c = 0{,}5000000, \quad d = \sqrt{bc},$$
$$d = 5{,}623413, \quad \log. d = 0{,}7500000, \quad e = \sqrt{cd},$$
$$e = 4{,}216964, \quad \log. e = 0{,}6250000, \quad f = \sqrt{de},$$
$$f = 4{,}869674, \quad \log. f = 0{,}6875000, \quad g = \sqrt{df},$$
$$y = 5{,}232991, \quad \log. y = 0{,}7187500, \quad h = \sqrt{fg},$$
$$h = 5{,}048065, \quad \log. h = 0{,}7031250, \quad i = \sqrt{fh},$$
$$i = 4{,}958069, \quad \log. i = 0{,}6953125, \quad k = \sqrt{hi},$$
$$k = 5{,}002865, \quad \log. k = 0{,}6992187, \quad l = \sqrt{ik},$$
$$l = 4{,}980416, \quad \log. l = 0{,}6972656, \quad m = \sqrt{kl},$$
$$m = 4{,}991627, \quad \log. m = 0{,}6982421, \quad n = \sqrt{km},$$
$$n = 4{,}997242, \quad \log. n = 0{,}6987304, \quad o = \sqrt{kn},$$
$$o = 5{,}000052, \quad \log. o = 0{,}6989745, \quad p = \sqrt{no},$$
$$p = 4{,}998647, \quad \log. p = 0{,}6988525, \quad q = \sqrt{op},$$
$$q = 4{,}999350, \quad \log. q = 0{,}6989135, \quad r = \sqrt{oq},$$

Comme la différence des deux nombres o et q est moindre que 0, 001, on peut remplacer leur moyenne géométrique $\sqrt{oq}$

par leur moyenne arithmétique $\sqrt{oq}$ qui n'en diffère qu'au delà de la sixième décimale [*]. En opérant de même pour les termes suivants, on réduit le calcul à prendre des moyennes arithmétiques, et l'on trouve :

$$r = 4{,}999701, \quad \log. r = 0{,}6989440, \quad s = \frac{o + r}{2},$$

$$s = 4{,}999876, \quad \log. s = 0{,}6989592, \quad t = \frac{o + s}{2},$$

$$t = 4{,}999964, \quad \log. t = 0{,}6989668, \quad u = \frac{o + t}{2},$$

$$u = 5{,}000008, \quad \log. u = 0{,}6989706, \quad v = \frac{t + u}{2},$$

$$v = 4{,}999986, \quad \log. v = 0{,}6989687, \quad u = \frac{u + v}{2},$$

$$x = 4{,}999997, \quad \log. x = 0{,}6989696, \quad y = \frac{u + x}{2},$$

$$y = 5{,}000002, \quad \log. y = 0{,}6989701, \quad z = \frac{x + y}{2},$$

$$z = 4{,}999999, \quad \log. z = 0{,}6989699.$$

---

[*] En effet, on a

$$\frac{o + q}{2} - \sqrt{oq} = \frac{o + q - 2\sqrt{oq}}{2} = \frac{(\sqrt{o} - \sqrt{q})^2}{2};$$

en multipliant les deux termes du second membre par $(\sqrt{o} + \sqrt{q})^2$, on en déduit

$$\frac{o + q}{2} - \sqrt{oq} = \frac{(o - q)^2}{2(\sqrt{o} + \sqrt{q})^2}$$

Mais, on a par hypothèse

$$o - q < \frac{1}{10^3},$$

par conséquent, l'équation précédente donne

$$\frac{o + q}{2} - \sqrt{oq} < \frac{1}{10^6 \times 2(\sqrt{o} + \sqrt{q})^2}$$

et, à fortiori,

$$\frac{o + q}{2} - \sqrt{oq} < \frac{1}{2.10^6},$$

puisque les nombres o et q sont plus grands que l'unité.

Le nombre 5 étant compris entre les deux moyens y et z, son logarithme est plus petit que 0, 6989704 et plus grand que 0, 6989699 ; en prenant 0, 6989700 pour ce logarithme on commettra donc une erreur moindre qu'un dix-millionième. C'est de cette manière que Briggs et Wlacq ont calculé la table des logarithmes vulgaires ; mais on a trouvé depuis cette époque des méthodes plus expéditives.

Remarque I. — On peut abréger considérablement le calcul qui précède et s'arrêter au terme r. En effet, si on calcule la différence des deux moyens géométriques o et r, et celle des deux moyens o et q, on trouve que l'une est le double de l'autre et qu'il y a la même relation entre les différences des logarithmes de ces trois nombres ; on est dès lors conduit à admettre que les accroissements de ces nombres, si peu différents les uns des autres, sont proportionnels à ceux de leurs logarithmes. A l'aide de ce principe, on calcule le logarithme de 5 de la manière suivante :

Lorsque le moyen géométrique r, ou 4,999701, devient égal au moyen o, ou 5,000052. c'est-à-dire lorsqu'il croît de 0,000351, son logarithme 0,6989440 augmente de 0,0000305 ; quelle sera l'augmentation de ce logarithme, lorsque le moyen r deviendra égal à 5, c'est-à-dire lorsqu'il croîtra de 0,000299 ? On a par suite

$$\log. 5 = 0{,}6989440 + \frac{0{,}0000305 \times 299}{351}$$

ou $\qquad \log. 5 = 0{,}6989440 + 0{,}0000260$

et, enfin,

$$\log. 5 = 0{,}6989700 ;$$

résultat identique à celui qu'on vient de trouver.

Remarque II. — Les tables les plus étendues contiennent les logarithmes vulgaires des nombres depuis l'unité jusqu'à 108000. Briggs a calculé avec quatorze décimales ceux des nombres depuis 1 jusqu'à 20000 et depuis 90000 jusqu'à

100000; Wlacq a rempli la lacune qu'avait laissée Briggs, en calculant avec dix décimales les logarithmes des nombres depuis 10000 jusqu'à 90000; enfin, Callet a continué la table de Briggs et Wlacq jusqu'à 108000, qui est le nombre de secondes contenu dans un arc de 30 degrés.

On a donné le nom de *caractéristique* à la partie entière de chaque logarithme vulgaire; on peut la calculer *a priori* au moyen de la règle suivante :

THÉORÈME II.

La caractéristique du logarithme vulgaire d'un nombre contient autant d'unités qu'il y a de chiffres dans la partie entière du nombre moins un.

En effet, soit N un nombre dont la partie entière a $m+1$ chiffres; ce nombre est compris entre 10^m qui est le plus petit nombre de $m+1$ chiffres et 10^{m+1} qui est le plus petit nombre de $m+2$ chiffres. Son logarithme est donc plus grand que m et plus petit que $m+1$; par conséquent, sa caractéristique est égale à m.

Ainsi la caractéristique du logarithme de 15648 est égale à 4, et celle du logarithme de 254,756 égale à 2. Réciproquement, si la caractéristique d'un logarithme est égale à 5, la partie entière du nombre correspondant contient 6 chiffres, c'est-à-dire que le chiffre des plus hautes unités de ce nombre exprime des centaines de mille. C'est pour exprimer cette dépendance remarquable de la partie entière du logarithme d'un nombre et du rang des plus hautes unités de ce nombre, qu'on a donné le nom de *caractéristique* à la partie entière du logarithme.

THÉORÈME III.

Lorsqu'on multiplie ou qu'on divise un nombre par une puissance de 10, la caractéristique du logarithme de ce nombre est augmentée ou diminuée d'un nombre d'unités égal à l'exposant de la puissance.

En effet, soient N un nombre et 10^m une puissance quelconque de 10; comme le logarithme de cette puissance est égal à l'exposant m, si on multiplie N par 10^m, on a

$$\log. N \times 10^m = \log. N + \log. 10^m = \log. N + m.$$

En divisant, au contraire, le nombre N par 10^m, on trouve

$$\log. \frac{N}{10^m} = \log. N - \log. 10^m = \log. N - m ;$$

ce qui démontre le théorème énoncé, car, pour augmenter ou diminuer le logarithme de N du nombre entier m, il faut augmenter ou diminuer sa caractéristique de m unités, sans changer la partie décimale.

Remarque.— Il résulte de ce théorème que si deux nombres décimaux sont composés des mêmes chiffres et ne diffèrent que par la position de la virgule, leurs logarithmes ont la même fraction décimale et ne diffèrent que par la caractéristique.

Tables de de Lalande.

L'astronome français de Lalande a construit des tables de logarithmes qui contiennent les logarithmes des 10000 premiers nombres entiers avec cinq décimales. Voici leur disposition : chaque page est divisée en 9 colonnes verticales ; la première de ces colonnes, en commençant par la gauche, la quatrième et la septième sont intitulées *nomb.* et renferment les nombres entiers placés les uns sous les autres, depuis 1 jusqu'à 10000 ; la seconde, la cinquième et la huitième qui sont à la droite des précédentes, contiennent les logarithmes des nombres, avec cinq chiffres décimaux, et l'on trouve dans les trois autres, intitulées D, les différences des logarithmes consécutifs exprimées en cent-millièmes à partir du logarithme de 990.

En parcourant ces tables, on voit que les différences D diminuent à mesure que les nombres entiers croissent. Ce résultat pouvait être prévu; car, en désignant par n et $n+1$ deux nombres entiers consécutifs, on a

$$\log.(n+1) - \log.n = \log.\left(\frac{n+1}{n}\right) = \log.\left(1 + \frac{1}{n}\right).$$

Or, si le nombre n croît, le nombre $1 + \frac{1}{n}$ diminue, donc $\log.\left(1 + \frac{1}{n}\right)$, ou $\log.(n+1) - \log.n$, diminue aussi.

Pour faire un calcul quelconque par logarithmes, il faut savoir trouver, au moyen des tables, le logarithme d'un nombre donné et, réciproquement, le nombre qui a un logarithme donné. Je vais résoudre ces deux problèmes.

PROBLÈME I.

Un nombre quelconque, plus grand que l'unité, étant donné, trouver son logarithme au moyen des tables.

Les tables contenant les logarithmes des nombres entiers depuis 1 jusqu'à 10000; la question proposée revient à trouver le logarithme d'un nombre fractionnaire compris dans les mêmes limites, et celui d'un nombre quelconque, entier ou fractionnaire, plus grand que 10000.

Je considère 1° le nombre 5475,352 qui est compris entre 1000 et 10000, c'est-à-dire dans cette partie des tables qui contient les différences des logarithmes consécutifs, et je cherche le logarithme du nombre entier 5475; je le trouve égal à 3,73838. Je calcule la fraction dont il faut augmenter ce logarithme pour avoir celui du nombre fractionnaire 5475,352, en remarquant 1° que la différence des logarithmes des deux nombres entiers consécutifs 5475, 5476, qui comprennent entre eux le nombre fractionnaire proposé, est égal à 0,00008; 2° que les différences des 90 logarithmes contenus dans la même page sont sensiblement constantes et égales à 0,00008, de sorte que je puis admettre, à fortiori, que, dans l'intervalle de 5475 à 5476, *les accroissements des nombres sont sensible-*

ment proportionnels aux accroissements de leurs logarithmes.
L'application de ce principe me conduit à résoudre la règle de
trois simple dont voici l'énoncé :

Si le nombre 5475 augmente de 1, son logarithme 3,73838
croît de 0,00008; quel est l'accroissement de ce logarithme,
lorsque le nombre 5475 n'augmente que de 0,352.

En désignant cet accroissement inconnu par x, j'ai l'égalité

$$\frac{x}{0,00008} = \frac{0,352}{1}.$$

de laquelle je déduis

$$x = 0,00008 \times 0,352.$$

Comme les logarithmes des tables n'ont que cinq chiffres décimaux, j'évalue le produit précédent à un cent-millième près,
et je trouve :

$$x = 0,00003 ;$$

ce qui donne :

$$\log. \ 5475,352 = 3,73838 + 0,00003 = 3,73841.$$

Il résulte évidemment du calcul précédent que *lorsqu'un*
nombre entier N, *plus grand que* 1000, *croît d'une certaine*
fraction δ, *son logarithme augmente du produit* Dδ, *D étant la*
différence des logarithmes des deux nombres entiers consécutifs
N *et* N+1, *donnée par les tables.*

2° Si le nombre donné n'est pas compris entre 1000 et
10000, pour calculer son logarithme, je remarque 1° que la
caractéristique est connue d'après le théorème II de la leçon
précédente ; 2° qu'on ne change pas la fraction décimale de ce
logarithme lorsqu'on multiplie ou qu'on divise le nombre
donné par une puissance quelconque de 10 (25e leçon, théor. III);
par conséquent, si je ramène ce nombre à être compris entre
1000 et 10000, en le multipliant ou le divisant par une puissance convenable de 10, et que je cherche ensuite la fraction
décimale du logarithme du nombre, ainsi transformé, j'aurai
celle du logarithme demandé.

EXEMPLE I. — Trouver le logarithme de 125,756. La caractéristique de ce logarithme est égale à 2; pour avoir sa fraction décimale, je multiplie le nombre 125,756 par 10, et je cherche le logarithme du produit 1257,56 qui est compris entre 1000 et 10000; je trouve, d'après la méthode précédente :

$$\text{log. } 1257,56 = 3,09953 ;$$

par conséquent, j'ai

$$\text{log. } 125,756 = 2,09953.$$

EXEMPLE II. — Trouver le logarithme de 374256,73.

La caractéristique de ce logarithme est égale à 5; pour avoir la fraction décimale, je divise le nombre 374256,73 par 100, et je cherche le logarithme du quotient 3742,5673 qui est compris entre 1000 et 10000. Je trouve

$$\text{log. } 3742,5673 = 3,57318,$$

et j'ai, par suite,

$$\text{log. } 374256,73 = 5,57318.$$

Remarque. — Si le nombre donné est composé d'un nombre entier et d'une fraction ordinaire, on convertira la fraction ordinaire en fraction décimale et l'on sera ramené à prendre le logarithme d'un nombre décimal; on peut aussi réduire le nombre entier et la fraction ordinaire en une seule expression fractionnaire de la forme $\dfrac{a}{b}$, a étant plus grand que b, et calculer le logarithme du quotient $\dfrac{a}{b}$, en prenant la différence des logarithmes du dividende et du diviseur.

PROBLÈME II.

Un logarithme étant donné, trouver le nombre correspondant au moyen des tables.

Je suppose 1° que la caractéristique du logarithme donné soit égale à 3, c'est-à-dire que le nombre cherché x soit compris entre 1000 et 10000; et je prends, par exemple,

$$\log. x = 3,22950.$$

Pour trouver le nombre inconnu x, je cherche le plus grand logarithme des tables qui soit contenu dans 3,22950 : si ce logarithme était 3,22950, le nombre x serait égal au nombre entier correspondant ; mais, il n'en est pas ainsi, car on trouve que le plus grand logarithme contenu dans 3,22950 est 3,22943, ou le logarithme de 1696. Le nombre x est donc composé de 1696 unités et d'une fraction qu'il s'agit d'évaluer. Pour cela, je prends la différence 0,00025 des logarithmes des deux nombres entiers consécutifs 1696 et 1697, puis celle des deux nombres 1696 et x, laquelle est égale à 0,00007, et je résous la règle de trois simple que voici :

Lorsque le logarithme de 1696 croît de 0,00025, le nombre 1696 augmente de 1 ; quelle est l'augmentation de ce nombre, si son logarithme ne croît que de 0,00007 ?

En désignant par y cette augmentation, j'ai

$$\frac{y}{1} = \frac{0,00007}{0,00025} = \frac{7}{25} = 0,28$$

et, par conséquent,

$$x = 1696 + 0,28 = 1696,28.$$

Pour déterminer l'approximation avec laquelle le nombre 1696,28 représente la valeur de x, il suffit de remarquer que, d'après la différence tabulaire qui est de 25 cent-millièmes, une variation d'un cent-millième dans le logarithme de x produit une variation de $\frac{1}{25}$ dans x; or la différence des logarithmes de x et de 1696,28 est plus petite qu'un cent-millième, donc le nombre inconnu x diffère du nombre 1696,28 d'une quantité moindre que $\frac{1}{25}$ ou 0,04.

Il résulte évidemment du calcul précédent que, *lorsque le logarithme d'un nombre entier* N, *plus grand que* 1000, *croît d'une fraction* δ *moindre que la différence tabulaire* D, *qui existe entre ce logarithme et celui du nombre entier suivant* N + 1, le nombre N *augmente du rapport* $\frac{\delta}{D}$, *et l'erreur commise est moindre que* $\frac{1}{D}$.

2° Si la caractéristique du logarithme donné n'est pas égale à 3, je la rends égale à ce nombre en l'augmentant ou la diminuant d'un nombre convenable d'unités, selon qu'elle est plus petite ou plus grande que 3 ; je cherche ensuite le nombre correspondant au nouveau logarithme. Ce nombre et celui qu'il s'agit de trouver sont composés des mêmes chiffres, disposés dans le même ordre, puisque leurs logarithmes ont la même fraction décimale (25e leçon, théor. III) ; par conséquent, pour avoir le second de ces deux nombres, il suffit de déplacer la virgule décimale du premier, de manière que le nombre des chiffres de sa partie entière surpasse d'une unité la caractéristique du logarithme donné.

Premier exemple.—Trouver le nombre dont le logarithme est égal à 1,95758.

J'augmente la caractéristique de 2 unités, et je cherche le nombre qui a 3,95758 pour logarithme. Ce nombre est 9069,4 à 0,2 près ; par conséquent, le nombre correspondant au logarithme donné 1,95758 égale 90,694, à moins de 0,002.

Deuxième exemple.—Trouver le nombre dont le logarithme est égal à 5,04269.

Je diminue la caractéristique de 2 unités, et je cherche le nombre qui a 3,04269 pour logarithme. Ce nombre est 1103,275, à 0,025 près ; par conséquent, le nombre qui correspond au logarithme donné 5,04269 égale 110327,5 à moins de 2,5.

Troisième exemple.—Quel est le nombre dont le logarithme égale 8,53409 ?

Je diminue la caractéristique de 5 unités, et je cherche le nombre correspondant au logarithme 3,53409. Ce nombre est 3420,5 à $\frac{1}{12}$ près ; par conséquent, le nombre qui correspond au logarithme donné 8,53409 égale 342050000, à moins de $\frac{100000}{12}$ ou 8333 unités.

Remarque.—La résolution des deux problèmes précédents repose sur le principe de la proportionnalité des petits accroissements d'un nombre et des accroissements correspondants de son logarithme. On peut facilement reconnaître que ce principe, évidemment applicable aux nombres compris entre 1000 et 10000 lorsqu'on se sert des tables de de Lalande, n'est pas rigoureusement vrai.

En effet, soient n, $n+h$, $n+2h$, trois nombres en progression arithmétique, je dis que leurs logarithmes ne croissent pas par quantités égales ; on a

$$\log. (x+h) - \log. n = \log. \left(\frac{n+h}{n}\right) = \log. \left(1 + \frac{h}{n}\right)$$

et

$$\log. (n+2h) - \log. (n+h) = \log.\left(\frac{n+2h}{n+h}\right) = \log.\left(1 + \frac{h}{n+h}\right);$$

Or le nombre $1 + \frac{h}{n+h}$ est plus petit que le nombre $1 + \frac{h}{n}$, donc $\log.\left(1 + \frac{h}{n+h}\right)$ est plus petit que $\log\left(1 + \frac{h}{n}\right)$; ainsi, lorsque l'accroissement du nombre n devient le double de ce qu'il était, celui de son logarithme est plus petit que le double de sa valeur primitive. Il en résulte qu'en calculant le logarithme d'un nombre au moyen de ce principe, précédemment énoncé, on obtient un logarithme un peu trop grand, et qu'en cherchant, au contraire, le nombre qui correspond à un logarithme donné, on trouve un nombre un peu trop petit.

Tables de Callet.

Les tables de logarithmes, connues sous le nom de *tables de Callet*, sont plus usitées que les précédentes ; elles font connaître les logarithmes des nombres entiers depuis 1 jusqu'à 108000, avec 7 ou 8 chiffres décimaux. On peut les considérer comme formées de trois tables distinctes. La première contient les logarithmes des nombres entiers depuis 1 jusqu'à 1200 avec huit chiffres décimaux; la seconde donne, avec sept chiffres décimaux, les logarithmes des nombres entiers depuis 10200 jusqu'à 100000. Enfin, on trouve dans la troisième les logarithmes des nombres entiers depuis 100000 jusqu'à 108000 avec huit chiffres décimaux. Comme on connaît la caractéristique du logarithme d'un nombre quelconque à l'inspection de ce nombre, les tables de Callet ne contiennent aucune caractéristique.

Il semble au premier abord que ces tables soient incomplètes et ne contiennent pas les logarithmes des nombres entiers depuis 1200 jusqu'à 10200; mais si l'on se rappelle que lorsque deux nombres sont décuples l'un de l'autre, la partie décimale de leurs logarithmes est la même, on voit que les logarithmes des nombres entiers depuis 1200 jusqu'à 10200 sont les mêmes que ceux des membres depuis 12000 jusqu'à 102000, abstraction faite des caractéristiques.

Les logarithmes des nombres depuis 10200 jusqu'à 108000 ont une disposition particulière qu'on ne peut comprendre qu'en voyant les tables elles-mêmes et s'aidant de l'instruction qui les précède. Les différences des logarithmes consécutifs ne sont écrites que dans cette partie des tables; on trouve sous chaque différence un petit tableau composé de deux colonnes verticales, comme le suivant : la première à gauche contient nombres 1, 2, 3, 4, 5, 6, 7, 8 et 9, placés les uns sous les autres, et représentant des dixièmes d'unité; on trouve dans la seconde les produits de la différence considérée par ces neuf nombres de dixièmes. Pour expliquer l'usage de ce tableau, je vais chercher, au moyen des tables de Callet, le logarithme d'un nombre donné, et résoudre ensuite la question inverse :

124	
1	12
2	25
3	37
4	50
5	62
6	74
7	87
8	99
9	112

PROBLÈME I.

Quel est le logarithme du nombre 35053,247?

On trouve 4,5447252 pour le logarithme du nombre entier 35053, et 124 dix-millionièmes pour la différence de ce logarithme et du suivant. On aura dès lors le logarithme de 35053,247 en calculant à un dix-millionième près le produit de la différence tabulaire 0,0000124 par la fraction 0,247, et en ajoutant ce produit au nombre 4,5447252. On a :

$$0,0000124 \times 0,247 = 0,0000031,$$

et, par suite,

$$\log. \ 35053,247 = 4,5447283.$$

Le tableau, placé sous la différence tabulaire 124, rend inutile la multiplication directe de cette différence par la fraction décimale 0,247, puisqu'il contient les produits par les neuf premiers nombres de dixièmes; on en déduit successivement

$$124 \times 0,2 = 25$$
$$124 \times 0,04 = 5,0$$
$$124 \times 0,007 = 0,87 ;$$

et l'on trouve, en faisant la somme de ces produits,

$$124 \times 0,247 = 30,87 ;$$

on supprime les deux chiffres décimaux du nombre 30,87, et l'on prend 31 pour le produit demandé. La recherche de ce produit se fait facilement sans qu'on écrive aucun nombre.

Remarque.—Lorsque le nombre dont on cherche le logarithme est moindre que 10000 et plus grand que 108000, on le ramène à être compris dans ces limites en le multipliant ou le divisant par une puissance convenable de 10, pour que les accroissements des nombres puissent être considérés comme proportionnels à ceux de leurs logarithmes.

PROBLÈME II.

Trouver le nombre correspondant au logarithme 4,5432895.

Le plus grand logarithme contenu dans le logarithme donné est 4,5432856 qui correspond au nombre entier 34937 et diffère de 124 dix-millionièmes de celui du nombre entier suivant ;

par conséquent la partie entière du nombre demandé est égale
à 34937 ; pour avoir la fraction décimale, je soustrais les deux
logarithmes 4,5432895 et 4,5432856 l'un de l'autre, et je divise
leur différence 0,0000039 par la différence tabulaire 0,0000124.
Le quotient est égal à 0,314 ; mais je ne prends que les deux
premiers chiffres décimaux, parce que l'erreur commise est
moindre que $\frac{1}{124}$ ou $\frac{1}{100}$, d'après la règle précédemment
donnée par les tables de de Lalande. J'ai dès lors

$$4,5432895 = \log. 34937,31.$$

Le tableau des différences rend inutile la division de 39 par
124 ; car si l'on cherche 39 dans la seconde colonne du tableau,
on le trouve compris entre 37 et 50 ; on le décompose alors en
37 + 2, et l'on voit qu'il faut d'abord augmenter le nombre
34937 de 0,3 pour l'augmentation de 37 cent-millièmes qu'é-
prouve son logarithme ; pour tenir compte ensuite des 2 cent-
millièmes restants, on prend le dixième de tous les nombres
de la seconde colonne, et l'on voit que 2 est compris entre 1,2
et 2,5 ; de sorte que l'augmentation correspondante du nombre 34937 est elle-même comprise entre 0,01 et 0,02. On
aura donc 0,3 + 0,01 ou 0,31 pour l'augmentation totale de ce
nombre, résultat identique à celui auquel on est arrivé par
l'autre méthode.

Remarque.—Lorsque la caractéristique du logarithme donné
sera autre que 4, on la ramènera à être égale à ce nombre, en
l'augmentant ou la diminuant d'un nombre convenable d'unités, et l'on opérera ensuite comme dans le cas précédent.

Les tables de Callet donnent donc immédiatement cinq chiffres du nombre demandé ; on en calcule ensuite un ou deux au
plus à l'aide des différences proportionnelles, de sorte que ces
tables font connaître *six* ou *sept* chiffres du nombre inconnu.
Comme on n'en trouve que *quatre* ou *cinq* au moyen des tables
de de Lalande, je ne me servirai que des tables de Callet.

Applications des logarithmes.

1° *Multiplication.*

Exemple.—Calculer le poids P d'un bloc de pierre qui a la forme d'un parallélipipède rectangle, en supposant ses trois dimensions respectivement égales à 1^m,5, 2^m,325, 1^m,285 et la densité de la pierre égale à 2,756.

En prenant le décimètre cube pour l'unité de volume, on a 15 × 23,25 × 12,85 pour la mesure du volume du bloc de pierre; par conséquent

$$P = 15 \times 23,25 \times 12,85 \times 2,756 \text{ kilog.}$$

et

$$\log. P = \log. 15 + \log. 23,25 + \log. 12,85 + \log. 2,756.$$

Calcul.

$$\log. \quad 15 = 1,1760913$$
$$\log. 23,25 = 1,3664230$$
$$\log. 12,85 = 1,1089031$$
$$\log. 2,756 = 0,4402792$$

$$\overline{\qquad \text{Log. } P = 4,0916966.}$$

On en déduit

$$P = 12350 \text{ kil. } 84.$$

2° *Division.*

Premier exemple. — 365,242264 jours solaires valent 366,242264 jours sidéraux, quelle est la valeur du jour solaire en jour sidéral?

Soit x le nombre demandé; on a

$$x = \frac{366,242264}{365,242264},$$

et, par suite.

$$\log. x = \log. 366,242264 - \log. 265,242264.$$

Calcul.

$$\log. 366{,}242264 = 2{,}5637685$$
$$\log. 365{,}242264 = 2{,}5625810$$
$$\overline{\log. x = 0{,}0011875.}$$

On en conclut que x égale 1,002738, c'est-à-dire que le jour solaire vaut 1$^{\text{j.m.}}$,002738.

DEUXIÈME EXEMPLE. — Un capital de 42615, placé pendant 3 ans, a produit un intérêt de 7670 fr. 70 ; quel serait l'intérêt de 59275 francs placés aux mêmes conditions pendant 7 ans ?

Soit x l'inconnue de cette règle de trois composée ; on a

$$x = \frac{7670{,}70 \times 59275 \times 7}{42615 \times 3},$$

et, par suite,

$$\log. x = \log. 7670{,}70 + \log. 59275 + \log. 7 - (\log. 42615 + \log. 3).$$

Calcul.

log. 7670,70 $= 3{,}8848350$	log. 42615 $= 4{,}6295625$
log. 59275 $\ = 4{,}7728716$	log. 3 $\quad = 0{,}4771213$
log. $\qquad$ 7 $= 0{,}8450980$	
$\overline{\qquad 9{,}5028046 \qquad}$	$\overline{\qquad 5{,}1066838 \qquad}$
$5{,}1066838$	

$$\log. x = 4{,}3961208 = \log. 24895{,}50.$$

Le capital demandé égale dès lors 24895 fr. 50.

Remarque. — On appelle *complément* d'un logarithme l'excès du nombre entier 10 sur ce logarithme. Il résulte de cette définition qu'on obtient le complément d'un logarithme en retranchant de 9 unités chacun de ses chiffres à partir de la gauche, à l'exception du dernier chiffre significatif qu'on retranche de 10 unités. Ainsi le complément du logarithme 3,4085270 est 6,5914730. La règle précédente permet de lire et d'écrire un complément aussi facilement que le logarithme lui-même.

L'emploi des compléments sert à simplifier les calculs logarithmiques qui exigent, comme le précédent, deux additions de logarithmes et une soustraction; car, on peut remplacer ces trois opérations par une seule, si l'on fait usage des compléments. Pour le prouver, je suppose que l'inconnue de la question soit donnée par la formule

$$x = \frac{a \cdot b \cdot c}{d \cdot e};$$

on a dès lors

$\log. \ x = \log. \ a + \log. \ b + \log. \ c - \log. \ d - \log. \ e$

ou $\log. \ x = \log. \ a + \log. \ b + \log. \ c + \overline{10 - \log. \ d} + \overline{10 - \log. \ e} - 20,$

et, enfin,

$\log. \ x = \log. \ a + \log. \ b + \log. \ c + comp. \ \log. \ d + comp. \ \log. \ e - 20.$

On est donc conduit à additionner les logarithmes des facteurs du numérateur de l'inconnue et les compléments des logarithmes des facteurs du dénominateur; on diminuera ensuite la caractéristique de la somme obtenue d'autant de dizaines qu'on aura pris de compléments.

En appliquant cette simplification à l'exemple précédent, on disposera le calcul de la manière suivante :

$\log. \ x = \log. \ 7670,70 + \log. \ 59275 + \log. \ 7 + comp. \ \log. \ 42625$
$\qquad\qquad + comp. \ \log. \ 3 - 20$

log. 7670,70 =	3,8848350
log. 59275 =	4,7728716
log. 7 =	0,8450980
comp. log. 42625 =	5,3704375
comp. log. 3 =	9,5228787
— 20 =	—20,0000000
log. x =	4,3961208.

Cette valeur de log. x est identique à la précédente.

3° *Puissances.*

EXEMPLE.—Calculer le poids de la terre supposée sphérique, en prenant 5,5 pour sa densité.

Si on désigne par c la longueur de la circonférence d'un grand cercle, le volume de la terre est égal à $\dfrac{c^3}{6\pi^2}$; or c égale 40000000 de mètres, donc

$$P = \frac{(40000000)^3 \cdot 5,5}{6\pi^2},$$

l'unité de poids étant la tonne métrique. On a, par suite,

$$\log. P = 3 \log. 40000000 + \log. 5,5 + \text{comp. } \log. 6$$
$$+ 2 \text{ comp. } \log. \pi - 30.$$

Calcul.

3 log. 40000000 =	22,8061800
log. 5,5 =	0,7403627
comp. log. 6 =	9,2218487
comp log. 3,1415926 =	9,5028501
comp. log. 3,1415926 =	9,5028501
— 30 =	—30,0000000
log. P =	21,7740916.

On en déduit :

$$P = 5944185000000000000000 \text{ tonnes.}$$

4° *Racines.*

EXEMPLE.—La distance moyenne de la terre au soleil étant prise pour unité, celle de Jupiter est égale à 5,20277. On demande d'évaluer en années la durée de la révolution de Jupiter autour du soleil, en considérant la terre comme une planète et supposant connue cette loi de Képler que les carrés des temps des révolutions de deux planètes autour du soleil sont proportionnels aux cubes de leurs distances moyennes à cet astre.

Soit x la durée cherchée, on a

$$\frac{x^2}{1^2} = \frac{(5{,}20277)^3}{1^3},$$

et, par suite,

$$x = \sqrt{(5{,}20277)^3};$$

on en déduit

$$\log. \ x = \frac{3\log.5{,}20277}{2}.$$

Calcul.

$$\log. \ 5{,}20277 = 0{,}7162346$$
$$3\log. \ 5{,}20277 = 2{,}1487039$$
$$\overline{\log. \ x = 1{,}0743517;}$$

par conséquent,

$$x = 11^{\text{ans}}{,}8673.$$

Exercices.

1. Quel est le poids d'un cylindre construit en pierre dont la densité est 2,756, en supposant le rayon du cylindre égal à 1^m,5 et sa hauteur égale à 5^m,215?

(*Rép.* 101593 kil. 5.)

2º Quel est le volume d'une sphère dont le diamètre égal 3^m,517?

(*Rép.* 22 mètres cubes, 768 décimètres cubes.)

3º Calculer une valeur approchée du rapport de la circonférence au diamètre par la formule de *Wallis* :

$$\frac{\pi}{2} = \frac{2.2.4.4.6.6.8.8.10.10.12.12, \text{ etc.}}{1.3.3.5.5.7.7.9.9.11.11, \text{ etc.}}$$

en prenant la demi-somme des valeurs qu'on trouve lorsqu'on s'arrête successivement aux fractions $\frac{18}{19}$, $\frac{20}{19}$.

(*Rép.* 3,1405.)

4° Calculer la valeur de x donnée par la formule

$$x = \sqrt{\frac{1,55^2 - 1}{1,54^2 - 1}}.$$

(*Rép.* 1,011202.)

5° Évaluer en jours moyens le temps de la révolution de la planète Neptune autour du soleil, en prenant pour unité la distance moyenne de la terre au soleil, et sachant que celle de Neptune est de 30,04 et que la durée de la révolution de la terre autour du soleil est de 365$^{\text{j.m.}}$,256.

(*Rép.* 60127 jours moyens.)

VINGT-HUITIÈME ET VINGT-NEUVIÈME LEÇON.

PROGRAMME : Usage des caractéristiques négatives.

« Les définitions * précédemment données n'assignent pas
« de logarithmes aux nombres plus petits que 1. Quand il s'agit
« de calculer de pareils nombres avec les tables, on peut les
« multiplier par une puissance de 10, telle que le produit de-
« vienne supérieur à l'unité, et il ne reste plus qu'à diviser
« par cette puissance le résultat fourni par les tables. »

Mais on peut aussi généraliser, au moyen des quantités négatives, les propriétés des logarithmes, en les étendant aux
nombres plus petits que l'unité; c'est ce que je vais expliquer.

Considérons le système de logarithmes défini par les deux
progressions

$$1, 10, 10^2, 10^3, 10^4, \ldots$$
$$0, 1, \quad 2, \quad 3, \quad 4, \ldots;$$

les propriétés des logarithmes, démontrées dans la 25e leçon,
étant indépendantes de la grandeur absolue de la raison de la
progression géométrique et du signe de celle de la progression
arithmétique, il en résulte qu'elles sont encore applicables aux
deux progressions géométrique et arithmétique

$$1, \quad \frac{1}{10}, \quad \frac{1}{10^2}, \quad \frac{1}{10^3}, \quad \frac{1}{10^4}, \quad \ldots$$
$$0, \quad -1, \quad -2, \quad -3, \quad -4, \quad \ldots$$

qui ne diffèrent des précédentes qu'en ce que la raison de la
progression géométrique est égale à l'inverse $\frac{1}{10}$ de celle de la
première, et la raison de la progression arithmétique égale et

_____

* Note du Programme.

de signe contraire à celle de l'autre. Ces deux nouvelles progressions forment donc un système de logarithmes dans lequel les nombres plus petits que l'unité ont seuls des logarithmes, et ces logarithmes sont tous négatifs. On pourrait dès lors s'en servir pour effectuer des calculs sur les fractions proprement dites, lorsque les résultats devraient être aussi plus petits que l'unité.

Cela posé, je dis que les deux systèmes de logarithmes précédents n'en forment qu'un seul, qui jouit de toutes les propriétés de chacun d'eux et s'applique à tous les nombres positifs, qu'ils soient plus grands ou plus petits que l'unité.

En effet, je remarque 1° que la progression géométrique

$$1, \quad \frac{1}{10}, \quad \frac{1}{10^2}, \quad \frac{1}{10^3}, \dots$$

peut être considérée comme la continuation de la progression

$$1, 10, 10^2, 10^3, \dots$$

prolongée vers la gauche, en divisant par sa raison 10, d'abord son premier terme 1, puis le terme obtenu $\frac{1}{10}$, puis $\frac{1}{100}$, etc. De même, la progression arithmétique

$$0, -1, -2, -3, -4, \dots$$

peut être considérée comme la continuation de la progression

$$0, 1, 2, 3, 4, \dots$$

prolongée vers la gauche, en retranchant sa raison 1, d'abord de son premier terme 0, puis du terme obtenu -1, puis de -2, etc.

2° Pour démontrer que les deux progressions

$$\dots \frac{1}{10^3}, \quad \frac{1}{10^2}, \quad \frac{1}{10}, \quad 1, \quad 10, \quad 10^2, \quad 10^3, \quad 10^4, \dots$$

$$\dots -3, -2, -1, \quad 0, \quad 1, \quad 2, \quad 3, \quad 4, \dots$$

dont les termes 1 et 0 se correspondent et qui sont indéfiniment prolongées dans les deux sens, jouissent des propriétés générales des logarithmes, il suffit de prouver que *le logarithme de deux termes quelconques* a *et* b *de la progression géométrique est égal à la somme des logarithmes de ces termes,* puisque les autres propriétés sont des conséquences de celle-ci.

Comme cette propriété est déjà démontrée pour deux termes situés l'un et l'autre à la droite ou à la gauche du terme 1, je supposerai $a = 10^m$ et $b = \dfrac{1}{10^n}$. J'ai dès lors

$$ab = \frac{10^m}{10^n};$$

pour effectuer la division de 10^m par 10^n, je distinguerai deux cas : m peut être plus grand ou plus petit que n.

Si m est plus grand que n, il en résulte que le produit ab égale 10^{m-n}; il a donc pour logarithme le terme $m-n$ de la progression arithmétique, c'est-à-dire la somme algébrique des logarithmes m et $-n$ de 10^m et $\dfrac{1}{10^n}$. Par conséquent,

$$\log ab = \log a + \log b.$$

En supposant, au contraire, $m < n$, je divise par 10^m les deux termes de la fraction $\dfrac{10^m}{10^n}$, et le produit ab égale $\dfrac{1}{10^{m-n}}$; il a dès lors pour logarithme le terme $-(n-m)$ de la progression arithmétique, c'est-à-dire la somme algébrique des logarithmes m et $-n$ de 10^m et $\dfrac{1}{10^n}$. On a donc encore

$$\log ab = \log a + \log b;$$

ce qui démontre le théorème énoncé.

Voyons maintenant comment on calcule les logarithmes des fractions ordinaires ou décimales au moyen des logarithmes des nombres entiers.

PROBLÈME I.

Trouver le logarithme d'une fraction ordinaire ou décimale.

Soit à trouver 1° le logarithme de la fraction ordinaire $\dfrac{172}{3245}$;

en considérant cette fraction comme le quotient de la division de son numérateur par son dénominateur, on a

$$\log. \frac{172}{3245} = \log. 172 - \log. 3245 = - (\log. 3245 - \log. 172).$$

Or $\qquad\qquad \log. 3245 = \quad 3,5112147$

et $\qquad\qquad \log. 172 = \quad 2,2355284$

donc $\qquad\qquad \log. \frac{172}{3245} = -1,2756863.$

Les logarithmes, entièrement négatifs, comme celui qui précède, ne sont pas usités; on leur préfère des logarithmes dont la caractéristique seule soit négative. Voici comment on obtient celui de la fraction $\frac{172}{3245}$: on augmente le logarithme du numérateur de 2 unités, c'est-à-dire d'autant d'unités qu'il en faut pour que la somme soit plus grande que le logarithme du dénominateur; on retranche ensuite le second nombre du premier, et l'on diminue la partie entière du reste d'autant d'unités qu'on en a ajoutées au logarithme du numérateur. Ainsi, on a

$$\log. \frac{172}{1245} = 4,2355284 - 3,5112147 - 2,$$

$$\log. \frac{172}{3245} = 0,7243137 - 2.$$

On est convenu de représenter la différence

$$0,7243137 - 2$$

par la notation abrégée

$$\overline{2},7243137,$$

de sorte qu'on a

$$\log. \frac{172}{3245} = \overline{2},7243137.$$

Remarque. — Ce logarithme est donc composé de deux parties, l'une négative et l'autre positive; la première qui est égale à —2 se nomme encore la caractéristique du logarithme, et la seconde 0,7243137 est la fraction décimale de ce loga-rithme. Si on effectuait la soustraction de ces deux nombres, on retrouverait le logarithme entièrement négatif déjà obtenu, c'est-à-dire —1,2756863. Réciproquement, ce dernier loga-rithme étant donné, on en déduit le précédent, en augmentant —1,2756863 d'un nombre d'unités assez grand pour que la somme soit positive, puis on diminue la partie entière de cette somme du même nombre d'unités. On a ainsi

$$-1,2756863 = 2 - 1,2756863 - 2 = 0,7243137 - 2$$

ou $$-1,2756863 = \overline{2},7243137.$$

Je ne me servirai désormais que de logarithmes dont la carac-téristique seule soit négative.

2° Soit proposé de trouver le logarithme de la fraction déci-male 0,00643425.

Cette fraction décimale étant égale à une fraction ordinaire qui a 643425 pour numérateur et 10^8 pour dénominateur, on calculera son logarithme d'après la règle précédente. On peut aussi opérer comme il suit :

Je transporte la virgule de la fraction à la droite du premier chiffre significatif de gauche, et j'ai

$$0,00643425 = 6,43425 \times 0,001 ;$$

je prends ensuite les logarithmes des deux membres de cette égalité, et je trouve

$$\log. \ 0,00643425 = \log. \ 6,43425 + \log 0,001$$

ou $$\log. \ 0,00643425 = 0,8084980 - 3 = \overline{3},8084980.$$

Je conclus de ce calcul que *la caractéristique du logarithme d'une fraction décimale est égale et de signe contraire au nom-bre qui exprime le rang du premier chiffre significatif de cette fraction à partir de la virgule, ou au nombre des zéros qui pré-cèdent ce chiffre.* Quant à la fraction décimale de ce logarithme, elle est la même que celle du logarithme du nombre entier qu'on obtient en faisant abstraction de la virgule de la fraction donnée.

Remarque.—On prend le complément du logarithme d'une fraction quelconque de la même manière que celui du logarithme d'un nombre plus grand que l'unité; mais, d'après la règle de la soustraction des nombres négatifs, il faut avoir le soin de changer le signe de la caractéristique, lorsqu'on la retranche de 9. Ainsi le logarithme de la fraction 0,00643425 est égal à $\overline{3}$,8084980, et il a pour complément 12,1915020.

PROBLÈME II.

Étant donné un logarithme dont la caractéristique est négative, trouver le nombre correspondant.

Soit proposé de trouver le nombre x dont le logarithme est égal à $\overline{2}$,4856753; j'augmente le logarithme de 6 unités pour ramener sa caractéristique à être positive et égale au moins à 4 et au plus à 5, pour que le nombre correspondant au nouveau logarithme 4,4856753 soit compris entre 10000 et 108000; je cherche ensuite ce nombre, et je le trouve égal à 30596,75. Or, j'ai

$$\overline{2},4856753 = 4,4856753 - 6$$

ou $\qquad$ log. $x =$ log 30596,75 $+$ log. 0,000001

donc

$$x = 30596,75 \times 0,000001$$

et enfin

$$x = 0,03059675.$$

Il résulte de ce calcul que, *pour trouver la fraction décimale qui a un logarithme donné, on cherche le nombre, compris entre 10000 et 108000, dont le logarithme a la même partie décimale que le logarithme donné, et l'on place à la gauche de ce nombre autant de zéros, y compris celui de la partie entière, qu'il y a d'unités dans la caractéristique négative.*

Application.

PREMIER EXEMPLE.—Calculer la longueur du pendule simple qui fait, à Paris, une oscillation en une seconde.

Je prends la formule connue

$$t = \pi \sqrt{\frac{l}{g}},$$

dans laquelle on désigne par t la durée d'une oscillation d'un pendule simple dont la longueur est l, par g le double de l'espace qu'un corps, tombant librement, parcourrait dans le lieu donné et par π le rapport 3,1415926 de la circonférence au diamètre. En faisant dans cette formule

$$t = 1, \quad \text{et } g = 9^m,8088,$$

j'ai

$$l = \frac{9^m,8088}{(3,14159\ldots)^2},$$

et, par suite,

$$\log l = \log 9,8088 + 2 \text{ comp. } \log 3,1415926 - 20.$$

Calcul.

log. 9,8088 =	0,9916159
2 comp. log. 3,1415926 =	19,0057002
— 20 = —	20,0000000
log. l =	$\bar{1}$,9973161;

de là, je tire

$$l = 0^m,993841.$$

DEUXIÈME EXEMPLE.—Dans un carré dont le côté a un mètre de longueur, on inscrit un carré en tirant les droites qui joignent les milieux des côtés consécutifs du carré donné. On recommence ensuite la même opération sur le second carré, puis sur le troisième, etc., et l'on propose de calculer l'aire du quinzième carré inscrit.

Il est évident que chaque carré est la moitié du carré dans lequel il est inscrit; or l'aire du carré donné est égale à 1 mètre carré, donc celles des carrés inscrits successivement sont les termes de la progression géométrique décroissante

$$\frac{1}{2}, \ \left(\frac{1}{2}\right)^2, \ \left(\frac{1}{2}\right)^3, \ \left(\frac{1}{2}\right)^4, \ \dots.$$

et l'aire du quinzième carré est égale à $\left(\frac{1}{2}\right)^{15}$; si je la repré-sente par x, j'aurai

$$x = \left(\frac{1}{2}\right)^{15},$$

et, par suite,

$$\log. x = 15 \log. \frac{1}{2} = \overline{1},6989700 \times 15.$$

Pour multiplier par 15 le logarithme $\overline{1}$,6989700, il faut multi-plier la partie positive et la partie négative de ce logarithme par 15, et soustraire le dernier produit de la partie entière du premier, ce qui donne $\overline{5}$,4845500; car on a

$$\overline{1},6989700 \times 15 = (0,6989700 - 1)15 = 10,4845500 - 15 = \overline{5},4845500.$$

Par conséquent

$$\log. x = \overline{5},4845500$$

et $$x = 0,000030517;$$

l'aire du quinzième carré égale donc 30 millimètres carrés, à un millimètre près.

TROISIÈME EXEMPLE.—Calculer le rayon d'une sphère dont le volume est d'un mètre cube.

Soit x le rayon demandé; on a, par hypothèse,

$$\frac{4}{3}\pi x^3 = 1$$

et, par conséquent,

$$x = \sqrt[3]{\frac{3}{4\pi}},$$

d'où

$$\log . x = \frac{\log . 3 + \text{comp. } \log . 4 + \text{comp. } \log . \pi - 20}{3}.$$

Calcul.

$$\log . 3 = \quad 0,4771213$$
$$\text{comp. } \log . 4 = \quad 9,3979400$$
$$\text{comp. } \log . \pi = \quad 9,5028501$$
$$- 20 = -20,0000000$$

$$\log . x = \quad \frac{\overline{1},3779114}{3}.$$

Pour diviser par 3 le logarithme $\overline{1}$,3779114, je rends d'abord sa caractéristique —1 divisible par 3, en l'augmentant de—2 ; j'ajoute ensuite 2 unités à la fraction décimale 0,3779114, pour ne pas changer le logarithme donné, et je divise par 3 la différence

$$-3 + 2,3779114$$

en prenant le tiers de chacune de ses parties. J'ai, par suite,

$$\log . x = -1 + 0,7926371 = \overline{1},7926371,$$

et $\qquad\qquad x = 0^m,620350.$

Exercices.

1. Calculer la valeur du jour sidéral en fonction du jour solaire moyen, en sachant que 366,242264 jours sidéraux valent 365,242264 jours solaires moyens.

(*Rép.* 0,9972692.)

2° Dans un ouvrage adopté par l'octroi de Paris, on donne cette règle pour évaluer le côté du carré inscrit dans un cercle dont la longueur de la circonférence est connue : *Diminuez la circonférence du dixième de sa longueur, et prenez le quart du reste.*

On propose de calculer le rapport du carré construit sur la

longueur, déterminée d'après cette règle, au vrai carré inscrit dans le cercle donné.

(*Rép.* 0,99929.—L'erreur commise est donc très-petite.)

3° Calculer la valeur de l'inconnue x donnée par la formule

$$x = 0,1865 \sqrt[5]{\frac{0,315 \times (0,9736)^2}{7,426}}.$$

(*Rép.* 0,0618793.)

4° Vérifier les résultats suivants :

$$\sqrt[5]{\frac{13}{16}} = 0,959323,$$

$$\sqrt{0,26 + \sqrt{\frac{2}{3}}} = 1,037543.$$

5° M. Morin a trouvé, pour l'expression de la résistance R d'une corde neuve et sèche à l'enroulement sur un tambour d'un diamètre d, la formule suivante :

$$R = \frac{n}{d}\left(0,000297 + 0,000245\,n + 0,000363\,p\right) \text{ kilogr.}$$

n étant le nombre des fils de caret, et p le poids qui tend la corde.

On propose de calculer R, en supposant $n = 15$, $p = 25^k,37$, et $d = 396$ millimètres.

(*Rép.* La résistance à l'enroulement est égale au poids de 503 grammes.)

TRENTIÈME ET TRENTE ET UNIÈME LEÇON.

Programme : Application des logarithmes aux questions d'intérêts composés et aux annuités.

1° Règle de l'intérêt composé.

Lorsqu'on place un capital pendant un certain nombre d'années à un taux d'intérêt déterminé, on peut convenir de recevoir à la fin de chaque année l'intérêt produit pendant ce temps, ou bien d'ajouter, au commencement de l'année suivante, cet intérêt au capital. Dans le premier cas, le capital reste invariable et produit constamment le même intérêt annuel qu'on calcule par la *règle de l'intérêt simple*; dans le second cas, au contraire, le capital augmente d'année en année, ainsi que ses intérêts. On appelle *règle de l'intérêt composé* le procédé par lequel on trouve, dans cette hypothèse, la somme du capital et de ses intérêts accumulés pendant un certain temps; telle est la question que je vais résoudre.

Problème 1.

Trouver la valeur d'un capital placé à intérêt composé pendant un certain nombre d'années, à un taux d'intérêt donné.

Soient c le capital donné, n le nombre des années pendant lesquelles il est placé, et t l'intérêt que 100 francs rapportent en un an. A ces conditions, un franc produisant un intérêt annuel de $\frac{t}{100}$ francs, intérêt que je représente pour abréger par r, le capital c rapporte cr dans le même temps, et vaut $c + cr$, ou $c(1 + r)$ à la fin de la première année. De là, je conclus que, *pour avoir la valeur d'un capital, après une année de placement, il faut multiplier ce capital par l'unité, augmentée de la centième partie du taux d'intérêt.*

Le capital placé pendant la seconde année étant égal par hypothèse à $c(1 + r)$, j'aurai sa valeur à la fin de l'année en multipliant $c(1 + r)$ par $1 + r$, ce qui donne $c(1 + r)^2$; à son tour cette somme est placée pendant la troisième année et vaut, au bout de ce temps, $c(1 + r)^2 \times (1 + r)$ ou $c(1 + r)^3$. On place ensuite, pendant la quatrième année, le capital $c(1 + r)^3$ qui vaut à la fin de cette année $c(1 + r)^3 \times (1 + r)$ ou $c(1 + r)^4$. Par conséquent le capital c vaut $c(1 + r)$ après une année, $c(1 + r)^2$ après 2 ans, $c(1 + r)^3$ après 3 ans, $c(1 + r)^4$ après 4 ans, et, par analogie, $c(1 + r)^n$ après n années; en désignant par C cette dernière somme, on a la formule

$$C = c(1 + r)^n$$

qui sert à calculer la valeur d'un capital et de ses intérêts composés.

Si on considère successivement, dans cette formule, chacune des quatre quantités C, c, r et n comme inconnue, on est conduit à quatre problèmes différents dont les solutions sont données par la formule logarithmique

$$\log. C = \log. c + n \log. (1 + r);$$

car on en déduit successivement

$$\log. c = \log. C - n \log. (1 + r),$$

$$\log. (1 +)r = \frac{\log. C - \log. c}{n},$$

et

$$n = \frac{\log. C - \log. c}{\log. (1 + r)}.$$

Premier exemple.—Quelle est la valeur de 18500 francs, placés à intérêt composé, pendant 6 ans, à 5 %?

En remplaçant dans la formule

$$\log. C = \log. c + n \log. (1 + r), \quad$$

c par 18500, n par 6 et r par 0,05, on trouve

$$\log. C = \log. 18500 + 6 \log. 1,05.$$

Or $\log. 18500 = 4,2671717$

$6 \log. 1,05 = 0,1271358$

donc $\log. C = 4,3943075,$

et $C = 24791$ fr. 77.

DEUXIÈME EXEMPLE.—Quelle somme faut-il placer à 3 %, et à intérêt composé, pour avoir 30000 francs au bout de 10 ans?

En supposant dans la formule

$$\log. c = \log. C - n \log. (1 + r)$$

les quantités C, n et r, respectivement égales à 30000, 10 et 0,03, on a

$$\log. c = \log. 30000 - 10 \log. 1,03,$$

et, par suite,

$$c = 22322^f,82.$$

TROISIÈME EXEMPLE.—A quel taux d'intérêt faut-il placer 4800 francs, à intérêt composé, pour recevoir 6000 francs au bout de 8 ans?

Si, dans la formule

$$\log. (1 + r) = \frac{\log. C - \log. c}{n},$$

on remplace C par 6000, c par 4800 et n par 8, on trouve

$$\log. (1 + r) = \frac{\log. 6000 - \log. 4800}{8}.$$

En effectuant le calcul, on trouve $1 + r$ égal à 1, 0283 et, par conséquent, r ou $\frac{t}{100}$ égal à 0,0283; le taux d'intérêt t est donc 2,83.

QUATRIÈME EXEMPLE. — Pendant combien d'années faut-il placer, à intérêt composé, un capital de 100000 francs, à

4 %, pour que sa valeur soit de 180000 francs au bout de ce temps?

En supposant dans la formule

$$n = \frac{\log. C - \log. c}{\log. (1+r)}$$

les trois quantités C, c et r, respectivement égales à 180000, 100000 et 0,04, on a

$$n = \frac{\log. 180000 - \log. 100000}{\log. 1,04}$$

ou

$$n = \frac{0,2552725}{0,0170333}.$$

Si on calcule à une unité près le quotient de la division des deux nombres 0,2552725 et 0,0170333, on trouve le nombre n des années égal à 15.

Remarque.—La formule

$$C = c(1 + r)^n$$

suppose que le capital c n'est placé que pendant un nombre entier d'années, et n'est applicable que dans cette hypothèse. Lorsque le capital est placé pendant n années et un certain nombre m de mois, on modifie cette formule de la manière suivante :

On remarque d'abord que le capital c, placé à intérêt composé, vaut $c(1+r)^n$ à la fin de la $n^{ième}$ année, et que cette dernière somme est placée, à intérêt simple, pendant m mois. Or 1 franc rapporte $\frac{r}{12}$ en un mois, et, par suite $\frac{mr}{12}$ au bout de m mois, il vaut donc $1 + \frac{mr}{12}$ à la fin du $m^{ième}$ mois, et la valeur du capital $c(1 + r)^n$, après le même intervalle de temps, est $\left(1 + \frac{mr}{12}\right) \times c(1+r)^n$, ou $c (1+r)^n \left(1 + \frac{mr}{12}\right)$; on a par conséquent la formule

$$C = c(1 + r)^n \left(1 + \frac{mr}{12}\right).$$

Bien que cette formule soit un peu plus compliquée que la précédente, son emploi n'offre aucune difficulté lorsque l'inconnue de la question est C ou c. Mais, si r est inconnu, on est conduit à résoudre une équation de degré $n+1$, qui a plus de deux termes; ce problème dépend de l'algèbre supérieure. Enfin, lorsque le temps est inconnu, la question peut être résolue de la manière suivante, quoiqu'on ait une seule équation entre les deux inconnues n et m dont la première représente un nombre entier. Je prends les logarithmes des deux membres de l'équation précédente, et je la résous par rapport à n; je trouve alors

$$n = \frac{\log. C - \log. c - \log.\left(1+\frac{mr}{12}\right)}{\log.(1+r)}.$$

Je retranche ensuite log. c de log. C, et je divise leur différence par log. $(1+r)$; soit q la partie entière du quotient et R le reste, il en résulte que

$$n = q + \frac{R - \log.\left(1+\frac{mr}{12}\right)}{\log.(1+r)}.$$

Or la quantité $\dfrac{R-\log.\left(1+\frac{mr}{12}\right)}{\log.(1+r)}$ est moindre que l'unité, puisque son numérateur est plus petit que le dénominateur, donc il faut qu'on ait

$$\log.\left(1+\frac{mr}{12}\right)=R,$$

pour que le nombre n soit entier; ce qui donne

$$n=q.$$

De là je conclus que *la partie entière du quotient de la division de log. C — log. c par log. (1+r) est le nombre d'années demandé, et que le reste représente le logarithme de* $1+\frac{mr}{12}$; en cherchant le nombre correspondant à ce logarithme, on en déduira facilement la valeur de m.

Si l'on applique cette formule au dernier exemple précédent, dans lequel $\frac{mr}{12}$ égale $\frac{m}{300}$, on trouve $n=14$ et $r=0,0168063$; il en résulte que

$$1 + \frac{m}{300} = 1,039456,$$

et, par suite,

$$m=11 \text{ mois } 25 \text{ jours.}$$

Dans la pratique, on n'emploie que la formule

$$C=c(1+r)^n$$

et l'on admet que l'exposant n peut avoir des valeurs fractionnaires. Cette hypothèse, qu'on ne peut justifier que dans l'algèbre supérieure, a l'avantage de simplifier les calculs, en conduisant à peu près aux mêmes résultats que la formule plus compliquée

$$C = c (1+r)^n \left(1 + \frac{mr}{12}\right).$$

Ainsi, l'application de cette méthode à l'exemple précédent donne

$$n = 4 + \frac{168063}{170333};$$

or la fraction d'année $\frac{168063}{170333}$, évaluée en mois et en jours, est égale à 11 mois 25 jours, donc on a

$$n=14 \text{ ans } 11 \text{ mois } 23 \text{ jours,}$$

résultat peu différent de celui qu'on a trouvé par l'autre méthode.

PROBLÈME II.

Une personne place, à intérêt composé, un capital c au commencement de chaque année pendant n années consécutives;

quelle somme doit-elle recevoir à la fin de la $n^{ième}$ année, en supposant le taux d'intérêt égal à 100 r?

La première somme c vaut $c(1+r)^n$ à la fin de la $n^{ième}$ année, la seconde somme c qui n'est placée qu'au commencement de la seconde année, c'est-à-dire pendant $n-1$ années vaut $c(1+r)^{n-1}$ au bout de ce temps; la troisième somme c, placée au commencement de la troisième année, vaut $c(1+r)^{n-2}$ à la fin des $n-2$ années suivantes, et ainsi de suite jusqu'à la $n^{ième}$ somme qui ne reste placée que pendant un an et vaut $c(1+r)$ au bout de ce temps. En désignant par S le capital que la personne qui fait ces placements doit recevoir après n années, on a :

$$S = c(1+r)^n + c(1+r)^{n-1} + c(1+r)^{n-2} + \ldots + c(1+r).$$

Or les quantités dont le second membre est composé sont les n premiers termes d'une progression géométrique qui commence par $c(1+r)$ et dont la raison est $1+r$; par conséquent leur somme égale (17e leçon)

$$\frac{c(1+r)^n(1+r) - c(1+r)}{1+r-1} \quad \text{ou} \quad \frac{c(1+r)[(1+r)^n - 1]}{r},$$

et l'égalité précédente devient

$$S = \frac{c(1+r)[(1+r)^n - 1]}{r}.$$

Telle est la formule par laquelle on calcule la somme demandée.

Cette formule, comme celle de l'intérêt composé, donne lieu à quatre problèmes différents dont chacun a pour inconnue l'une des quatre quantités S, c, n et r; mais le dernier dépend de l'algèbre supérieure. Je vais donner un exemple de l'un des trois autres :

Quelle somme faut-il payer chaque année pour recevoir 20000 francs au bout de 10 ans, les intérêts composés étant calculés à 5 %?

L'inconnue de la question est donc la quantité c de la formule précédente; or on a

AM.—ALG. 22

$$c = \frac{Sr}{(1+r)\,[(1+r)^n - 1]};$$

donc

$$\log. c = \log. S + \log. r + \text{comp.} \log.(1+r) + \text{comp.} \log.[(1+r)^n - 1]$$
$$- 20.$$

En remplaçant maintenant S, n et r par leurs valeurs respectives 20000, 10 et 0,05, on trouve

$$\log. c = \log. 20000 + \log. 0,05 + \text{comp.} \log. 1,05$$
$$+ \text{comp.} \log.(1,05^{10} - 1) - 20.$$

Comme la différence $1,05^{10} - 1$ n'est pas connue, il faut d'abord la calculer; pour cela, on commence par chercher le nombre $1,05^{10}$, puis on le diminue de l'unité.

Premier calcul.

$$\log. 1,05^{10} = 10 \log. 1,05 = 0,2118930;$$

donc

$$1,05^{10} = 1,628895,$$

et, par suite,

$$1,05^{10} - 1 = 0,628895.$$

Deuxième calcul.

log. 20000 =	4,3010300
log. 0,05 =	$\overline{2}$,6989700
comp. log. 1,05 =	9,9788107
comp. log. 0,628895 =	10,2014218
— 20 =	—20,0000000
log. c =	3,1792325.

Par conséquent,

$$S = 1510 \text{ fr. } 89,$$

c'est-à-dire qu'il faut placer 1510 fr. 89, à intérêt composé, au commencement de chaque année pendant 10 ans, pour recevoir 20000 francs au bout de ce temps, le taux d'intérêt étant 5 %.

2° Annuités.

On appelle *annuité* une somme qu'on paye annuellement, pendant un certain nombre d'années, pour rembourser un capital emprunté et ses intérêts composés pendant un temps donné.

Problème III.

Une personne emprunte un capital c à un taux d'intérêt donné ; quelle somme a doit-elle payer à la fin de chaque année pour rembourser en n années ce capital et ses intérêts composés?

A la fin de la $n^{ième}$ année, la somme des n annuités a et de leurs intérêts composés devant être égale au capital emprunté c, augmenté de ses intérêts composés, je vais évaluer chacune de ces deux quantités pour mettre le problème en équation. Soit r l'intérêt d'un franc par an ; le capital c, augmenté de ses intérêts composés pendant n années, vaut $c(1+r)^n$. Quant à la somme des $n-1$ premières annuités, elle égale, d'après la formule du problème II,

$$\frac{a(1+r)[(1+r)^{n-1}-1]}{r} ;$$

en y ajoutant la $n^{ième}$ annuité a, payée à la fin de la $n^{ième}$ année, on a

$$\frac{a(1+r)[(1+r)^{n-1}-1]}{r}+a, \quad \text{ou} \quad \frac{a[(1+r)^n-1]}{r}$$

pour leur somme, et l'équation du problème est

$$\frac{a[(1+r)^n-1]}{r}=c(1+r)^n ;$$

on en tire

$$a=\frac{cr(1+r)^n}{(1+r)^n-1}.$$

pour la valeur de l'annuité demandée.

Remarque.—Dans cette formule, on peut regarder successivement comme inconnue l'une quelconque des quantités a, c, n et r, ce qui donne lieu à quatre problèmes dont l'algèbre élémentaire ne peut résoudre en général que les trois premiers. Lorsqu'on cherche a ou c, il faut commencer par calculer le nombre $(1+r)^n$, pour en déduire la valeur de la différence $(1+r)^n-1$.

Si on suppose que le nombre d'années n croisse sans limite, l'annuité devient perpétuelle, et sa valeur est égale à la limite vers laquelle tend la fraction

$$\frac{cr(1+r)^n}{(1+r)^n-1}$$

lorsque n croît indéfiniment. Comme cette fraction prend la forme indéterminée $\frac{\infty}{\infty}$ pour $n=\infty$, je divise ses deux termes par $(1+r)^n$, et je trouve

$$\frac{cr}{1-\dfrac{1}{(1+r)^n}}$$

quantité qui se réduit à cr, si on suppose $n=\infty$. Ce résultat était facile à prévoir, puisque l'annuité, devenant perpétuelle, doit être égale à l'intérêt simple du capital emprunté, tandis que, dans toute autre hypothèse, cette annuité est plus grande que cr.

PREMIER EXEMPLE.—Une personne vend une maison moyennant une annuité de 8000 francs payable pendant 10 ans. A combien estime-t-elle sa maison, le taux d'intérêt étant 5%?

En remplaçant, dans la formule des annuités, les trois quantités a, n et r par leurs valeurs respectives 8000, 10 et 0,05, on a

$$\frac{8000(1{,}05^{10}-1)}{0{,}05}=c\times 1{,}05^{10},$$

et l'on en déduit

$$c=\frac{160000\,(1{,}05^{10}-1)}{1{,}05^{10}}.$$

Si l'on effectue les calculs indiqués, on trouve que c égale 61773 fr. 91, c'est-à-dire que la maison vaut actuellement 61773 fr. 91.

DEUXIÈME EXEMPLE.—Une personne qui emprunte 10000 fr. à 5 % voudrait les rembourser par une annuité de 1000 francs; pendant combien d'années doit-elle payer cette annuité?

Je remplace, dans la formule générale des annuités, les trois quantités a, c et r par leurs valeurs respectives 1000, 10000 et 0,05, ce qui donne

$$\frac{1000\,(1,05^n - 1)}{0,05} = 10000 \times 1,05^n;$$

je résous ensuite cette équation par rapport à $1,05^n$, et je trouve

$$1,05^n = 2;$$

j'ai, par suite,

$$n \log.\ 1,05 = \log.\ 2$$

et, enfin,

$$n = \frac{\log.\ 2}{\log.\ 1,05}.$$

En calculant le quotient de log. 2 par log. 1,05 à une unité près, je trouve

$$n = 15\ \text{ans}.$$

Exercices.

1° Quelle est la valeur de 1000 francs placés, à intérêt composé, pendant 18 ans, à 5 %?

(*Rép.* 2406,62.)

2° Pendant combien d'années faut-il placer à 5 % un capital quelconque, pour le doubler en tenant compte des intérêts composés?

(*Rép.* 14 ans 2 mois 14 jours.)

3° On place chaque année, pendant 14 ans, une somme de 1235 francs à intérêt composé; combien recevra-t-on au bout des 14 ans, le taux d'intérêt étant 5 %?

(*Rép.* 25764 fr. 32.)

4° Pendant combien d'années faudra-t-il placer 1000 francs au commencement de chaque année pour avoir 10000 francs, le taux d'intérêt étant 5 °/₀?

(*Rép.* 9 ans.)

5° Quelle annuité faut-il payer chaque année pour rembourser en 15 ans une dette de 20000, le taux étant 5 °/₀?

(*Rép.* 1926 fr. 85).

6° Une personne emprunte 200 francs qu'elle rembourse par deux annuités de 105 francs; à quel taux d'intérêt a-t-elle fait son emprunt?

(*Rép.* 3 fr. 32 °/₀.)

7° Une personne place chez un banquier une somme c au commencement de chaque année pendant n années, sans toucher les intérêts à 5 °/₀. A partir de la fin de la $(n-1)^{ième}$ année, le banquier lui paye pendant $2n$ années une annuité a; 1° quelle doit être la valeur de cette annuité pour rembourser le capital placé et ses intérêts composés? — 2° Déterminer la valeur de n de manière que a soit égale à c.

(*Rép.* 1°. $a = \dfrac{c \times 1{,}05^{2n}}{1{,}05^{n} + 1}$; 2° $n = 9$ ans, 10 mois et 12 jours.)

FIN.

TABLE DES MATIÈRES

ALGÈBRE.

PRÉLIMINAIRES.

FIN DE LA TABLE DES MATIÈRES.

Paris.— Imprimé chez Bonaventure et Ducessois, 55, quai des Augustins.

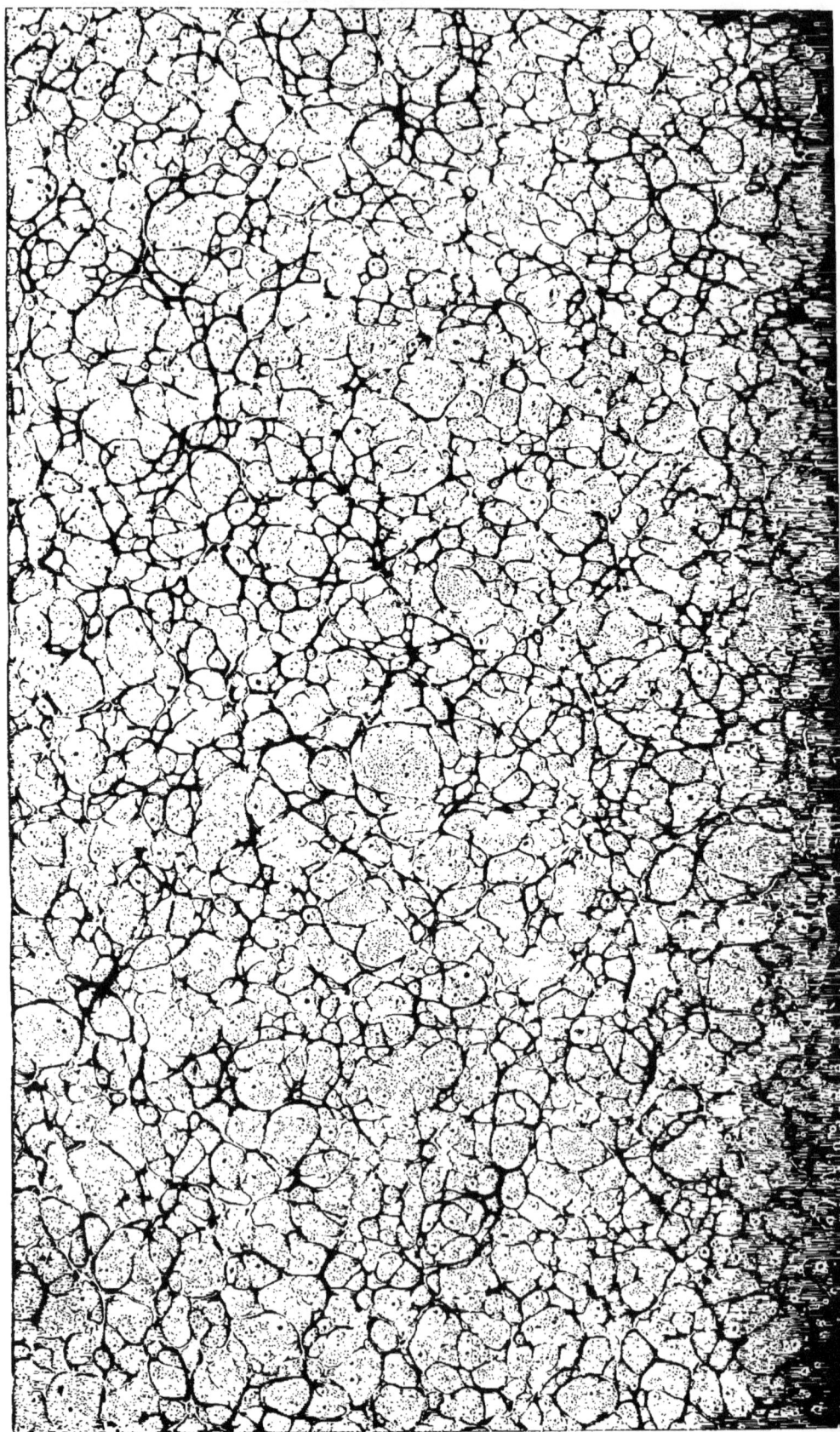

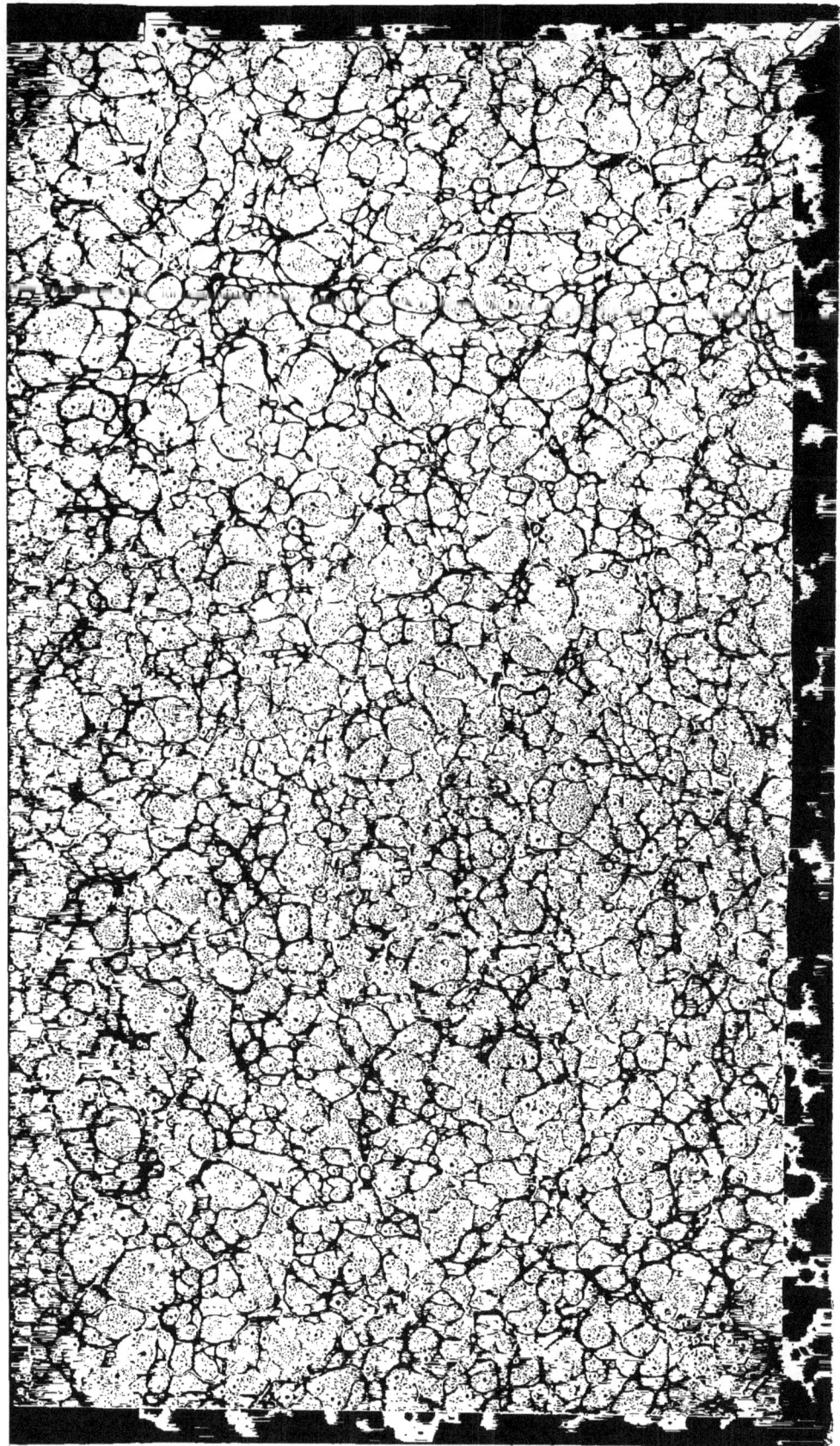